よくわかる！

ユーキャンの

第5版

乙種
第4類 危険物
取扱者

速習レッスン

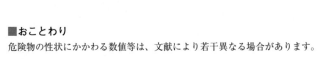

■おことわり
危険物の性状にかかわる数値等は、文献により若干異なる場合があります。

ユーキャンが よくわかる！ その理由

重要ポイントを効率よくマスター！

危険物取扱者試験で必要とされる項目をすべて暗記することは大変です。そこで本書では、試験で問われやすい重要ポイントを厳選。効率よく学習していただけるよう、工夫を凝らして編集しています。
巻末付録の別冊『これだけ!!50＋（プラス）』がスキマ時間の学習もサポートします。

■重要度を3段階で表示！

■欄外でも重要ポイントを明確にします

重要　プラスワン　用語

すぐわかる、すぐ暗記できる

■レッスンを始める前に

1コマ

要点がわかる「受験対策」と、乙子先生とシローくんの「乙4劇場」で、これから学習する内容を大まかに理解します。

■ラクして楽しく暗記

イラストや図を使い、重要ポイントをイメージとして捉えやすくしました。また、ゴロ合わせや付属の赤シートで、楽しく、効率よく暗記に取り組んでいただけるようお手伝いします。

問題を解いて、実力アップ

■○×問題と予想模擬試験

各レッスン末の○×問題で、理解度をすぐにチェック。知識をしっかり定着させることができます。さらに別冊の予想模擬試験（2回分）で、試験前の総仕上げ＆実力確認ができます。

理解度チェック○×問題	
Key Point	**できたら チェック ☑**
熱量	□□ 1　熱量とは、熱をエネルギーの量として表したものである。
	□□ 2　熱量の単位にはケルビン（K）が使われる。

目　次

第1編

基礎的な物理学
および基礎的な化学

第2編

危険物の性質ならびに
その火災予防および消火の方法

●5●

本書の使い方

1 レッスンの内容を把握！

「受験対策」と「1コマ乙4劇場」で、これから学習する内容や学習のポイントを大まかに確認しましょう。

2 本文を学習しましょう

消火器の本数で、項目ごとの重要度がひと目でわかります。
欄外の記述やアドバイス、イラストや図表も活用して、本文の学習を進めましょう。

「1コマ乙4劇場」でイメージを膨らまそう

レッスンの重要な内容を、1コマ漫画で表現しました。

しっかり教えますから、合格目指して頑張りましょう！

乙子先生

これから皆さんと一緒に学習します。よろしくね！

シローくん

欄外で理解を深めよう

用語
難しい用語を詳しく解説します。

プラスワン
本文にプラスして覚えておきたい事項です。

重要
試験で問われやすい重要ポイントです。

乙4関係の姉妹書へもリンク
⊝→『一問一答＆要点まとめ 第5版』
㋜→『予想問題集 第4版』

Lesson 1　第1章　基礎的な物理学

物質の状態変化

LINK ⊝P12／㋜P12・26

受験対策　物質の状態変化は、試験によく出題されるポイントです。三態の変化を理解することは、危険物の性質や特性を学習する上での基礎となります。三態の内容をしっかり覚えましょう。

1コマ乙4劇場・その1

それぞれの状態は、熱運動や分子間力の大きさによって決まります。

水って温度によって氷や水蒸気に変わりますね。

用語

気体
分子は自由に熱運動している状態。

液体
分子は弱く引き合い、緩やかに熱運動している状態。

固体
分子は強く結合し、熱運動しない状態。

1 物質の三態

物質には、固体・液体・気体の3つの状態があります。これを物質の三態といいます。温度や圧力が変化すると、水（液体）は氷（固体）になったり水蒸気（気体）になったりしますが、このように三態の間で物理変化することを状態変化と呼びます。

物質を構成している分子は、分子間力によって互いに引き合っていますが、物質を加熱することで熱のエネルギーが生まれ運動（運動）しようとします。

このような分子間力と熱運動の大きさによって、物質は固体、液体、気体の状態に変化します。

気体　冷却⇅加熱　液体　冷却⇅加熱　固体

3 ○×問題で復習

本文の学習がすんだら各レッスン末の「理解度チェック○×問題」に取り組みましょう。知識の定着に役立ちます。

4 予想模擬試験にチャレンジ！

学習の成果を確認するために、本試験スタイルの予想模擬試験（2回分）に挑戦しましょう。点数を記録することで得意な科目、苦手な科目がわかります。苦手な科目は本文での学習に戻って理解を深め、もう一度、予想模擬試験に取り組んでみましょう。

使いやすい！別冊タイプ

5 スキマ時間も活用しましょう！

巻末付録の別冊『これだけ!!50＋』は、学習のポイントを覚えるのに最適です。スキマ時間を使った学習や試験直前の学習に活用してください。

らくらく暗記！

 ゴロゴロ合わせ

楽しい覚え方で暗記がはかどります。

本書における科目の順番について
本書の科目の順番は『学びやすさ』という観点から、実際の試験の科目順とは異なっています。

Lesson1　物質の状態変化

2 融解と凝固、蒸発と凝縮

　氷が溶けて水に変わるように固体が液体に変わる現象を融解といいます。水が氷に変わるように液体が固体に変わる現象を凝固といいます。融解や凝固が起きるときの温度は物質それぞれで一定で、このときの温度を融点（融解点）、凝固点といいます。

　また、**液体が気体に変化する現象を蒸発（気化）**といい、**気体が液体に変化する現象を凝縮（液化）**といいます。

　液体が蒸発するときには、周囲の熱を大量に吸収します。液体1gが蒸発するときに吸収する熱量を蒸発熱（気化熱）といいますが、水の蒸発熱は他の物質の蒸発熱よりも大きいので冷却効果が大きく、消火に利用されます。

状態変化に伴う熱には、次のようなものがあります。

融解熱	固体を　　　して、液体にする熱 例0℃の氷を0℃の水にする
蒸発熱 （気化熱）	液体を　　　して、気体にする熱 例100℃の水を100℃の水蒸気にする
凝縮熱	気体を冷却して、液体にする熱 例100℃の水蒸気を100℃の水にする
凝固熱	液体を冷却して、固体にする熱 例0℃の水を0℃の氷にする

第1編　基礎的な物理学および基礎的な化学

ゴロ合わせ
融解と凝固
固まり（固体）が誘拐（融解）されて駅（液体）に着く
寒さに固まり（固体）ギョッと（凝固）する

ゴロ合わせ
蒸発と凝縮
駅出て蒸発（液体）（蒸発）
北で冷やされ（気体）
駅に戻る今日も宿泊（液体）（凝縮）

重要
昇華
固体が直接気体に変化すること、気体が直接固体に変化することの両方をいう。
例ドライアイス　ナフタリン

プラスワン
汗が乾くとき体温が奪われるのも気化熱による熱吸収が行われているから。

同じ物質の凝固熱と融解熱は等しくなります。

・13・

・7・

乙種第４類危険物取扱者の資格について

1 危険物取扱者とは

　危険物取扱者は、"燃焼性の高い物品"として消防法で規定されているガソリン・灯油・軽油・塗料等の危険物を、大量に「製造・貯蔵・取扱い」する各種施設で必要とされる**国家資格**です。

　ひと口に危険物取扱者といっても、資格は「甲種」「乙種」「丙種」の３種類に分けられます。さらに乙種資格は、下の表のように第１類から第６類までの６つに区分され、その類ごとに取扱いできる物品は異なります。

　本書が対象とする**乙種第４類**は、主にガソリンスタンドで取り扱う**引火性液体**（ガソリン、灯油、軽油 等）の取扱いが可能なこともあり、各類の中でも**受験者数が最も多い資格**です。

資　格			取扱い可能な危険物
甲　種			全種類の危険物
危険物取扱者	乙種	第１類	塩素酸塩類、過塩素酸塩類、無機過酸化物、亜塩素酸塩類などの酸化性固体
		第２類	硫化りん、赤りん、硫黄、鉄粉、金属粉、マグネシウム、引火性固体などの可燃性固体
		第３類	カリウム、ナトリウム、アルキルアルミニウム、アルキルリチウム、黄りんなどの自然発火性物質および禁水性物質
		第４類	ガソリン、アルコール類、灯油、軽油、重油、動植物油類などの引火性液体
		第５類	有機過酸化物、硝酸エステル類、ニトロ化合物、アゾ化合物などの自己反応性物質
		第６類	過塩素酸、過酸化水素、硝酸、ハロゲン間化合物などの酸化性液体
丙　種			ガソリン、灯油、軽油、重油など第４類の指定された危険物

2 乙種第4類危険物取扱者試験について

▶▶▶試験実施機関
都道府県知事から委託を受けた、**消防試験研究センター**（の各都道府県支部）が実施します。

▶▶▶受験資格
年齢、学歴等の制約はなく、**どなたでも受験できます**。

▶▶▶試験科目・問題数・試験時間

危険物に関する法令	15問	
基礎的な物理学および基礎的な化学	10問	2時間
危険物の性質ならびにその火災予防および消火の方法	10問	

▶▶▶科目免除
すでに乙種のいずれかの類の免状を所持している方が他の乙種の類を受験する場合は、試験科目の「危険物に関する法令」と「基礎的な物理学および基礎的な化学」の全部の問題が免除となります。

▶▶▶出題形式
5つの選択肢の中から正答を1つ選ぶ、**五肢択一のマークシート方式**です。

▶▶▶合格基準
試験科目ごとの成績が、**それぞれ60%以上の場合に合格**となります。
※3科目中1科目でも60%を下回ると不合格となります。

▶ ▶ ▶ **受験会場**

危険物取扱者の試験は都道府県単位で行われており、居住地に関係なく**全国どこの都道府県でも、何回でも受験できます**。

▶ ▶ ▶ **受験願書**

消防試験研究センターの各都道府県支部、または各消防署等で入手できます。受験願書は全国共通です。

※電子申請の場合は、受験願書は不要です。

▶ ▶ ▶ **申込方法**

受験の申込みには、**書面申請**（願書を書いて郵送する）と、**電子申請**（インターネットを使って消防試験研究センターのホームページから申し込む）があります。

▶ ▶ ▶ **試験日**

受験する都道府県によって異なりますが、各都道府県で年に複数回（東京都は毎月）行われています。

▶ ▶ ▶ **試験地**

各都道府県（専用施設や大学・専門学校等）

試験の詳細、お問い合わせ等

消防試験研究センター

ホームページ　https://www.shoubo-shiken.or.jp/

電　話：03-3597-0220（本部）

※受験スケジュール等の詳細や各都道府県支部の所在地等もホームページから確認することができます。

第1編

基礎的な物理学およびおよび基礎的な化学

第1編では中学・高校の基礎的な物理学と化学を復習し、さらに燃焼と消火の理論について学習します。いずれも第2編、第3編の基礎となる内容なので、じっくり理解していきましょう。物理学と化学が苦手な人でも、心配はいりません。わかりやすい解説で第1編から確実に理解していくことで、危険物取扱者の基礎知識を身につけることができます。

物質の状態変化

LINK ▶ ⊖P12／㋜P12・26

物質の状態変化は、試験によく出題されるポイントです。三態の変化を理解することは、危険物の性質や特性を学習する上での基礎となります。三態の内容をしっかり覚えましょう。

1コマ 乙4劇場・その1

それぞれの状態は、熱運動や分子間力の大きさによって決まります。

水って温度によって氷や水蒸気に変わりますね。

用語

気体
分子は自由に熱運動している状態。

液体
分子は弱く引き合い、緩やかに熱運動している状態。

固体
分子は強く結合し、熱運動しない状態。

1 物質の三態

　物質には、固体・液体・気体の3つの状態があります。これを物質の三態といいます。温度や圧力が変化すると、水（液体）は氷（固体）になったり水蒸気（気体）になったりしますが、このように三態の間で物理変化することを状態変化と呼びます。

気体

冷却 ↓ ↑ 加熱

液体

冷却 ↓ ↑ 加熱

固体

　物質を構成している分子は、分子間力によって互いに引き合っていますが、物質を加熱することで熱のエネルギーが生まれ運動（熱運動）しようとします。

　このような分子間力と熱運動の大きさによって、物質は固体、液体、気体の状態に変化します。

2 融解と凝固、蒸発と凝縮

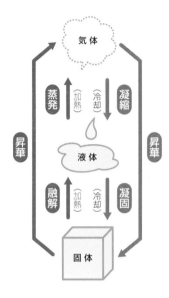

　氷が溶けて水に変わるように固体が液体に変わる現象を融解（ゆうかい）といいます。水が氷に変わるように液体が固体に変わる現象を凝固といいます。融解や凝固が起きるときの温度は物質それぞれで一定で、このときの温度を融点（融解点）、凝固点といいます。

　また、**液体**が気体に変化する現象を蒸発（気化）といい、**気体**が液体に変化する現象を凝縮（液化）といいます。

　液体が蒸発するときには、周囲の熱を大量に吸収します。液体1gが蒸発するときに吸収する熱量を蒸発熱（気化熱）といいますが、水の蒸発熱は他の物質の蒸発熱より大きいので冷却効果が大きく、消火活動に利用されます。

　状態変化に伴う熱には、次のようなものがあります。

融解熱	固体を加熱して、液体にする熱 例 0℃の氷を0℃の水にする
蒸発熱 （気化熱）	液体を加熱して、気体にする熱 例 100℃の水を100℃の水蒸気にする
凝縮熱	気体を冷却して、液体にする熱 例 100℃の水蒸気を100℃の水にする
凝固熱	液体を冷却して、固体にする熱 例 0℃の水を0℃の氷にする

第1編　基礎的な物理学および基礎的な化学

ゴロ合わせ
融解と凝固
固まり（固体）が誘拐（融解）されて駅（液体）に着く寒さに固まり（固体）ギョッと（凝固）する

ゴロ合わせ
蒸発と凝縮
駅出て蒸発（液体）（蒸発）北で冷やされ（気体）駅に戻る今日も宿泊（液体）（凝縮）

重要
昇華
固体が直接気体に変化すること、気体が直接固体に変化することの両方をいう。
例 ドライアイス　ナフタリン

プラスワン
汗が乾くとき体温が奪われるのも気化熱による熱吸収が行われているから。

同じ物質の凝固熱と融解熱は等しくなります。

3 物理変化

　水が氷や水蒸気に変化するように、物質が温度や圧力の変化によって状態や形だけが変化することを物理変化といいます。まったく別の新しい物質に変わるわけではありません。固体の融解（ゆうかい）、気体の凝縮（ぎょうしゅく）や、液体の蒸発・凝固（ぎょうこ）などはすべて物理変化です。

> 水・氷・水蒸気も、化学式はすべてH_2Oです。

> 融解や蒸発・凝縮・凝固は物理変化なんですね。

いろいろな物理変化

①溶解（ようかい）…液体中に他の物質が溶けて均一な液体になること。
　　例 砂糖が水に完全に溶けて砂糖水になる

②潮解（ちょうかい）…固体の物質が空気中の水分を吸収して、湿って溶解すること。

③風解（ふうかい）…結晶水を含む物質が、空気中に放置されて自然に結晶水の一部または全部を失い粉末状になること。

④昇華（しょうか）…固体が気体（またはその逆）に直接変化すること。

プラスワン

ガソリンが燃えると水と二酸化炭素になるように、元の物質とはまったく別の物質に変わることを、**化学変化**という。第2章で詳しく学習する。

用語

結晶水
原子やイオンが規則正しく配列している固体を結晶といい、結晶中に一定の割合で含まれている水の分子を「結晶水」という。

ゴロゴロ合わせ

昇華
こしょう
（固体）（昇華）
起床
（気体）（昇華）

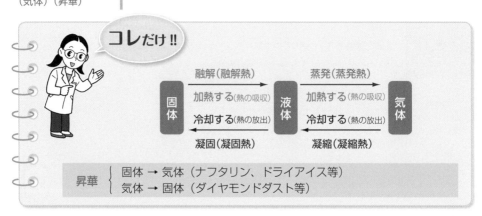

理解度チェック○×問題

Key Point			できたら チェック ☑
状態変化	□□	1	固体から液体になることを融解という。
	□□	2	液体から固体になることを凝縮という。
	□□	3	固体から気体になることを蒸発という。
	□□	4	氷が溶けて水になるのは融解である。
	□□	5	ドライアイスが二酸化炭素になるのは昇華である。
加熱と冷却	□□	6	状態変化には熱エネルギーの出入りが伴わない。
	□□	7	液体が気体になるときに吸収する熱量を蒸発熱という。
	□□	8	固体が液体になるときに吸収する熱量を融解熱という。
	□□	9	液体が加熱されて固体に変わることを凝固という。
	□□	10	水の蒸発熱は他の物質の蒸発熱より大きいので、冷却効果が大きく、消火活動に利用される。
物理変化	□□	11	物質の形や状態が変わるだけの変化を化学変化という。
	□□	12	物質の三態の間で起こる状態変化は、物理変化の一種である。
	□□	13	溶解とは、液体中に他の物質が溶けて均一な液体になることである。
	□□	14	潮解とは、固体が空気中の水分を吸収して変色することをいう。
	□□	15	結晶水を含む物質が、結晶水を失い粉末状になる現象を風解という。

解答・解説

1.○　2.× 凝縮ではなく凝固。3.× 蒸発ではなく昇華。4.○　5.○　6.× 熱エネルギーの出入りが伴う。
7.○　8.○　9.× 加熱ではなく冷却。　10.○　11.× 化学変化ではなく物理変化。　12.○　13.○
14.× 変色ではなく、湿って溶解すること。　15.○

ここが狙われる！

三態の変化は試験によく出る。いつも水の変化図を思い浮かべて、凝縮と凝固を間違えないこと。固体になるのが凝固。昇華については、ナフタリンとドライアイスが出題されやすいので、例として覚えておくことが大切。

Lesson 2　沸点と融点

LINK ▶ ⊖P14／㋐P14

受験対策

受験対策　液体から気体への変化には、液体表面からの蒸発と、液体内部からも蒸発する沸騰とがあります。沸騰がどうして起きるのかを理解し、沸点の正しい定義を覚えましょう。沸点、融点（凝固点）と物質の状態との関係も整理しましょう。

１コマ　乙4劇場・その2

沸騰しなくても、少しずつ蒸発しています。

テーブルにこぼした水が乾いたのは、沸騰したのかなあ？

1 沸騰と沸点

　空気と接した液体の表面からは、普段から蒸発が起きています。ところが液体を加熱していくと、やがて液体内部からも蒸発が起こり、泡がぶくぶくと激しく発生します。この現象を沸騰といい、このときの液体の温度を沸点といいます。

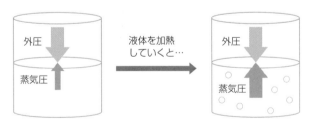

外圧

蒸気圧

液体を加熱していくと…

外圧

蒸気圧

高い山の上で水が100℃以下で沸騰するのは、地上よりも外圧（気圧）が低いためです。

　液体の内部から蒸発が生じるためには、液体の蒸気圧が液体の表面にかかる外圧以上の大きさになる必要があります。沸点は外圧の大小によって変化し、外圧が高くなれば沸点は高くなり、外圧が低くなれば沸点は低くなります。

一般に物質の沸点とは大気圧が1気圧のとき（標準状態）における沸点をいい、これを「標準沸点」といいます。

　発生した蒸気が無制限に拡散できるならば、蒸発は液体がすべて気体になるまで続きますが、蒸気の占める空間に制限がある場合は、ある程度まで蒸発が進むとその空間が蒸気で飽和された状態となり、蒸発が止まります。このときの蒸気圧を飽和蒸気圧といいます。飽和蒸気圧は物質の種類と温度によって決まり、温度の上昇に伴って値が大きくなります。蒸気の発生は、蒸気圧が飽和蒸気圧に達するまで続くので、液体を加熱していくと、液温の上昇とともに飽和蒸気圧が増大し、やがて液体の蒸気圧が外圧（大気圧）と等しくなって沸騰がはじまります。このことから、沸点とは、蒸気圧（飽和蒸気圧）と外圧が等しくなるときの液温であることがわかります。また、標準状態において沸点とは、飽和蒸気圧が1気圧になるときの液温であるということもできます。純粋な物質は、一定の圧力のもとでそれぞれ一定の沸点（標準沸点）をもっています。

物　　質	沸点 ℃	蒸発熱 J/g
水	100	2,256.7
エタノール	78	858.1
二硫化炭素	46	351.6

2 融点（凝固点）

　固体が液体に変化することを融解、液体が固体に変化することは凝固といいますが、純粋な物質では融解と凝固が起きる温度は一定です。この温度をそれぞれ融点、凝固点といい、これらは同一圧力のもとでは同じ値になります。

物　　質	融点（凝固点）℃	融解熱 J/g
鉄	1,535	269.5
ナトリウム	97.8	115
水（氷）	0	332.4

用語

飽和
最大限度まで満たされている状態。

用語

蒸発熱
液体1gを、沸点で全部蒸発させるために必要な熱量。
▶p13

プラスワン

水は蒸発熱が非常に大きいので、蒸発するときにそれだけ多くの熱を吸収する。このため冷却効果が高く、消火剤として有効である。▶p101

用語

融解熱
固体1gを、融点で固体から液体にするために必要な熱量。
▶p13

3 沸点・融点と物質の状態

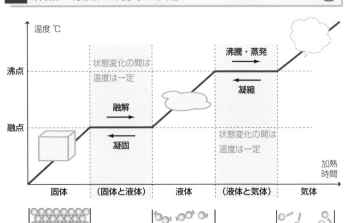

同じ圧力のもとでは、物質の融点と凝固点は等しいんだね!!

ゴロゴロ合わせ
固体・液体、液体・気体の変化の際の温度は一定
ゆかいなキョウコ
（融解・凝固）
ふと自発的に挙手
（沸騰・蒸発・凝縮）
「イテーなおんどりゃ!」
（一定な温度）

　物質は融点より温度が低いときは固体の状態で、融点から沸点までの間が液体の状態、沸点を超えると気体の状態になります。

　加熱によって熱のエネルギーが生まれ、熱運動が活発になって、固体→液体→気体と、状態が変化するということです。

　固体が液体に変化している間は、物質の温度は上昇しません。融解のために加えられた熱エネルギーは、すべて状態変化のためだけに使われ（潜熱）、温度変化のためには使われないからです。凝固の場合も同様です。

コレだけ!!

①沸騰が起きるのは、

　　液体の飽和蒸気圧 ≧ 液体にかかる外圧（大気圧）のとき

②沸点とは、

　　液体の飽和蒸気圧 ＝ 液体にかかる外圧（大気圧）のときの液温

　　外圧が大きくなると　→　沸点は高くなる

　　外圧が小さくなると　→　沸点は低くなる

理解度チェック○×問題

Key Point		できたら チェック ☑
沸騰と沸点	□□ 1	液体の飽和蒸気圧が外圧と等しくなるときの液温を沸点という。
	□□ 2	液体を加熱すると、まず液体の内部から蒸発が始まる。
	□□ 3	液体の蒸気圧は、液温の上昇とともに低くなる。
	□□ 4	液体を加熱した場合、液体の表面だけでなく内部からも泡状の蒸気が発生する現象を沸騰といい、そのときの液温を沸点という。
	□□ 5	沸騰するためには、液体を同じ温度の蒸気に変える外部からの熱を必要とする。
	□□ 6	沸点は外圧が低くなるほど上がる。
	□□ 7	一定の圧力のもとでは、純粋な物質の沸点はその物質固有の値を示す。
	□□ 8	沸点が高い物質ほど沸騰しやすい。
	□□ 9	標準沸点とは、大気圧が1気圧のときの沸点のことである。
融点（凝固点）	□□ 10	同一圧力のもとでは、ある物質の凝固点と融点は等しい。
沸点・融点と物質の状態	□□ 11	加熱し続けていれば、融解の開始から終了までの間も物質の温度は上昇する。
	□□ 12	物質は、融点より低い温度では固体の状態である。
	□□ 13	液体を冷却して凝固点になったとき、完全に固体の状態となる。

解答・解説

1.○　2.× 沸点に達しないと内部からは蒸発しない。　3.× 高くなる。　4.○　5.○　6.× 外圧が低くなるほど沸点は下がる。　7.○　8.× 沸騰しにくい。　9.○　10.○　11.× 熱エネルギーが状態変化に使われるので温度は上昇しない。　12.○　13.× 状態が変化している間なので、液体と固体の共存状態になる。

ここが狙われる！

液体の飽和蒸気圧は液温の上昇とともに増大し、飽和蒸気圧が外圧（大気圧）と等しくなったときの液温が沸点。大気圧は通常1気圧なので、水は1気圧のとき100℃で沸騰するが、大気圧が下がると沸点も下がる。

Lesson 3 密度と比重

LINK ▶ ⊖P20

> **受験対策**　固体と液体の比重の基準は水で、気体の比重の基準は空気です。出題されやすいガソリンは液体と気体のときでは比重が異なることや、水の比重は4℃のときが最も大きくなることを確実に覚えましょう。

1コマ 乙4劇場・その3

水に浮くということは水より軽くて、水に溶けないからなんだ。

比重が1より小さい液体は水に浮きます。

1 密度

密度とは物質1cm³当たりの質量のことで、単位は g/cm³ です。物質の質量（g）をその体積（cm³）で割ることによって求められます。

$$密度（g/cm³）＝\frac{物質の質量（g）}{物質の体積（cm³）}$$

5g → 5g/cm³

物質の質量が一定のとき、体積が減少すると密度は大きくなります。**体積**と**密度**は反比例です。

水は特殊な物質で、1気圧、4℃のときに体積が最小となります。このときの水の密度は 1 g/cm³ で、これが水の最大の密度となります。

4℃よりも温度が下がって固体（氷）になっても、水の密度は大きくなりません。

ゴロゴロ合わせ

密度の求め方
みっちゃん
質屋へ体当たり
（密度＝質量÷体積）

水や空気より軽いか、重いかによって、危険物の扱い方は違います。

2 比重（固体または液体の場合）

固体または液体の比重とは、その物質の質量がそれと同じ体積の純粋な水（1気圧、4℃）の質量の何倍であるかを示した数値です。単位はありません。

$$比重＝\frac{物質の質量（g）}{物質と同体積の水の質量（g）}$$

物　質	比　重
液　体	水＝1として
水（4℃）	1.00
ガソリン	0.65〜0.75
エタノール（20℃）	0.8
ベンゼン（20℃）	0.9
クロロベンゼン（20℃）	1.1
二硫化炭素（0℃）	1.3
固　体	水＝1として
氷（0℃）	0.917
ピクリン酸	1.8
黄りん	1.82
塩素酸カリウム	2.3

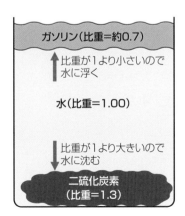

ガソリン（比重＝約0.7）

比重が1より小さいので水に浮く

水（比重＝1.00）

比重が1より大きいので水に沈む

二硫化炭素
（比重＝1.3）

たとえば、二硫化炭素の比重は1.3なので、同じ体積の水の1.3倍の質量です。つまり、二硫化炭素は水よりも重い物質で、水に沈むということがわかります。

逆に、比重が約0.7であるガソリンは水に浮きます。

用語

質量と重さ
質量とは物質そのものの量であり、単位には（g）を用いる。これに対し、「重さ」とは物質に働く重力の大きさである。重さは質量に比例し、無重力状態では質量があっても重さは0になる。

プラスワン

体積1cm³のとき、水（1気圧、4℃）は1gなので、比重が1.3の二硫化炭素1cm³は1.3gである。これは、二硫化炭素の密度が1.3g/cm³であることを示している。

重要

比重と密度
固体や液体の場合、比重は物質の密度から単位を省略した数値となる。

3 蒸気比重（気体の場合）

プラスワン

気体（蒸気）は固体や液体と比べて非常に軽いので、密度は1cm³当たりではなく、**1L（＝1,000cm³）当たりの質量**で表される。

用語

空気

空気は、窒素や酸素などが混合した気体で、**窒素：酸素＝8：2**として考えるとよい。1気圧、0℃のとき空気1Lの重さは約1.293g。

分子量▶p47

物質の**蒸気比重**とは、その蒸気（気体）の質量がそれと同体積の**空気**（1気圧、0℃）の質量の何倍であるかを示した数値です。単位はありません。

$$\text{蒸気比重} = \frac{\text{蒸気の質量（g）}}{\text{蒸気と同体積の空気の質量（g）}}$$

物　質	比　重
気　体	空気＝1として
空　気	1.00
一酸化炭素	0.97
プロパンガス	1.5
二酸化炭素（炭酸ガス）	1.53
エタノール（蒸気）	1.6
亜硫酸（ありゅうさん）ガス	2.26
ガソリン（蒸気）	3〜4

たとえば、ガソリンの蒸気比重は3〜4なので、同体積の空気の3〜4倍の重さがあることになります。したがって、ガソリンの蒸気は低い場所に溜（た）まる性質があります。

また、物質の蒸気比重は、物質の分子量の大小で判断することができます。

コレだけ!!

比重とは

①**液体・固体**の場合………水（1気圧、4℃）の質量との比

　　比重＜1　→　水に浮く

　　比重＞1　→　水に沈む

②**気体（蒸気）**の場合……空気（1気圧、0℃）の質量との比

　　蒸気比重＜1　→　上昇する

　　蒸気比重＞1　→　低所に溜まる

理解度チェック○×問題

Key Point		できたら チェック ☑
密 度	□□ 1	密度とは、物質1㎝³当たりの質量をいう。
	□□ 2	質量が一定のとき、体積が減少すると密度も減少する。
	□□ 3	水は1気圧、4℃のときに体積が最大となる。
	□□ 4	水の密度は1気圧、4℃のときに最大の1g/㎝³となる。
比 重 (固体・液体)	□□ 5	物質の質量をそれと同体積の水（1気圧、0℃）の質量と比べた割合を比重という。
	□□ 6	氷の比重は1より大きい。
	□□ 7	ガソリンが水に浮くのは、水に不溶で、かつ比重が1より大きいからである。
	□□ 8	水が凝固して氷になると、比重は小さくなる。
	□□ 9	二硫化炭素の比重が1.3というのは、二硫化炭素の重さが同体積の水の1.3倍であるということである。
蒸気比重	□□ 10	蒸気比重を表す基準となる気体は酸素である。
	□□ 11	ある蒸気の質量をそれと同じ体積の空気（1気圧、20℃）の質量と比べた場合の割合を蒸気比重という。
	□□ 12	ガソリンの蒸気比重は3～4なので、密閉した部屋では低所に溜まる。
	□□ 13	二酸化炭素の蒸気比重は1より大きい。
	□□ 14	蒸気比重が1より小さい気体は低所に溜まる。
	□□ 15	プロパンガスが室内に流出すると、低所に溜まる。

解答・解説

1.○ 2.× 密度は増加する。 3.× 最大ではなく最小。 4.○ 5.× 0℃ではなく4℃。 6.× 1より小さいので水に浮く。 7.× 1より小さいから。 8.○ 比重が小さくなるので体積は増す。 9.○ 10.× 酸素ではなく空気。 11.× 20℃ではなく0℃。 12.○ 13.○ 14.× 空気より軽いので上昇する。 15.○

ここが狙われる！

水は4℃のときに体積が最小で密度が最大となる。体積と密度の関係をしっかり理解すること。また、物質（固体・液体）の比重が1より大きければ水に沈み、気体（蒸気）の場合は蒸気比重が1より大きければ低所に溜まるということも、確実に覚えること。

Lesson 4

圧力の伝わり方

LINK ▶ ⊖P22

受験対策 圧力とは単位面積当たりに働く力のことで、力の大きさを、力を受ける面積で割ることで求められます。圧力の伝わり方が固体の場合と、液体や気体の場合とではどう違うかを覚えましょう。

1コマ 乙4劇場・その4

1 atm は 1,013hPa なのですよ。

圧力の単位には気圧とパスカル、2つもあるの!?

プラスワン

単位名にもなっているニュートンは、すべての物体の間には、引き合う力が働くとする「万有引力の法則」を発見したイギリスの物理学者。この法則は、地球の重力の原因を証明したものでもある。

ゴロゴロ合わせ

力の単位
かんだニュートン
（力）（N）
一気に悔んだ
（1kg）（9.8N）
101日
（100g）（1N）

1 力と圧力

　物理では、物体の形を変えたり、運動の状態を変えたりする働きのことを力といいます。力の大きさを表す単位にはニュートン（N）を使います。

　質量1kgの物体が地球から受ける重力の大きさが約9.8Nです。このように、力の大きさは地球上の物体に働く重力の大きさを基準にして決められます。質量1kgで約9.8Nですから、質量100g（= 0.1kg）で0.98N（約1N）になります。つまり1Nというのは、約100gの重さを持ったときに手にかかる力の大きさです。

1N=100gの重さを持ったときの力

　圧力とは、単位面積当たりに働く力の大きさをいいます。1 m²当たりの面に働く力の大きさで表す場合、力の大きさNをその力を受ける面の面積m²で割ることによって求められます。

$$圧力（N/m²）＝ \frac{力の大きさ（N）}{面の面積（m²）}$$

　この場合、単位はN/m²（ニュートン毎平方メートル）ですが、**パスカル（Pa）** という単位で表すこともあります。
　1 Pa＝1 N/m²です。

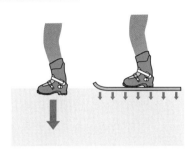

2 大気圧

　地球は**大気**と呼ばれる空気の厚い層に包まれています。そして、空気も質量を持った物体である以上、地球の重力を受けます。このため、地表近くでは、上空の大気に働く重力によって圧力を受けることになります。この大気による圧力のことを**大気圧**（または**気圧**）といいます。

　大気圧の単位には**ヘクトパスカル（hPa）**をよく使い、**1 hPa＝100Pa**です。
　大気圧の大きさは海面と同じ高さの場所で約1,013hPaになり、これを**1気圧（atm）**ともいいます。

山頂では上空にある空気が少ないので、大気圧が低くなる。

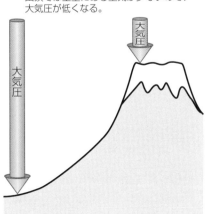

大気圧　大気圧

ゴロゴロ合わせ
圧力の求め方
あっちゃんは
（圧力＝）
カまかせにツラで割り
（力の大きさ÷面の面積）

スキー板は靴よりも面積が大きいので、ある面積当たりの雪にかかる圧力は靴だけのときよりも小さくなります。

プラスワン
キロ……1,000倍
ヘクト…100倍
デカ……10倍
デシ……0.1倍
センチ…0.01倍
ミリ……0.001倍

3 圧力の伝わり方

　固体に圧力を加えた場合、圧力は加えられた方向にだけ伝わっていきます。ところが、液体や気体の場合は加えられた一定の方向だけではなく、あらゆる方向に同じ大きさの圧力が伝わります。

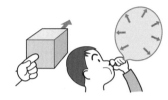

　たとえば風船をふくらませるとき、風船は均等にふくらんでいきます。一定方向だけに加えた圧力が、あらゆる方向に均等に加わるためです。

　液体が容器の中に閉じ込められて静止している場合、液体の一部分の圧力をある大きさだけ増加させると、その液体内のすべての点の圧力がそれと同じ大きさだけ増加します。これを**パスカルの原理**といいます。

プラスワン

パスカルの原理を応用すると、右の図のように小さな力によって大きな力を得ることができる。ガソリンスタンドなどにある自動車を持ち上げるためのリフトや、自動車の油圧ブレーキなどがその例。

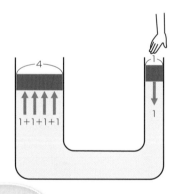

ピストンの力を加える面の面積を小さくすると、小さな力を大きな力に増幅できるんだね！

コレだけ!!

①**圧力**とは、単位面積当たりに働く力のこと

$$圧力 = \frac{力の大きさ（N）}{面の面積（m^2）} \quad N/m^2 または Pa$$

②**大気圧**とは、空気の重さによる圧力のこと

1気圧（atm）＝約1,013ヘクトパスカル（hPa）

理解度チェック○×問題

Key Point		できたら チェック ☑
力と圧力	□□ 1	ニュートン（N）は力の大きさを表す単位である。
	□□ 2	質量1gの物体が地球から受ける重力は約9.8Nである。
	□□ 3	圧力とは、単位面積当たりに働く力の大きさである。
	□□ 4	1パスカル（Pa）は、100N/m²と等しい。
	□□ 5	圧力は、力の大きさNをその力で押されている物体の体積m³で割ると求められる。
大気圧	□□ 6	大気圧は、大気が地球の表面に及ぼす圧力のことである。
	□□ 7	標準的な大気圧は、海面と同じ高さの場所で1気圧（atm）と呼ばれる大きさの圧力である。
	□□ 8	1気圧は1,013Paとほぼ等しい。
	□□ 9	高い所に登るほど気圧は高くなっていく。
	□□ 10	1ヘクトパスカル（hPa）は、1,000Paと等しい。
圧力の伝わり方	□□ 11	固体・液体・気体とも、圧力はそれを加えた方向にだけ伝わる。
	□□ 12	液体や気体に加えた圧力があらゆる方向に同じ大きさで伝わることを、パスカルの原理という。
	□□ 13	大気圧は下向きの方向にのみ働いている。
	□□ 14	密閉した容器内で静止している液体の一部に圧力が加わると、その液体内のすべての点の圧力が等しく増加する。
	□□ 15	パスカルの原理を応用すると、小さい力で大きな力が得られる。

解答・解説

1.○　2.× 1gではなく1kg。 3.○　4.× 100N/m²ではなく1N/m²。 5.× 物体の体積ではなく、力で押されている面の面積（m²）。 6.○　7.○　8.× PaではなくhPa。 9.× 低くなっていく。 10.× 100Paと等しい。 11.× 液体・気体の場合はあらゆる方向に伝わる。 12.○　13.× あらゆる向きに働いている。 14.○　15.○

ここが狙われる！

大気圧の単位はヘクトパスカル（hPa）。1気圧（atm）は約1,013hPa。圧力の伝わり方は固体と液体や気体とでは大きく異なり、その違いを理解しておくことが重要。

Lesson 5

熱量と比熱

LINK ⊖P26／㋐P16

受験対策　熱量の計算は出題されやすいポイントです。何度も繰り返し計算練習をしておきましょう。また、比熱や熱量・熱容量など、語句の意味とその違いもしっかり覚えましょう。

1コマ　乙4劇場・その5

物質の比熱が小さい金属は、すぐ熱くなります。

やかんは熱いのに、中の水はまだ冷たいなあ?

用語

絶対温度
温度が低下していくと分子運動が不活発となり、やがて停止する。このときの温度が−273℃であり、絶対0度と呼ばれる。物質の温度は−273℃以下にはならない。

ゴロ合わせ

絶対0度
0度だと絶対
（絶対0度）
卑屈な身
（−273℃）

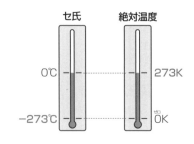

---

1 熱量と温度

　物質に熱を加えるとその物質の温度は上がり、逆に物質から熱が出ていくとその物質の温度は下がります。

　熱はエネルギーの1つとされており、このエネルギーの量を熱量といいます。単位にはジュール（J）またはキロジュール（kJ）を使います。1kJ=1,000Jです。

　温度を表す場合はセ氏（℃）を用いますが、絶対温度で表す場合もあります。これはセ氏−273℃を0度とするもので、単位はケルビン（K）です。

　1℃温度上昇するごとに絶対温度も1Kずつ上昇します。したがって、セ氏0℃のときは273Kになります。

セ氏　　　絶対温度

0℃ ーーー 273K

−273℃ ーーー 0K

2 比熱と熱容量

比熱（ひ ねつ）とは、物質１ｇの温度を１℃（または１K）上昇させるのに必要な熱量をいいます。比熱の単位はJ/（ｇ・℃）またはJ/（ｇ・K）です。比熱の単位は比熱の求め方を表しています。

$$比熱 J/（ｇ・℃）＝\frac{熱量（J）}{質量（ｇ）×温度差（℃またはK）}$$

水の比熱は4.19J/（ｇ・℃）なので、水１ｇの温度を１℃上げるには4.19Jが必要です。

水と比熱0.5J/（ｇ・℃）の食用油とを比べてみると、食用油１ｇの温度を１℃上げるには0.5Jで足ります。つまり、水より少ない熱量で温度を変化させることができます。

> 比熱の小さい物質　→　温まりやすく冷めやすい
> 比熱の大きい物質　→　温まりにくく冷めにくい

熱容量とは、ある物質全体の温度を１℃（または１K）上昇させるために必要な熱量をいいます。熱容量の単位はJ/℃またはJ/Kです。

熱容量の値は、比熱にその物質の質量をかけることで求められます。熱容量Ｃ、比熱ｃ、物質の質量ｍとすると、次のような式になります。

$$C＝mc　（熱容量＝物質の質量×比熱）$$

湯たんぽは水の冷めにくい性質を利用しているんだ！

水は比熱が大きいので、冷めにくいのです。

重要

水の比熱

水の比熱は液体の中で最も大きい。また、固体や気体の比熱も水素のような特殊な例を除き、ほとんどが水よりも小さい値をとる。

水の比熱は、文献によって4.189Jだったり4.2Jだったりしますが、本書では4.19Jとします。

プラスワン

比熱と熱容量はどちらも物質の温まりやすさ、冷めやすさを表すもので、それを１ｇ当たりで表したものが比熱、物質全体で表したものが熱容量である。

ゴロゴロ合わせ

比熱と熱容量

比べれば一度に１ｇ
（比熱）（１℃）

容れるなら一度に全体
（熱容量）（１℃）

3 比熱や熱量の計算

重要

温度差
比熱や熱量を求める
式に出てくる「温度
差」を上昇後の温度
と間違えないこと。

プラスワン

熱量にはジュールの
ほかにもカロリー
(cal) という単位が
ある。1calは水1g
の温度を1℃上昇さ
せるのに必要な熱量
で、1cal=4.19J。

例題　ある物質100gを20℃から50℃まで上昇させるために7,140Jの熱量を使った。この物質の比熱はいくらか。

答　前ページの比熱を求める式より、

$$比熱 = \frac{熱量}{質量 \times 温度差}$$

20℃から50℃までの温度差は30℃だから、

$$比熱 = \frac{7140}{100 \times 30} = 2.38 \ \text{[J/(g・℃)]}$$

例題　10℃の水500gを30℃まで温めるのに必要とする熱量はいくらか。

答　熱量は、比熱を求める式を変形した次の式から求めることができる。

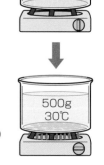

水　500g 10℃

500g 30℃

> **熱量＝比熱×質量×温度差**

10℃から30℃まで温めるの
だから、温度差は20℃。
水の比熱は4.19J/(g・℃) なので、
熱量＝4.19×500×20＝41,900 (J)

コレだけ!!

比　熱：物質1gの温度を1℃上昇させるのに必要な熱量
熱容量：物質全体の温度を1℃上昇させるのに必要な熱量

比熱や熱容量が**小さい**物質　→　温まりやすく冷めやすい
比熱や熱容量が**大きい**物質　→　温まりにくく冷めにくい

理解度チェック○×問題

Key Point	できたら チェック ☑
熱 量	□□ 1 熱量とは、熱をエネルギーの量として表したものである。
	□□ 2 熱量の単位にはケルビン（K）が使われる。
絶対温度	□□ 3 絶対温度とは、−273℃を0度とした温度のことである。
	□□ 4 温度が1℃上昇するごとに絶対温度も1Kずつ上昇する。
	□□ 5 絶対温度（K）＝セ氏温度（℃）−273が成り立つ。
比 熱	□□ 6 比熱とは、物質1gの温度を1℃（または1K）上昇させるのに必要な熱量のことである。
	□□ 7 比熱の単位にはJ/℃またはJ/Kが使われる。
	□□ 8 水の比熱は1J/(g・℃)である。
	□□ 9 水以外のほとんどの物質の比熱は水の比熱よりも大きい値である。
	□□ 10 比熱の大きい物質は、温まりやすく冷めにくい。
熱容量	□□ 11 熱容量とは、ある物質全体の温度を1℃（または1K）上昇させるのに必要な熱量のことである。
	□□ 12 質量m、比熱cの物質の熱容量Cを式で表すと、C＝m^2/cとなる。
	□□ 13 熱容量の小さい物質は、温まりにくく冷めにくい。
比熱の計算	□□ 14 ある物質20gの温度を10℃から15℃に上げるのに210Jの熱量を必要とした。この物質の比熱は0.21J/(g・℃)である。
熱量の計算	□□ 15 水100gの温度を5℃から25℃まで上昇させるには8.38kJの熱量を必要とする。

解答・解説

1.○ 2.× ケルビン（K）は温度の単位。熱量の単位はジュール（J）またはキロジュール（kJ）。 3.○ 4.○ 5.× −273ではなく＋273。 6.○ 7.× これは熱容量の単位。比熱の単位は、J/(g・℃)またはJ/(g・K)である。 8.× 4.19J/(g・℃)である。 9.× 小さい値である。 10.× 温まりにくく冷めにくい。熱量の場合、「〜やすく〜にくい」と逆になることはない。 11.○ 12.× C＝mc 13.× 温まりやすく冷めやすい。 14.× 2.1J/(g・℃)である。 15.○

ここが狙われる！

比熱と熱容量の関係をしっかり理解しておくこと。特に比熱や熱容量の大きい水などの物質は、温まりにくく冷めにくいことを覚えること。

Lesson 6

熱の移動と熱膨張

LINK ⊖P28／㋪P18

熱の移動には①伝導、②放射、③対流の３つがあり、それぞれの現象について
しっかり理解しておく必要があります。また、固体、液体、気体が、それぞれ
どのような膨張をするか、その違いを区別して覚えましょう。

1コマ 乙4劇場 ● その6

いちばん熱を
伝えやすい物質は、
金属の鉄です。

鉄、木材、水、
灯油、空気で、
熱を伝えやすい
ものは？

1 熱の移動

熱の移動には、伝導、放射、対流の３種類があります。

①伝導

針金の一方の端を加熱していると、やがて反対側の端も
熱くなってきます。このように、熱が高温部から低温部へ
と次々に伝わっていく現象を伝導（熱伝導）といいます。

物質には熱が伝わりやすいものと、伝わりにくいものが
あります。その度合を熱伝導率といい、数値が大きいほど
熱が伝わりやすいことを
意味します。熱伝導率の大
きさの順に並べると、

重要

熱伝導率の大小
金属の熱伝導率は非
金属（木・コンクリー
トなど）と比べて
はるかに大きい。
**金属＞コンクリート
＞木材**の順。

プラスワン

**熱伝導率が大きい物
質は可燃性**であって
も**燃焼しにくい。**熱
の移動が速くて熱が
蓄積せず、物質の温
度が上がりにくいた
め。

スプーンの高温部か
ら低温部に熱が伝わ
っている。

熱

固体 ＞ 液体 ＞ 気体

となります。

②放射

　太陽が地表を温めるように、高温の物体が放射熱を出してほかの物体に熱を与える現象を放射といいます。熱を伝える物質がなくても熱は移動するため、真空の空間であっても放射は起こります。

③対流

　液体や気体が加熱されるとその部分は膨張し、密度が小さく（軽く）なって上昇します。そこへ周囲の冷たい部分が流れ込み、これがまた温められ…、という循環が起こります。このように液体や気体が移動することによって熱が伝わる現象を対流といいます。

用語

放射
放射のことをふく射（輻射）という場合があるが、同じ意味。

ゴロ合わせ

熱の移動
熱い日は
（熱移動）
包帯巻いて店頭へ
（放射）（対流）（伝導）

2　熱膨張

　熱膨張とは、温度が高くなるにつれて物体の長さ（線膨張）や体積（体膨張）が増加する現象をいいます。熱膨張によって増加する体積は、次の式によって求められます。

> **増加体積＝元の体積×体膨張率×温度差**

　体膨張率とは体積が膨張する割合を示す数値で、物質によって大きさが異なります。体膨張率を大きさの順に並べると、**気体＞液体＞固体**となります。

　液体、固体、気体の熱膨張には次のような特徴があります。

体膨張率の大きさの順序は、熱伝導率の大きさの順序と逆になります。

10¹は10
10²は10×10
10³は10×10×10
10^{-1}は$\frac{1}{10}$
10^{-2}は$\frac{1}{10×10}$
10^{-3}は$\frac{1}{10×10×10}$
になります。

🧯 **用語**

K^{-1}
Kは絶対温度の単位ケルビンで、K^{-1}（＝1/K）は「1度当たり」という意味。

シャルルの法則
▶p51

気体の膨張率が最も大きいこと、どの気体も体膨張率が同じであることを押さえましょう。

①液体の熱膨張

液体の場合は、**体膨張**だけを考えます。

> **例題**　1,000Lのガソリンの液温が15℃から35℃まで上昇すると体積は何Lになるか。ガソリンの体膨張率は1.35×$10^{-3}K^{-1}$とする。

> **答**　ガソリンの体膨張率は1.35×$10^{-3}K^{-1}$で、温度差は20℃だから、前ページの式を使って増加する体積を求めると、
> 増加体積＝1000×（1.35×10^{-3}）×20＝27
> これに元の体積1,000Lを加えて、**1,027L**になる。

②固体の熱膨張

　特に棒状の固体の場合、体膨張のほかに特定の2点間の距離の変化を考えることができます。これを**線膨張**といいます。一般に、固体の体膨張率は線膨張率の約3倍です。

■線膨張の例

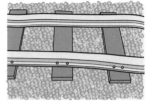

線路は膨張しすぎると、ゆがんでしまう。

③気体の熱膨張

　気体の場合は液体と同様、**体膨張**だけを考えます。気体の体膨張率は液体や固体よりもはるかに大きいのですが、どの気体でも**圧力が一定**の場合、温度が1℃上昇するごとに0℃のときの体積の1/273ずつ膨張します。これは、気体についてシャルルの法則が成り立つためです。

コレだけ!!

熱の移動 …… **伝導、放射、対流**

熱伝導率 …… 数値が大きいほど熱が伝わりやすい
　　　　　　　熱伝導率の大きさの順：**固体＞液体＞気体**

熱膨張による増加体積＝元の体積×体膨張率×温度差
　　　　　　　体膨張率の大きさの順：**気体＞液体＞固体**

理解度チェック○×問題

Key Point		できたら チェック ☑
熱の移動	□□ 1	熱の移動には、膨張、放射（ふく射）、対流の3種類がある。
	□□ 2	コップにお湯を入れるとコップが熱くなるのは、熱の伝導による。
	□□ 3	ストーブから離れて立っていても温まるのは、熱の伝導による。
	□□ 4	風呂を沸かすと水の表面から熱くなるのは、熱の対流による。
熱伝導率	□□ 5	一般に熱伝導率の小さなものほど熱を伝えやすい。
	□□ 6	鉄、木材、水、空気のうち、常温（20℃）で熱伝導率が最も小さいのは水である。
	□□ 7	一般に金属の熱伝導率は他の固体の熱伝導率よりも大きい。
熱膨張	□□ 8	熱膨張とは、温度が高くなるにつれて物体の長さや体積が増加する現象をいう。
	□□ 9	熱膨張による増加体積は、元の体積×体膨張率×温度差で求める。
	□□ 10	液体を容器に保管するとき空間を残すのは、液体の体膨張が原因で容器が破損することを防ぐためである。
	□□ 11	固体、液体、気体のうち、体膨張率が最も大きいのは固体である。
	□□ 12	固体の線膨張率は体膨張率の約3倍に等しい。
	□□ 13	気体は、温度が1℃上がるごとに273分の1ずつ体積が増加する。
熱膨張の計算	□□ 14	1,000Lのガソリンが10℃から20℃になると、体積は27L増加する。ただし、ガソリンの体膨張率は$1.35 \times 10^{-3} K^{-1}$とする。
	□□ 15	2,000Lのガソリンが15℃から25℃になると、体積は2,027Lになる。ただし、ガソリンの体膨張率は$1.35 \times 10^{-3} K^{-1}$とする。

解答・解説

1.× 膨張ではなく伝導。 2.○ 3.× 伝導ではなく放射。 4.○ 5.× 伝えにくい。 6.× 水ではなく空気。
7.○ 8.○ 9.○ 10.○ 11.× 固体ではなく気体。 12.× 体膨張率が線膨張率の約3倍である。
13.○ 14.× $1000 \times (1.35 \times 10^{-3}) \times 10 = 13.5 L$増加する。 15.○

ここが狙われる！

物質の状態ごとの熱伝導率の特徴と、液体の膨張に関する計算は、とても出題されやすいので、確実に理解すること。

Lesson 7

静電気

LINK ▶ ㊀P32／㋐P20・22

受験対策　第4類危険物（引火性液体）は、放電火花（静電気火花）が点火源となる場合があります。静電気がなぜ発生するのか、また、発生しやすい条件が何であるかを理解できれば、静電気による災害の防止方法を考えることができます。

1コマ▶乙4劇場・その7

ボクも電気が通るから導体なんですね。

電気をよく通す物質を導体といいます。

---

1 電流と電圧

　電池の＋極と－極に電球をつなぐと、電気が流れて点灯します。このような電気の流れを電流（記号I）といい、単位としてアンペア〔A〕を用います。また、電流を流すには電気的な高低（電位差）を必要とします。これを電圧（記号V）といい、単位にはボルト〔V〕を用います。

　電流は電圧に比例し、電圧が高いほど大きな電流が流れます。これに対し、電流を流れにくくする働きを電気抵抗または単に抵抗（記号R）といいます。抵抗の単位としてオーム〔Ω〕を用います。

　電流I、電圧V、抵抗Rの関係を式に表すと、次のようになります。この関係をオームの法則といいます。

$$電流\ I = \frac{電圧\ V}{抵抗\ R} \Rightarrow I = \frac{V}{R}、\ V = IR$$

プラスワン

抵抗の値は、電流が流れる導線の材質のほか、断面積や長さによって決まる。

2 導体と不導体

　金属のように電気をよく通す物質を導体といい、逆に、電気を通しにくい物質を不導体（絶縁体、不良導体）といいます。不導体は抵抗が非常に大きな物質です。不導体の例として、ゴム、合成樹脂（プラスチック）、紙、木、磁器などがあります。また、純粋な水は不導体ですが、食塩水のように物質の溶け込んだ水は電気を通すので導体です。

3 静電気とは

　塩化ビニル製のパイプを羊毛の布でこすると、パイプと布が互いにくっつき合うようになります。これは、摩擦によって布が（＋）の電気を帯び、パイプが（－）の電気を帯びたため、互いに引き合う力が働いたからです。このように物体が（＋）または（－）の電気を帯びることを帯電といい、帯電した物体を帯電体といいます。
　静電気とは、このように帯電した物体に分布している、流れのない電気のこといいます。

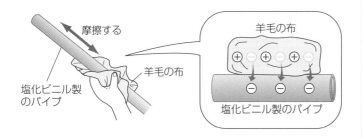

摩擦する
羊毛の布
塩化ビニル製
のパイプ
羊毛の布
塩化ビニル製のパイプ

　通常、物質の中には（＋）の電気と（－）の電気が同じ数だけあります。ところが、2つの物質が摩擦し合うと、一方の物質の（－）の電気が他方の物質へと移動します。このため、（－）の電気が増えたほうの物質は（－）に帯電し、もう一方の物質は（－）の電気が減った分だけ（＋）に帯電した状態となります。

・（＋）の電気
　＝正の電気
・（－）の電気
　＝負の電気

プラスワン
物体に帯電している電気のことを「電荷」といい、（＋）と（－）の2種に分かれる。

重要
（＋）と（－）のように異なる種類の電荷は引き合う。これに対して、同じ種類の電荷は反発し合う。

プラスワン
導体に帯電体が近づくと、導体の帯電体に近い側に帯電体と異種の電荷が現れる（これを静電誘導という）。これにより、導体と帯電体は引き合う。

4 電子とイオン

すべての物質は**原子**という粒子からできていて、原子の中心には（＋）の電気を持つ**陽子**という小さな粒子が存在し、それらが集まって**原子核**を形成しています。そして、原子核の周囲には（－）の電気を持つ**電子**と呼ばれるさらに小さな粒子が回っています。摩擦によって物質から物質へと移動する（－）の電気の正体は、この**電子**です。

原子の構造については、p46で再び学習します。

また原子は、原子の外へ電子を放出したり、外から電子を取り込んだりすることによって、原子全体が電気を帯びることがあります。このように**電気を帯びた原子**のことを**イオン**といいます。電子は（－）の電気を持つので、電子を放出した原子は、（－）の電気が減ってしまい、（＋）の電気を帯びることになります。このような原子を**陽イオン**といいます。これに対して、外から電子を取り込んだ原子は、（－）の電気が増えるので（－）の電気を帯びることになります。このような原子を**陰イオン**といいます。

なお、２つの物体の間で電子のやり取りが生じた場合、その一方は電子不足、他方は電子過剰となりますが、全体としての電気量の総和は変わりません。

5 静電気による放電

物質が帯電しただけでは特に危険はありません。しかし静電気が**蓄積**されてくると、条件によっては**放電**することがあり、**火花**を発生します。このとき付近に可燃性ガスや粉じんなどが存在すれば、この**放電火花（静電気火花）**が点火源となって**爆発**や**火災**を起こす危険が生じます。

静電気が放電する電気エネルギーを、**放電エネルギー**といいます。この放電エネルギーの大きさが、可燃性ガスの最小着火エネルギーの値を上回った場合に、可燃性ガスは着火します。

プラスワン

最小着火エネルギーの値は可燃性ガスの種類によって異なるが、値が小さいものほど少ない放電エネルギーで着火する。

6 静電気が発生しやすい条件

　静電気は、物質の摩擦によって発生することが一般的に知られていますが、金属や湿った物質を摩擦しても静電気は発生しません。なぜなら、これらの物質は導電性が高いため（－）の電気が移動しても帯電せず、すぐ元の状態に戻るからです。静電気は**不導体のような導電性の低い物質**（＝絶縁性が高い）ほど**発生しやすく**なります。

導電性が高い物質 →	静電気が発生しにくい
導電性が低い物質 →	静電気が発生しやすい

　ただし、導電性の高い物質であっても、絶縁状態にして**静電気の逃げ道をなくした場合は帯電が起こります**。人体にもこのような場合には静電気が帯電します。

　摩擦以外では、液体がパイプやホースなどの管内を流れるときも静電気が発生しやすく、**流速に比例して**静電気の発生量が増えます。静電気は固体に限らず、液体や気体にも発生します。摩擦以外の主な帯電現象は次の通りです。

①**流動帯電**…液体が管内を流れる際に帯電する現象
②**接触帯電**…2つの物質を接触させてから分離（剥離）する際に帯電する現象
③**噴出帯電**…液体がノズルなどから高速で噴出する際に帯電する現象

7 静電気災害の防止

　静電気による災害を防ぐためには、静電気の発生を少なくするほか、蓄積を生じさせないことが大切です。
①**摩擦を少なくする**
　物体どうしの接触面積や接触の圧力を減らします。
②**導電性の高い材料を使用する**
　配管パイプ、給油ホース、容器などに導電性材料を使う

ようにします。

③流速を遅くする

　液体がゆっくり流れるよう、配管やホースの径を大きく
したり、管の途中に停滞区間を設けたりします。

④ノズルの先端をタンクの底に着ける

　落差による攪拌(かくはん)などで静電気を生じないようにします。

⑤湿度を高くする

　湿度が上がって空気中の水分が多くなると、静電気はそ
の水分に移動するため、蓄積されにくくなります。

⑥接地（アース）をする

　地面と接続した導線を通って静電気が地面に逃げるの
で、静電気の蓄積を防止することができます。

⑦合成繊維を避け、木綿(もめん)の衣服を着用する

　ナイロンなどの合成繊維は、木綿などの綿製品と比べて
帯電しやすいので、避けるべきです。

液体の危険物を、タンクの上部から注入するときは、注入管のノズルの先端をタンク底部に着けます。

🧯 **用語**

接地（アース）
電気機器などを大地と電気的に接続すること。

●給油時の静電気災害を防ぐには

室内の湿度は75〜80%に

給油ホースのノズルの先端をタンクの底に着けて注入する

導線でアースをする

合成繊維を避け、帯電防止服(靴)を着用

給油ホースに導線を巻き込む

コレだけ!!

〈静電気が発生しやすい条件〉　　　〈発生・蓄積の防止方法〉

●導電性の低い物質　　　→　　導電性の高い材料を使う

●湿度が低い〈乾燥している〉　→　湿度を高くする

●液体の流速が速い　　　→　　流速を遅くする

理解度チェック○×問題

Key Point　　　　できたら チェック ☑

Key Point		
導体と不導体	□□ 1	不導体は、電気を通しにくい物質である。
静電気とは	□□ 2	帯電とは、物体が正（＋）の電気を帯びることをいう。
	□□ 3	帯電した物体に分布している流れのない電気のことを静電気という。
電子とイオン	□□ 4	電子を放出して正（＋）に帯電した原子のことを、陰イオンという。
	□□ 5	物体間で電子のやり取りがあると、電気量の総和は大きく変化する。
静電気による放電	□□ 6	静電気の放電火花は、可燃性ガスや粉じんがあると、しばしば点火源となる。
	□□ 7	帯電した物体の放電エネルギーの大小は、可燃性ガスの着火には影響しない。
静電気が発生しやすい条件	□□ 8	静電気は固体だけでなく、液体や気体においても発生する。
	□□ 9	静電気は、導電性が高いものほど発生しやすい。
	□□10	湿度が高いと、静電気は帯電しにくい。
静電気災害の防止	□□11	配管に流れる液体の静電気の発生を少なくするためには、液体の流速を遅くすればよい。
	□□12	接地（アース）には、不導体を用いるのが効果的である。
	□□13	液体の危険物をタンクの上部から注入するときは、注入管のノズルの先端をタンクの底に着けるようにする。

解答・解説

1.○　2.× 帯電とは、物体が正（＋）または負（－）の電気を帯びることをいう。　3.○　4.× 陽イオンである。　5.× 物体の間で電子のやり取り（「電荷のやり取り」ともいう）があっても、全体としての電気量の総和は変わらない。　6.○　7.× 放電エネルギーの大きさが可燃性ガスの最小着火エネルギーの値を上回った場合に可燃性ガスは着火する。　8.○　9.× 静電気は、導電性が低いものほど発生しやすく、導電性が高いものほど発生しにくい。　10.○ 湿度が高いときは、静電気が水蒸気に移動するため帯電しにくくなる。　11.○　12.× 接地（アース）は静電気を地面に逃がすためのものだから、電気を通す導体を用いる必要がある。　13.○ 落差による撹拌などで液体に摩擦が生じ、それが原因となって静電気が発生することを防ぐためである。

ここが狙われる！

物質の間で電子の移動があると、電子を失った側が正（＋）、電子を得た側が負（－）に帯電することを理解しよう。また、静電気の発生しやすい条件、静電気災害の防止方法は頻出事項なので、確実に覚えておくこと。

第2章　基礎的な化学

物質の変化と種類

LINK ⊖P40／㋜P24・28

受験対策 物質の変化と種類は出題されやすい項目です。物質の変化には物理的な変化と化学的な変化の2種類がありますので、区別できるようにしておきましょう。また、物質は純物質と混合物に大別されます。これらの見分け方や、同素体、異性体などの用語、元素記号などをしっかり覚えましょう。

1コマ 乙4劇場・その8

同じ元素でできてるのに色も硬さも違いますね！値段も

ダイヤモンドと黒鉛はどちらも炭素でできています。

1 物理変化と化学変化

　氷が溶けて水になるなど、物質の形や状態が変わるだけの変化を物理変化といいます。物理変化が起きても、物質そのものが別の物質に変わるわけではありません。第1章で学んだ状態変化や、混合、分離、溶解、潮解、風解などは物理変化に含まれます。具体例を見ておきましょう。

融解、凝固、蒸発、凝縮、昇華などの状態変化はすべて物理変化です。
▶p13～14

重要

分離と分解
分離（ろ過、蒸留、分留、抽出、再結晶など）は物理変化。これに対して、**分解**（電気分解など）は化学変化である。

物理変化の具体例

- バネに力を加えると伸びる
- ニクロム線に電流が流れると、赤くなる
- 固体のドライアイスを放置しておくと、気体の二酸化炭素になる（昇華）
- エタノールにメタノールやホルマリン等を添加して変性アルコールをつくる（混合）
- ろ紙を用いて泥水から泥をろ過する（分離）
- 原油からガソリンを分留する（分離）
- 食塩を水に溶かして食塩水をつくる（溶解）

食塩水

これに対し化学変化（化学反応）は、ある物質が性質の異なるまったく別の物質に変わる変化をいいます。2種類以上の物質が結びついて別の新しい物質ができる化合や、1つの物質が2種類以上の物質に分かれる分解など、さまざまな現象があります。

化学変化の具体例

- 空気中に放置した鉄が錆びてぼろぼろになる（酸化）
- ガソリンが燃えて二酸化炭素と水蒸気が生じる（酸化）
- ホースやパッキンに使う加硫ゴムが経年変化で老化する（酸化）
- 紙や木が燃えて灰になる（酸化）
- 水を電気分解すると水素と酸素になる（分解）
- 塩酸に亜鉛を加えると水素が発生する
- 紙が濃硫酸に触れると黒くなる
- 炭化カルシウムに水を加えてアセチレンをつくる
- 酸に塩基（アルカリ）を加えると水と塩ができる（中和）

---

2 物質の種類

①物質の種類

物質はまず、純粋な物質（純物質）と混合物とに大別されます。混合物とは2種類以上の純物質が混合してできたものです。純物質はさらに単体と化合物に分かれます。

単体とは1種類の元素からなる純物質であり、化合物は2種類以上の元素からなる純物質です。

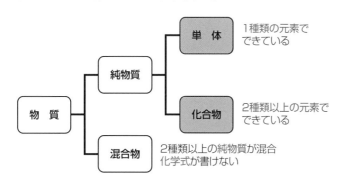

単体　1種類の元素でできている

化合物　2種類以上の元素でできている

純物質

物質

混合物　2種類以上の純物質が混合
化学式が書けない

用語

燃焼
熱と光を出しながら激しく酸化する現象を燃焼という。燃焼は、化学変化の1つ。

酸化
物質が酸素と化合すること。鉄が錆びるのは、空気中の酸素と化合して酸化鉄（錆び）という別の物質に変化するから。

重要

化合と混合
化合は化学変化だが、混合は2つ以上の物質がただ混じり合っているだけなので物理変化である。

用語

元素
すべての物質は原子からできているが、原子にはいろいろな種類があり、それぞれの種類につけられた名前を元素という。炭素はC、酸素はO、水素はHというように元素記号を使って表す。

純物質にはそれぞれに決まった密度、融点、沸点があります。一方、混合物は混合している物質の割合によって、密度、融点、沸点が変わります。

主な単体、化合物、混合物を覚えましょう。

単　体	炭素、酸素、水素、窒素、ナトリウム、鉄、硫黄、アルミニウム、黒鉛、オゾン、赤りん
化合物	水、二酸化炭素、メタン、プロパン、エタノール、ベンゼン、アセトン、食塩、ジエチルエーテル
混合物	空気、石油類（ガソリン、灯油、軽油、重油など）、食塩水、砂糖水、希硫酸（硫酸と水の混合物）

②同素体

ダイヤモンドと黒鉛はどちらも炭素Cという元素でできた単体ですが、その性質はまったく異なります。このように、同じ元素からできた単体なのに原子の結合状態が異なるために性質も異なるものどうしを同素体といいます。このほかにも、酸素とオゾン（ともに酸素O）、赤りんと黄りん（ともにりんP）などが、それぞれ互いに同素体です。

③異性体

また、同一の分子式を持つ化合物なのに分子内の構造が異なるために性質が異なるものどうしを異性体といいます。たとえば、ノルマルブタンとイソブタンの分子式はどちらもC_4H_{10}ですが、その性質は異なります。

乙種第4類の学習で必要となる物質の沸点などは、第1章で学習しましたね。

ゴロゴロ合わせ

同素体
ダィコク高校
（ダイヤ）（黒鉛）
同窓会
（同素体）
同じ元でも
（同じ）（元素）
けっこう異なる
（結合）（異なる）

用語

分子式
元素の種類と原子数を表した式。
例
水　H_2O
二酸化炭素　CO_2

コレだけ!!

物理変化（融解、凝固、昇華など）…物質は変わらない
化学変化（化合、分解、酸化など）…別の物質になる

単　体	…1種類の元素からなる純物質
化合物	…2種類以上の元素からなる純物質
混合物	…2種類以上の純物質が混合した物質

理解度チェック〇×問題

Key Point		できたら チェック ☑
物理変化と 化学変化	□□ 1	ある物質が性質の異なる別の物質になる変化を物理変化という。
	□□ 2	化合、燃焼、中和、溶解は、すべて化学変化である。
	□□ 3	砂糖を水に溶かすと砂糖水ができるのは物理変化である。
	□□ 4	炭化カルシウムに水を加えてアセチレンをつくるのは物理変化である。
	□□ 5	ドライアイスが気体の二酸化炭素になることは化学変化ではない。
	□□ 6	原油を分別蒸留（分留）してガソリンをつくるのは化学変化である。
化合と分解	□□ 7	水が水素と酸素に分かれる化学変化を分解という。
	□□ 8	炭素が燃焼して二酸化炭素になる反応は、化合である。
物質の種類	□□ 9	空気は酸素と窒素などの混合物だが、水は水素と酸素の化合物である。
	□□10	鉄の錆びは単体である。
	□□11	エタノール、ベンゼン、ガソリンは、すべて化合物である。
混合物	□□12	混合物とは、2種類以上の純物質が混ざり合った物質のことをいう。
	□□13	混合物は、混合している物質の割合によって、融点や沸点などの値が変わる。
同素体と異性体	□□14	同素体とは、単体のうちで、同じ元素からできているにもかかわらず性質が異なる物質どうしのことをいう。
	□□15	異性体とは、分子式も分子内の構造も同一であるにもかかわらず性質が異なる物質どうしのことをいう。

解答・解説

1.× これは化学変化の説明。　2.× 溶解だけ物理変化。　3.〇　4.× まったく別の物質に変化しているので化学変化である。　5.〇 どちらも二酸化炭素。　6.× 物理変化である。　7.〇　8.〇 燃焼は酸化（酸素と結合すること）だから化合である。　9.〇　10.× 鉄と酸素の化合物。　11.× ガソリンだけ混合物。　12.〇　13.〇　14.〇　15.× 分子式は同一だが分子内の構造が異なる。

ここが狙われる！

物理変化は、状態や形が変わる物理的な変化をいい、化学変化は、性質が異なる別の物質に変わることをいう。また、化合や混合等、似た言葉の違いをしっかり確認しておくこと。

Lesson 2

第2章　基礎的な化学

原子と分子

LINK ▶ ⊖P46

受験対策　原子の構造をしっかり理解し、巻末の元素周期表も使って、出題されやすい同族元素や原子量は確実に覚えましょう。また、分子量や物質量はLesson3以降を理解する基本となるものなので、ここで確実に理解しておきましょう。

1コマ　乙4劇場 • その9

原子量という数え方をします。炭素の原子量を12と決めています。

原子量

とても小さい原子にも重さがあるんですか。

用語

元素記号
水素はH、炭素はCというように、どの元素にもその種類を表す元素記号（原子記号）がある。

原子番号
元素ごとに決まっている番号。1個の原子の中では陽子の数＝電子の数なので、原子番号は電子の数でもある。

プラスワン

電子の質量は、陽子や中性子と比べると1840分の1ぐらいしかない。

---

1 元素と原子

　元素はすべての物質をつくる基本的成分であり、水素やナトリウムなど100種類ほどあります。どの元素も原子と呼ばれる小さな粒子です。原子の中心には原子核があり、（－）電気をもつ電子がその周囲をまわっています。原子核は（＋）電気をもつ陽子と、電気を帯びていない中性子で構成されます。原子番号はその原子の陽子の数で、陽子の数と中性子の数の和をその原子の質量数といいます。

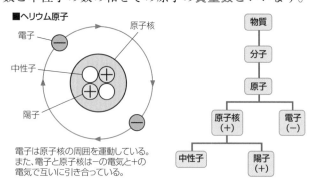

■ヘリウム原子

電子　原子核　中性子　陽子

電子は原子核の周囲を運動している。また、電子と原子核は－の電気と＋の電気で互いに引き合っている。

物質 → 分子 → 原子 → 原子核（＋）／電子（－）／原子核（＋）→ 中性子／陽子（＋）

元素を原子番号の順に並べた表のことを元素の周期表といいます。

元素の周期表 （▶p280）

族\周期	1	2	3	4	13	14	15	16	17	18
1	1 水素 1.008									2 ヘリウム 4.003
2	3 リチウム 6.941	4 ベリリウム 9.012			5 ホウ素 10.81	6 炭素 12.01	7 窒素 14.01	8 酸素 16.00	9 フッ素 19.00	10 ネオン 20.18
3	11 ナトリウム 22.99	12 マグネシウム 24.31			13 アルミニウム 26.98	14 ケイ素 28.09	15 リン 30.97	16 硫黄 32.07	17 塩素 35.45	18 アルゴン 39.95
4	19 カリウム 39.10	20 カルシウム 40.08	21 スカンジウム 44.96	22 チタン 47.87	31 ガリウム 69.72	32 ゲルマニウム 72.63	33 ヒ素 74.92	34 セレン 78.96	35 臭素 79.90	36 クリプトン 83.80
5	37 ルビジウム 85.47	38 ストロンチウム 87.62	39 イットリウム 88.91	40 ジルコニウム 91.22	49 インジウム 114.8	50 スズ 118.7	51 アンチモン 121.8	52 テルル 127.6	53 ヨウ素 126.9	54 キセノン 131.3
6	55 セシウム 132.9	56 バリウム 137.3	57～71 ランタノイド	72 ハフニウム 178.5	81 タリウム 204.4	82 鉛 207.2	83 ビスマス 209.0	84 ポロニウム (210)	85 アスタチン (210)	86 ラドン (222)
7	87 フランシウム (223)	88 ラジウム (226)	89～103 アクチノイド							

原子番号
元素名 ← 1 水素 1.008
原子量

□ 非金属の典型元素　□ 金属の典型・遷移元素

注：原子量は、IUPACによって承認された原子量をもとに、日本化学会原子量専門委員会が作成した原子量表に記載された数値である。

アルカリ金属　アルカリ土類金属　ハロゲン　希ガス

2 原子量・分子量

①原子量

原子の質量は非常に小さいため、gで表すのはとても不便です。そこで、炭素原子の質量を12と定め、これを基準として、それぞれの原子の質量がいくらになるかを示した値を原子量といいます（単位はなし）。

たとえば、水素の原子量は1ですが、これは水素原子の質量が炭素原子の12分の1であることを意味します。

②分子量

分子はいくつかの原子が結合した粒子であり、分子の質量の大小を示す値を分子量といいます。分子量はその分子に含まれている元素の原子量を合計して求めます。

たとえば、水素Hの原子量は1、炭素Cの原子量は12、酸素Oの原子量は16なので、

水H_2Oの分子量 = $1 \times 2 + 16 = 18$
二酸化炭素CO_2の分子量 = $12 + 16 \times 2 = 44$

となります。単位はつけません。

用語

同族元素
周期表の縦の列を族という（横の列は周期）。1～18族まであり、同じ族に属する元素を同族元素という。同族元素はよく似た性質を示す。

分子をさらに分解したものが原子です。ただし、分子のレベルまでは、その物質の性質を持っていますが、原子のレベルになるとその性質はなくなります。たとえば水の分子（H_2O）は、水素原子2個と酸素原子1個になってしまいます。

3 物質量（モル）

　原子や分子の粒子はあまりにも膨大な数になるので、これらの粒子を1個ずつ取り扱っていては大変です。そこで、卵や鉛筆などを12個まとめて1ダースというように、原子や分子等の粒子は6.02×10^{23}個をまとめて取り扱います。同一粒子6.02×10^{23}個のまとまりを1モル（mol）といい、モルを単位として表す物質の量を物質量といいます。

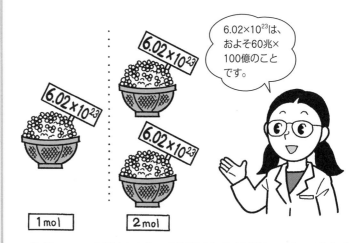

6.02×10^{23}は、およそ60兆×100億のことです。

　物質1molの質量はその原子量や分子量にgをつけたものと等しくなります。たとえば、水の分子量は18なので、水1molは18gです。

コレだけ!!

原子量 質量数12の炭素原子を基準として各原子の質量を示した値

分子量 その分子に含まれている元素の原子量の合計

物質量 モルを単位として表した物質の量
物質1mol（6.02×10^{23}個）の質量は、原子量・分子量にgをつけた値に等しい

理解度チェック○×問題

Key Point	できたら チェック ☑
原子の構造	□□ 1　元素の正体は原子であり、原子の中心に原子核がある。
	□□ 2　原子核は陽子と電子で構成されている。
原子番号	□□ 3　原子番号はその原子の陽子の数である。
	□□ 4　原子番号は元素ごとに決まっている。
同族元素	□□ 5　同族元素は周期表の縦の列に並ぶ。
原子量と分子量	□□ 6　原子量とは、炭素原子の質量を16として各原子の質量を示した値である。
	□□ 7　分子量を求めるには、その分子に含まれている元素の原子量を合計すればよい。
	□□ 8　水素の原子量1、酸素の原子量16なので、水の分子量は17である。
	□□ 9　原子量・分子量を表すときは、単位としてgをつける。
物質量（モル）	□□10　原子や分子は、同一粒子$6.02×10^{23}$個を1molとして取り扱う。
	□□11　モルを単位として表した物質の量を物質量という。
	□□12　二酸化炭素の分子量は44なので、二酸化炭素1molの質量は44gである。
	□□13　水は18g/molなので、水0.1molの質量は1.8gである。

解答・解説

1.○　2.× 陽子と中性子。　3.○　4.○　5.○　6.× 炭素原子は16ではなく12。　7.○　8.× 水はH_2Oだから1×2+16=18。　9.× 原子量・分子量そのものには単位をつけない。　10.○　11.○　12.○　13.○

ここが狙われる！

次のことを確実に理解しておくこと。
　　原子量…水素H＝1、炭素C＝12、酸素O＝16
　　分子量…水H_2O＝1×2+16＝18
　　　　　　二酸化炭素CO_2＝12+16×2＝44

Lesson **3**

第2章　基礎的な化学

化学と気体の基本法則

LINK ▶ ⊖P52

受験対策　ボイルの法則やシャルルの法則は計算問題で出題されやすい項目です。また、アボガドロの法則を理解し、標準状態ですべての気体1molは、約22.4Lであることも覚えましょう。

⚠️ 1コマ 乙4劇場 • その10

圧力に反比例します。

気体の体積は温度に比例して…

重要

なぜ質量保存か
化学変化で別の物質に変化するのは物質の原子の組合わせが変わるからだが、原子の種類と数には変化がないため質量は変わらない。

1 化学変化の規則性

①質量保存の法則

　ある物質に化学変化が起こると別の物質に変化しますが、変化後の物質の質量は変化前の物質の質量と変わりません。これを質量保存の法則といいます。

炭素12gと酸素32gが化合　→　二酸化炭素44gが発生

変化前の質量　　　　　　　　　　変化後の質量

12g+32g(16g×2)=44g　　　　　44g

プラスワン

酸化銅の場合、銅と酸素の質量比は4：1なので、酸化銅全体の質量の4/5が銅で1/5が酸素であることがわかる。

②定比例の法則

　1つの化合物の中で化合している元素の質量の比は常に一定です。これを定比例の法則といいます。

例 酸化銅（銅と酸素の化合物）……銅：酸素＝4：1
　　水（水素と酸素の化合物）……水素：酸素＝1：8

2 気体の性質

①ボイルの法則

　温度が一定のとき、圧力を2倍にすると、気体の体積は1/2になります。つまり、**気体の体積（V）は圧力（P）に反比例します**。これを**ボイルの法則**といい、次の式で表されます。

　$PV = k$　（kは定数）

　また、圧力P_1で体積V_1の気体が、圧力P_2で体積V_2になったとき、次の関係が成り立ちます（温度は一定）。

　$P_1 \times V_1 = P_2 \times V_2$

> **例題**　温度が一定のときに、2気圧で8Lの理想気体を容器に入れたところ、内部の圧力が4気圧になった。この容器の容積は何Lか。
>
> **答**　気圧が2倍になっている。体積は圧力に反比例するので、この場合、1/2、つまり8÷2＝4（L）になる。
> 　　2（気圧）×8（L）÷4（気圧）＝4（L）
> でも求められる。

②シャルルの法則

　圧力が一定のとき、**気体の体積（V）は温度が1℃増減するごとに、0℃のときの体積の1/273ずつ増減します**。

　また、温度を絶対温度（セ氏温度＋273度）で表すと、**気体の体積（V）は絶対温度（T）に比例する**ことになります（圧力は一定）。これらを**シャルルの法則**といいます。

> **例題**　0℃で1Lの気体がある。圧力を一定に保ったままでこの温度を273℃まで上げると、体積は何Lになるか。
>
> **答**　温度が1℃上がるごとに体積は0℃のときの1/273ずつ増えるから、温度が273℃上がれば体積はちょうど2倍になる。答は2L。（補足：絶対温度は273（K）から546（K）へと2倍になっており、体積も比例して2倍になる）

用語

理想気体
あらゆる温度・圧力で、ボイルの法則やシャルルの法則に完全に従うものと仮定した気体をいう。

絶対温度 ● p28

ゴロ合わせ
ボイル・シャルルの法則
ボーイの体
（ボイルの法則）
（体積は）
力に反発
（圧力に）（反比例）
ギャルの体
（シャルルの法則）
（体積は）
熱さに素直
（絶対温度に）（比例）

③ボイル・シャルルの法則

　ボイルの法則とシャルルの法則をまとめると、一定量の気体の体積（V）は、圧力（P）に反比例し、絶対温度（T）に比例することがわかります。これをボイル・シャルルの法則といい、次の式で表します。

$$気体の体積 V = k \times \frac{絶対温度 T}{圧力 P} \quad （kは定数）$$

④ドルトンの法則

　互いに反応しない2種類以上の気体を1つの容器に入れたとき、この混合気体全体が示す圧力（全圧）は、それぞれの成分気体が示す圧力（分圧）の和に等しくなります。これをドルトンの法則といいます。

⑤アボガドロの法則

　すべての気体1molの体積は、気体の種類に関係なく、0℃1気圧（標準状態）において22.4Lを占めます。これをアボガドロの法則といいます。

　これを上のボイル・シャルルの法則の式に代入すると、0℃＝273Kなので、

$$22.4 = k \times \frac{273}{1} \quad となります。$$

　そしてこれを解くと、$k = 0.082$〔L・atm/K・mol〕であることがわかります。この係数kを気体定数といいます。

用語

分圧
混合気体の各成分気体がそれぞれ単独で混合気体と同じ体積を占めたときに示す圧力のこと。

プラスワン

気体定数kは、気体の種類に関係なく、0.082という値になる。

コレだけ!!

ボイルの法則
温度が一定のとき、一定量の気体の体積は圧力に反比例する。

シャルルの法則
圧力が一定のとき、一定量の気体の体積は絶対温度に比例する。

ボイル・シャルルの法則
一定量の気体の体積は、圧力に反比例し、絶対温度に比例する。

理解度チェック○×問題

できたら チェック ☑

Key Point		
質量保存の法則と定比例の法則	□□ 1	1つの化合物の中で化合している元素の質量比は一定であるとする法則のことを、質量保存の法則という。
	□□ 2	水素2gと酸素16gを化合してできる水の質量は18gである。
	□□ 3	水素1gと酸素9gが化合して10gの水ができる。
ボイルの法則	□□ 4	温度が一定のとき、一定量の気体の体積は圧力に反比例する。
	□□ 5	温度が一定で、2気圧の理想気体2Lを1Lの容器に入れると1気圧になる。
	□□ 6	1気圧5Lの理想気体を、温度が一定で10気圧に圧縮すると0.5Lになる。
シャルルの法則	□□ 7	圧力一定のとき、理想気体の体積は温度が1℃上がるごとに0℃のときの体積の1/273ずつ増加する。
	□□ 8	圧力が一定のとき、気体の体積はセ氏温度に比例する。
	□□ 9	圧力を一定に保ったまま理想気体を加熱した場合、その絶対温度が273（K）から546（K）になると、体積は2倍になる。
ボイル・シャルルの法則	□□10	一定量の気体の体積は、圧力に比例し、絶対温度に反比例する。
ドルトンの法則	□□11	互いに反応しない2種類以上の気体を1つの容器に入れた場合、その混合気体の全圧は各成分気体の分圧の和に等しくなる。
アボガドロの法則	□□12	気体1molの体積は、気体の種類に関係なく、0℃、1気圧の標準状態のとき22.4Lになる。

解答・解説

1.× これは定比例の法則の説明。　2.○　3.× 水素1gには酸素8gしか化合しない（定比例の法則）。4.○ ボイルの法則。5.× 4気圧になる。6.○　7.○　8.× セ氏温度ではなく絶対温度。9.○ 絶対温度が2倍になっているので体積も2倍。10.× 圧力に反比例し、絶対温度に比例する。11.○　12.○

ここが狙われる！

ボイルの法則の反比例関係、シャルルの法則の比例関係と273という数字、ドルトンの法則の全圧＝分圧の和については、必ず計算問題を解いて、理解しておくこと。

Lesson 4

第2章　基礎的な化学

化学式と化学反応式

LINK ▶ ⊖P56／㋐P32・34

受験対策　化学反応式の書き方や係数の働き、化学反応式が示す量的関係について確実に理解しておきましょう。量的関係は今後、いろいろなことにかかわってきます。

1コマ〉乙4劇場 ●その11

水素を
Hではなく、
H_2と書くのは
なぜですか。

気体として
存在するときには、
原子が2個結合した
分子としてなので
Hと書きます。
H_2と書きます。

重要

炭素や鉄の組成式
炭素や鉄は分子を持たず、ただ1種類の原子が多数配列してできた物質なので、それぞれ元素記号のC、Feを、数字をつけずにそのまま組成式として使う。

用語

官能基
有機化合物の特性を示す原子団のこと。
▶p82

---

1 化学式

　水H_2O、エタノールC_2H_6Oのように、元素記号を組み合わせて物質の構造を表したものを化学式といいます。「式」といっても、数学に出てくる数式のイメージとは異なります。化学式には次の種類があります。

①分子式

　分子を構成する原子の種類と数を表す化学式。原子の数は元素記号の右下に書きます（1は省略する）。

②組成式
そ せいしき

　物質を構成する原子やイオンの数の割合を最も簡単な整数比で表した化学式です。

③示性式
し せいしき

　分子式に含まれているカルボキシル基（－COOH）のような官能基を区別して書いた化学式。
かんのう き

④構造式

　分子内での原子の結合を短い直線(価標)で表した化学式。
か ひょう

●酢酸を表す化学式

①分子式	②組成式	③示性式	④構造式

$C_2H_4O_2$　　　CH_2O　　　CH_3COOH

※②組成式は、本来は、「$2CH_2O$」となりますが、「最も簡単な整数の比」ということで、係数の2が1になって、1は表示されていません。

2 化学反応式

　化学式を使って化学変化を表した式を化学反応式といいます。たとえば、水素と酸素が化合して水ができる反応を表すと次のようになります。

$$2H_2 \ + \ O_2 \ \rightarrow \ 2H_2O$$

化学反応式の３つのルール

①反応する物質の化学式を左辺に書き、生成する物質の化学式を右辺に書いて、両辺を矢印（→）で結ぶ。

②両辺の原子の種類と数が同じでなければならないため、化学式の前に最も簡単な整数比になるよう係数をつける。

反応する物質		生成する物質
$2H_2$ +	$1O_2$ →	$2H_2O$

係数（1は省略）

※酸素の分子式はO_2なので、→の右のH_2O全体に係数2をつけることで→の左右を揃えています。

③反応の前後で変化しない物質（触媒など）は、化学反応式には書かない。

3 化学反応式が示す量的関係

　化学反応式を見ると、反応の前後での各物質の量的関係がわかります。メタン（CH_4）が燃焼（酸化）して二酸化

プラスワン

塩化ナトリウムのNaClも組成式。NaClは、食塩の結晶の中にナトリウム原子Naと塩素原子Clが同数ずつ存在していることを表す（塩化ナトリウムはイオン結晶なので、分子というものは存在しない）。

プラスワン

エタノール
●分子式
　C_2H_6O
●示性式
　CH_3CH_2OH
●構造式

アセトン
●分子式
　C_3H_6O
●示性式
　CH_3COCH_3
●構造式

エタノールとアセトンの構造式は試験に出るので覚えておきましょう。

炭素（CO_2）と水（H_2O）を生成する反応を例に考えてみましょう。

$$CH_4 \; + \; 2O_2 \; \rightarrow \; CO_2 \; + \; 2H_2O$$

上の化学反応式から、次の4つのことがわかります。

①**メタン1分子と酸素2分子が反応して、二酸化炭素1分子と水2分子が生成する**
➡ 化学反応式の係数は、分子の数を表すから

②**メタン分子1mol（モル）と酸素分子2molが反応して、二酸化炭素分子1molと水分子2molが生成する**
➡ ①の分子をそれぞれ$6.02×10^{23}$倍すると、化学反応式の係数は物質量（mol）の比を表すともいえるから

③**メタン16gと酸素64gが反応すると、二酸化炭素44gと水36gが生成する**
➡ 物質1mol当たりの質量は、分子量にgをつけたものだから（●p48）

④**標準状態では、メタン22.4Lと酸素44.8Lが反応すると、二酸化炭素22.4Lと水（水蒸気）44.8Lが生成する**
➡ 気体1mol当たりの体積は、標準状態ではすべて22.4Lだから（●p52）

4 理論酸素量

　ある物質（燃料）を完全に燃焼させるために必要な酸素の量を理論酸素量といいます。**3**のメタンの完全燃焼の例では、メタン1mol（16g）を完全燃焼させるのに必要な酸素の量が2mol（64g）であることがわかります。これがメタンにとっての理論酸素量です。理論酸素量は、このように燃料1mol当たりの酸素量で表すことが多いですが、燃料1kg当たりの酸素量として表すこともあります。

例題1 次の①〜④の物質1molを完全燃焼させた場合に、消費する理論酸素量が最も多いのはどれか。

①エタノール（C₂H₅OH）

②アセトン（CH₃COCH₃）

③メタノール（CH₃OH）

④アセトアルデヒド（CH₃CHO）

解説 ①〜④はすべて炭素C、水素H、酸素Oを成分とする化合物なので、燃焼（酸素と化合）すると、二酸化炭素CO_2と水H_2Oを生じます。それぞれの化学反応式をつくり、消費する理論酸素量を比べてみましょう。

①エタノール

$$C_2H_5OH + 3O_2 \rightarrow 2CO_2 + 3H_2O$$

②アセトン

$$CH_3COCH_3 + 4O_2 \rightarrow 3CO_2 + 3H_2O$$

③メタノール

$$2CH_3OH + 3O_2 \rightarrow 2CO_2 + 4H_2O$$

物質1mol当たりなので、両辺を2で割り、

$$CH_3OH + \frac{3}{2}O_2 \rightarrow CO_2 + 2H_2O$$

④アセトアルデヒド

$$2CH_3CHO + 5O_2 \rightarrow 4CO_2 + 4H_2O$$

物質1mol当たりなので、両辺を2で割り、

$$CH_3CHO + \frac{5}{2}O_2 \rightarrow 2CO_2 + 2H_2O$$

以上より、①〜④の物質1molを完全燃焼させた場合に消費する理論酸素量が最も多いのは、酸素O_2の係数が最も大きいアセトン（4molの理論酸素量を消費する）であることがわかります（逆に、①〜④のうち理論酸素量が最も少ないのは、メタノールであることもわかります）。

第1編

基礎的な物理学および基礎的な化学

プラスワン

理論酸素量は、燃料となる**有機化合物**の燃焼について求めることが多い。一般に空気中で有機化合物が燃焼すると、**二酸化炭素**CO_2と水H_2Oを生じる。

有機化合物 ▶p81

化学反応式をつくるときは、例題1のような**示性式**よりも**分子式**で表したほうが計算しやすくなります。

例 エタノール
示性式：C₂H₅OH
分子式：C₂H₆O

理論酸素量だけでなく、物質1molを完全燃焼した際に生じる二酸化炭素や水（水蒸気）の量もわかりますね。

例題2　アセトンCH₃COCH₃が完全燃焼するときの化学反応式（燃焼式）は、次の通りである。

$$CH_3COCH_3 + 4O_2 \rightarrow 3CO_2 + 3H_2O$$

0℃1気圧（標準状態）においてアセトン11.6gが完全燃焼するとして、この場合に必要な空気量は何Lか。ただし、空気中に占める酸素の体積の割合は20%とし、原子量は、C＝12、H＝1、O＝16とする。

解説　まず、アセトンの化学式を分子式で表すとC_3H_6Oとなるので、分子量は（12×3）＋（1×6）＋（16×1）＝58。

つまり、アセトンは1mol当たり58gなので、11.6gならば、11.6÷58＝0.2molであることがわかります。

次に、上の燃焼式を見ると、アセトン1molに対して酸素は4molが反応して完全燃焼しています。

このため、アセトン0.2molに対しては、0.2mol×4＝0.8molの酸素が反応します。

アボガドロの法則より、0℃1気圧（標準状態）においては、どんな気体でも1molの体積は22.4Lなので、0.8molの酸素の体積は、22.4L×0.8＝17.92Lとなります。

∴空気中に占める酸素の体積の割合は20%なので、完全燃焼に必要な空気量は、17.92L÷20×100＝89.6Lです。

> 「酸素」と「空気」を間違えないようにしましょう。

アボガドロの法則
▶p52

コレだけ‼

化学反応式からわかること

	2H₂ (水素)	O₂ (酸素)	→ 2H₂O (水蒸気)
① 分子の数	2分子	1分子	2分子
② 物質量	2mol	1mol	2mol
③ 質量	4g (2g×2)	32g (32g×1)	36g (18g×2)
④ 体積	44.8L	22.4L	44.8L

理解度チェック○×問題

できたら チェック ☑

Key Point		
化学式	□□ 1	分子式とは、分子内での原子の結合を価標で表した化学式である。
	□□ 2	水素の分子式H₂は、水素の分子が水素原子2個でできていることを表している。
	□□ 3	分子式が同一のものは、物質の性質も同じである。
	□□ 4	組成式とは、物質を構成する原子やイオンの数の割合を最も簡単な整数比で表した化学式である。
	□□ 5	炭素の元素記号Cは、物質としての炭素を表す分子式でもある。
	□□ 6	酢酸の分子式C₂H₄O₂を示性式で表すと、CH₃COOHとなる。
化学反応式のルール	□□ 7	化学反応式は、左辺と右辺で分子の種類と数が同じでなければならない。
	□□ 8	化学反応式では、反応する物質を左辺に書き、生成する物質を右辺に書く。
	□□ 9	メタンの燃焼を化学反応式で表すと、CH₄＋O₂→CO₂＋H₂Oとなる。
	□□10	化学反応式の係数は、両辺で各分子の数が等しくなるようにつける。
量的関係	□□11	化学反応式の係数は、分子の数の比を表す。
	□□12	化学反応式の係数は、物質量（mol）の比までは表さない。
	□□13	メタン16gと酸素64gが反応すると、二酸化炭素44gと水18gが生成する。
	□□14	気体の化学反応式の場合、係数は各気体の体積比も表す。

解答・解説

1.× これは構造式の説明。 2.○ 3.× 分子式が同一でも性質の異なる異性体がありうる。 4.○ 5.× 分子式ではなく組成式。 6.○ 7.× 分子ではなく原子。 8.○ 9.× 両辺の原子の数が合っていない。正しくは CH₄＋2O₂→CO₂＋2H₂Oとなる。10.× 各分子ではなく各原子。 11.○ 12.× 物質量の比も表す。 13.× 水は36g生成する。質量保存の法則により、矢印の左側と右側で質量は同じになる。 14.○

ここが狙われる！

化学式や化学反応式を書くことにより、物質間の量的関係を理解できるようになる。出題されやすい第4類危険物（▶第2編第2章）に関して、物質名とともに化学式を書けるようにしておくことが望ましい。

Lesson 5

熱化学反応と反応速度

LINK ⊖P60／㋑P36

受験対策　化学反応式は→（矢印）で左辺と右辺を結びましたが、熱化学方程式では、化学反応式に反応熱を記入し、左辺と右辺を等号（＝）で結びます。また反応熱には発熱反応と吸熱反応があります。

（1コマ）乙4劇場 ● その12

その反応が起こるためには、一定の熱が必要だということです。

熱を吸収するってどういうことですか。

吸熱

1 反応熱

　化学変化や溶解には熱の発生または吸収を伴います。熱を発生する変化を発熱反応、熱を吸収する変化を吸熱反応といいます。反応熱とはこのときに出入りする熱量のことで、反応の中心となる物質 1 mol 当たりの熱量で表します（単位はkJ/mol）。反応熱には次の種類があります。

プラスワン
反応熱のうち、燃焼熱と中和熱の2つは発熱のみだが、ほかの3つは発熱と吸熱の両方がある。

用語
溶媒
たとえば、食塩を水に溶かして食塩水をつくる場合、溶かす方の液体（水）のことを溶媒といい、溶けるほうの物質（食塩）を溶質という。

燃焼熱	物質 1 mol が完全燃焼したときに発生する熱量
生成熱	化合物 1 mol が、その成分元素の単体から生成するときに発生または吸収する熱量
分解熱	化合物 1 mol が、その成分元素に分解するときに発生または吸収する熱量
中和熱	酸と塩基の中和反応によって水 1 mol を生成するときに発生する熱量
溶解熱	物質 1 mol を溶媒に溶かすときに発生または吸収する熱量

発熱反応の場合は、反応物は熱を放出することによってエネルギーの小さな物質に変化します。逆に、**吸熱反応**の場合は、反応物は熱を吸収することによってエネルギーの大きな物質に変化します。

発熱反応　　　　　　　吸熱反応

反応物(エネルギー大)　　反応物(エネルギー小)

熱を放出　　　　　　　熱を吸収

生成物(エネルギー小)　　生成物(エネルギー大)

2 熱化学方程式

化学反応式に反応熱を書き加え、両辺を等号（＝）で結んだ式を熱化学方程式といいます。たとえば、炭素の完全燃焼を表す熱化学方程式は、次のようになります。

$$C + O_2 = CO_2 + 394 \text{ kJ}$$

この式は、1 molの炭素Cが完全燃焼（酸化）すると394kJ/molの燃焼熱が発生することを示しています（発熱反応）。

熱化学方程式のルール

①着目する物質の係数を1として反応式を書く。

上の例では炭素Cに着目しています。水素の完全燃焼の場合は水素H_2に着目するので、次のように書きます。

$$H_2 + \frac{1}{2} O_2 = H_2O \text{（液）} + 286 \text{kJ}$$

②反応熱は必ず右辺に書き、**発熱反応**は＋、**吸熱反応**は－の符号をつける。

たとえば、一酸化窒素NOが窒素N_2から生成される場合は吸熱反応なので、次のように書きます。

$$\frac{1}{2} N_2 + \frac{1}{2} O_2 = NO - 90.3 \text{kJ}$$

ここに出てくる394や286といった数字は覚えなくて大丈夫です。

プラスワン

炭素1 molは12 gなので、たとえば炭素が24 g完全燃焼する場合は、燃焼熱も2倍の788kJ発生することになる。

プラスワン

反応熱は物質の状態により値が異なる。たとえば水素の完全燃焼で水蒸気（気体）が発生する場合の燃焼熱は242kJである。このため、物質の状態を（固）（液）（気）として区別する場合がある。

第1編 基礎的な物理学および基礎的な化学

3 ヘスの法則（総熱量不変の法則）

　反応熱は、反応する物質と生成する物質が同じであれば、途中の経路には関係しない、という法則をヘスの法則といいます。この法則を黒鉛Cの燃焼を例に見てみましょう。

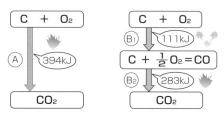

Ⓐ 炭素Cが**完全燃焼**して二酸化炭素CO_2になる。燃焼熱394kJ

Ⓑ₁ 炭素Cが**不完全燃焼**して、一酸化炭素COになる。生成熱111kJ

Ⓑ₂ 一酸化炭素COが**完全燃焼**して二酸化炭素CO_2になる。燃焼熱283kJ

　Ⓐの394kJは、Ⓑ₁の111kJとⓑ₂の283kJの和になっています。Ⓑ₁＋Ⓑ₂＝Ⓐが成り立つことを熱化学方程式で確かめてみましょう。

プラスワン

炭素Cが不完全燃焼して一酸化炭素COが生成する場合は、完全燃焼ではないので燃焼熱とはいえない。これは一酸化炭素が単体の炭素から生成するときに発生する生成熱である。

$$Ⓑ₁ \quad C \quad + \quad \frac{1}{2} O_2 \quad = \quad \cancel{CO} \quad + \quad 111 \text{ kJ}$$

$$+ \quad Ⓑ₂ \quad \cancel{CO} \quad + \quad \frac{1}{2} O_2 \quad = \quad CO_2 \quad + \quad 283 \text{ kJ}$$

$$Ⓐ \quad C \quad + \quad O_2 \quad = \quad CO_2 \quad + \quad 394 \text{ kJ}$$

　以上より、1molの炭素Cから1molの二酸化炭素CO_2を生じるときに発生する反応熱（Ⓐ）は、その反応がいくつかの段階に分かれて起きた場合でも、結局はそれぞれの反応熱の和（Ⓑ₁＋Ⓑ₂）に等しくなることがわかります。

　このように、ある反応の反応熱（総熱量）は、その反応の途中経路とは関係なく一定なのです。この法則は熱化学の基本法則です。

4 反応の速さ

①粒子の衝突と反応速度

　化学反応が起こるためには、**反応する粒子が互いに衝突**することが必要です。この衝突の頻度が高くなるほど反応は速くなります。反応の速さを**反応速度**といいます。反応速度はそれぞれの反応によって異なり、また同一の反応であっても、その反応に関与する物質の状態、濃度、圧力、温度、触媒の有無などによって異なります。

②活性化エネルギー

　一般に、反応物から生成物へと化学変化するためには、ある一定以上の高いエネルギー状態（活性化状態）を超える必要があります。**活性化エネルギー**とは、活性化状態になるときに必要な最小限のエネルギーのことです。

　化学反応式の左辺から右辺へ進行する反応を**正反応**といい、右辺から左辺へと進行する反応を**逆反応**といいます。化学反応が進行するのは、衝突する粒子の運動エネルギーの和が、正反応の活性化エネルギーよりも大きい場合です。

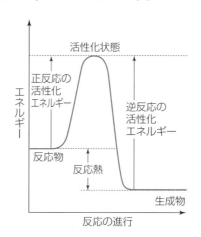

反応熱は、反応物と生成物のエネルギーの差によって決まります。触媒を用いても反応熱の値は変えられません。

重要

正触媒
活性化エネルギーを下げる働きをすることによって反応速度を速くする。これに対して、反応速度を遅くする触媒のことを「負触媒」という。

③反応速度への影響

濃度・圧力	濃度や圧力が高いほど、粒子の衝突頻度が高くなるため、反応速度が速まる
温度	温度が高いほど粒子の熱運動が激しくなるため、衝突頻度が高くなって反応速度が速まる
触媒	触媒（正触媒）の働きによって、**活性化エネルギーの小さい経路で反応が進む**ため、反応速度が速まる

5 化学平衡

プラスワン

化学反応が一方向にのみ進行し、逆反応が起こらないものを**不可逆反応**という。

　化学反応には、正反応と逆反応とが同時に進行するものがあります。これを**可逆反応**といい、化学反応式の左辺と右辺の間を $\rightleftarrows$ とします。可逆反応では、正反応と逆反応の速さの差が見かけ上の反応速度となり、正反応と逆反応の速さが等しい場合は反応がどちらの方向にも進行していないように見えます。この状態を**化学平衡**といいます。

　可逆反応が化学平衡の状態（平衡状態）にある場合に、反応の条件（濃度、圧力、温度）を変えると、その変化を打ち消す方向に平衡が移動します。これを**平衡移動の原理（ル・シャトリエの法則）**といいます。

触媒は、反応速度を速くしたり遅くしたりしますが、**平衡状態には影響を与えません。**

①濃度

　ある成分の濃度を増やすと、その成分の濃度を減少させる方向（濃度を減らした場合は増加させる方向）に平衡が移動します。たとえば、窒素N_2と水素H_2の可逆反応（$N_2 + 3H_2 \rightleftarrows 2NH_3$）において$N_2$の濃度を増やすと、これを打ち消すように右方向の反応（正反応）が進行します。

②圧力（気体の場合のみ）

　圧力を高くすると、気体の分子数を減少させる方向（圧力を低くした場合は増加させる方向）に平衡が移動します。

③温度

　温度を上げると、吸熱反応の方向（温度を下げた場合は発熱反応の方向）に平衡が移動します。

コレだけ!!

熱化学方程式の意味すること

$$H_2 + \frac{1}{2}O_2 = H_2O \,(液) + 286kJ$$

水素1molが完全燃焼すると、286kJ発熱する（発熱反応）

∴水素nmolが完全燃焼すると、$286 \times n$〔kJ〕発熱する

理解度チェック○×問題

Key Point		できたら チェック ☑
反応熱	□□ 1	反応熱は一般に、反応の中心となる物質1g当たりの熱量で表す。
	□□ 2	燃焼熱とは、物質1molが完全燃焼したときに発生する熱量をいう。
	□□ 3	生成熱とは、化合物1molがその成分元素の化合物から生成するときに発生または吸収する熱量をいう。
	□□ 4	分解熱は、発熱の場合と吸熱の場合の両方がある。
	□□ 5	中和熱とは、酸と塩基の中和反応によって水1molを生成するときに吸収する熱量をいう。
熱化学方程式	□□ 6	反応熱は熱化学方程式の右辺に書く。
	□□ 7	熱化学方程式では、着目する物質の係数を1とする。
	□□ 8	吸熱反応の場合は、反応熱に＋の符号をつける。
	□□ 9	発熱反応の場合は、反応物は熱を放出することによってエネルギーの小さな物質に変化する。
炭素の完全燃焼	□□10	$C+O_2=CO_2+394kJ$より、炭素120gが完全燃焼すると3,940kJの燃焼熱が発生する。
水素の完全燃焼	□□11	$H_2+\frac{1}{2}O_2=H_2O$（液）$+286kJ$より、発生した熱量が572kJであったとすると、完全燃焼した水素は2gである。
ヘスの法則	□□12	ある反応の反応熱は、その反応がいくつかの段階に分かれて起きた場合でも、それぞれの反応熱の総和と等しくなる。
反応の速さ	□□13	温度が高いほど粒子の熱運動が激しくなり、衝突頻度が高くなるため反応速度は遅くなる。
化学平衡	□□14	可逆反応が平衡状態にある場合、ある成分の濃度を減らすと、その成分の濃度が増加する方向に平衡が移動する。

解答・解説

1.× 1gではなく1mol当たり。　2.○　3.× 化合物からではなく単体から生成。　4.○　5.× 吸収ではなく発生。　6.○　7.○　8.× －の符号をつける。　9.○　10.○ 炭素は原子量12なので、炭素120gならば10mol相当。∴熱量も10倍になる。　11.× 熱量が2倍なので水素2mol相当。水素の分子量は2（1mol当たり2g）なので、2molならば4gである。　12.○　13.× 衝突頻度が高くなって反応速度は速くなる。　14.○

ここが狙われる！

計算問題が毎回1問は出題されている。mol（モル）という単位に慣れることが重要。

Lesson 6

溶　液

LINK ▶ ⊖P68／㊦P14・26

受験対策 溶液＝溶媒＋溶質の関係をしっかり押さえましょう。溶液の濃度の表し方には質量％濃度のほかに、モル濃度、質量モル濃度があります。それぞれの違いを理解しましょう。

1コマ 乙4劇場・その13

溶質は、一定量の溶媒に対して限りなく溶けるわけではなく、これ以上は溶けないという限度があります。この限度が**溶解度**です。

プラスワン

溶質が固体や液体の場合、溶媒の温度が上昇すると溶解度は増大するが、溶質が気体の場合（圧力が一定のとき）は溶媒の温度が上昇すると溶解度は減少する。

1 溶液と溶解度

　液体に他の物質が溶けて均一な液体になることを**溶解**といいます。**溶液**とは、溶解によって得られる均一な液体のことです。物質を溶かしている液体は**溶媒**といい、溶媒が水である溶液を特に**水溶液**といいます。一方、溶媒に溶けている物質のことを**溶質**といいます。溶質は固体とは限らず、**液体や気体の場合**もあります。

　溶解度とは溶媒100ｇに溶解する溶質の最大量（ｇ）のことです。右のグラフを見ると、**固体の溶解度は、一般に溶媒の温度が高くなるほど大きくなる**ことがわかります。

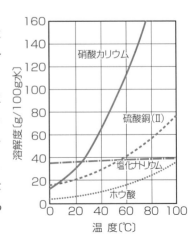

2 溶液の濃度

溶液に含まれている溶質の量の割合を溶液の濃度といいます。濃度にはいろいろな表し方があります。

①質量%濃度（単位：%またはwt%）

溶液全体の質量に対して、溶質の質量が何%を占めるかを表した濃度です。

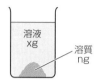

$$質量\%濃度 = \frac{溶質の質量 g}{溶液の質量 g} \times 100$$

分母の溶液の質量とは、（溶質＋溶媒）の質量であることに注意しましょう。

②モル濃度（単位：mol/L）

溶液 1 L 中に何molの溶質が溶けているかを表した濃度です。

$$モル濃度 = \frac{溶質の物質量 mol}{溶液の体積 L}$$

この式から、モル濃度に溶液の体積をかけ合わせると、溶質の物質量が求められることがわかります。

> **例題** 0.4mol/Lの硫酸水溶液250mLには何molの硫酸が溶けているか。
>
> **答** 溶液の体積の単位を直してから（250mL＝0.25L）、モル濃度とかけ合わせる。
> ∴0.4×0.25＝0.1（mol）

③質量モル濃度（単位：mol/kg）

溶媒 1 kg中に何molの溶質が溶けているかを表した濃度です。

$$質量モル濃度 = \frac{溶質の物質量 mol}{溶媒の質量 kg}$$

溶液の沸点や凝固点を調べるときなどに用いられます。

プラスワン

水100 g に塩化ナトリウム25 g を溶かした溶液の質量%濃度は、25÷（100＋25）×100＝20%となる。

ゴロ合わせ

モル濃度の求め方
雨漏るのう
（モル濃度＝）
洋室の漏り　悪く
（溶質の物質量mol÷）
数リットル
（溶液の体積 L ）

3 沸点上昇と凝固点降下

①沸点上昇

液体の沸点は蒸気圧が大気圧（1気圧）と等しくなるときの液温ですが、食塩やショ糖などの**不揮発性の物質**を溶かした溶液では、溶液全体の粒子の数に対する溶媒分子の数の割合が減るので、純粋な液体（純溶媒）よりも蒸気圧が低くなります。このため、蒸気圧が大気圧と等しくなるまでにより多くの熱エネルギーが必要となるので、沸点が高くなります。これを**沸点上昇**といい、純溶媒の沸点との差を**沸点上昇度**といいます。不揮発性の物質が溶けている溶液と純溶媒の蒸気圧の値の差は、溶けている不揮発性の物質（溶質）の量が多いほど、大きくなります。

②凝固点降下

溶液中の溶媒が凝固し始める温度を溶液の**凝固点**といい、**不揮発性の物質**を溶かした溶液のほうが、純溶媒よりも凝固点が低くなることが知られています。たとえば水に食塩（塩化ナトリウム）を溶かした溶液（食塩水）では、凝固点が0℃より低くなります。これを**凝固点降下**といい、純溶媒の凝固点との差を**凝固点降下度**といいます。

③ラウールの法則

薄い非電解質溶液の沸点上昇度および凝固点降下度は、溶質の種類とは関係なく、溶液の**質量モル濃度**〔mol/kg〕に比例します。これを**ラウールの法則**といいます。

プラスワン

沸点上昇の仕組み

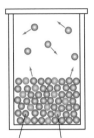

溶媒分子　溶質の粒子

＊溶質の粒子があると、液面に並ぶ溶媒分子が減る→蒸発する溶媒分子が減る→蒸気圧が低くなる

用語

非電解質
水に溶けても電離しない（イオンを生じない）物質。
電離、イオン ▶p70

コレ だけ !!

溶液の濃度の表し方

$$質量\%濃度（\%またはwt\%）= \frac{溶質の質量\ g}{溶液の質量\ g} \times 100$$

$$モル濃度（mol/L）= \frac{溶質の物質量\ mol}{溶液の体積\ L}$$

理解度チェック○×問題

できたら チェック ☑

Key Point		
溶液と溶解度	□□ 1	液体に他の物質が溶けて均一の液体になることを溶解という。
	□□ 2	物質を溶かす液体を溶媒、溶媒に溶けている物質を溶質という。
	□□ 3	溶解度とは、溶液100gに溶解する溶質の最大量（g）のことをいう。
	□□ 4	気体の溶解度は、溶媒の温度が上昇すると大きくなる。
質量%濃度	□□ 5	質量%濃度とは、溶媒の質量に対して溶質の質量が何%を占めるかを表した濃度である。
	□□ 6	濃度20wt%の砂糖水300g中には、60gの砂糖が溶けている。
モル濃度	□□ 7	モル濃度とは、溶液1L中に溶けている溶質を物質量（mol）で表した濃度である。
	□□ 8	0.5mol/Lの硫酸水溶液200mLには、0.1molの硫酸が溶けている。
質量モル濃度	□□ 9	モル濃度の単位はmol/Lで、質量モル濃度の単位はmol/kgである。
	□□10	質量モル濃度とは、溶液1kg中に溶けている溶質を物質量（mol）で表した濃度である。
沸点上昇と凝固点降下	□□11	溶液の凝固点とは、溶媒が凝固しはじめる温度のことをいう。
	□□12	純溶媒に不揮発性の物質を溶かした溶液の蒸気圧は、純溶媒の蒸気圧よりも高くなる。
	□□13	純溶媒に不揮発性の物質を溶かした溶液のほうが、純溶媒より凝固点が低くなる。

解答・解説

1.○　2.○　3.× 溶液ではなく、溶媒100g。　4.× 固体や液体の溶解度は溶媒の温度が上昇するほど大きくなるが、気体（圧力一定の場合）の溶解度は溶媒の温度が上昇すると小さくなる。　5.× 溶媒ではなく溶液全体の質量。　6.○　7.○　8.○ 0.5×0.2（L）＝0.1。　9.○　10.× 溶液ではなく溶媒1kg中。　11.○　12.× 不揮発性の物質を溶かした溶液の蒸気圧は純溶媒の蒸気圧より低くなる。このため、蒸気圧が大気圧と等しくなるまでにより多くの熱エネルギーが必要となり、沸点が高くなる（沸点上昇）。　13.○ 凝固点降下である。

ここが狙われる！

質量%濃度（%またはwt%）とモル濃度（mol/L）の違いに注意しよう。モル濃度の求め方はその単位を見れば思い出せる。また、沸点上昇については、沸騰とは何か（●p16）をしっかりと復習し、蒸気圧との関係を理解するようにしよう。

Lesson 7 酸・塩基・中和

LINK ▶ ⊖P72

受験
対策

水溶液の性質は、酸性、塩基（アルカリ）性、中性の３つに分けられます。これらの違いは、水素イオン指数（pH）によって示されます。pHの数値がいくらのとき酸性または塩基（アルカリ）性となるのか理解しましょう。

1コマ 乙4劇場・その14

「エッチはプラス」ではなく、H⁺が水素イオンです。

イオンとは、電気を帯びた原子のことです。エッチはプラスです。

H⁺　水素イオン　酸
OH⁻　水酸化物イオン　塩基

用語

イオン

原子には（−）電気を帯びた電子が存在しているが、この電子を放出することによって（＋）の電気を帯びた原子のことを＋イオン（陽イオン）という。また、逆に電子を受け取ることによって（−）の電気を帯びた原子を−イオン（陰イオン）という。イオンには、このように＋と−の２種類がある。

1 酸と塩基（アルカリ）

　物質が水溶液の中で（＋）と（−）のイオンに分かれることを電離といいます。たとえば、塩酸と水酸化ナトリウムは水溶液中で次のように電離しています。

| 塩酸 | HCl | $\rightarrow$ | H^+ | $+$ | Cl^- |
| 水酸化ナトリウム | $NaOH$ | $\rightarrow$ | Na^+ | $+$ | OH^- |

　塩酸のように、水に溶けると電離してH⁺（水素イオン）を生じる物質を酸といいます。塩酸のほか、硫酸、炭酸、酢酸などがあります。

　一方、水酸化ナトリウムのように、水に溶けると電離してOH⁻（水酸化物イオン）を生じる物質を塩基（アルカリ）といいます。水酸化ナトリウムのほか、水酸化カルシウムやアンモニアなども塩基です。

　酸または塩基を含んだ水溶液にそれぞれ共通する性質を、酸性、塩基性（アルカリ性）といいます。

酸を含んだ水溶液に共通する性質

①青色のリトマス試験紙を赤色に変える。
②塩基（えんき）と反応して、塩基の性質を弱める。
③酸味がある。
④亜鉛や鉄などの金属を溶かし、水素を発生する。

塩基を含んだ水溶液に共通する性質

①赤色のリトマス試験紙を青色に変える。
②酸と反応して、酸の性質を弱める。
③ぬるぬるした感触がある。
④フェノールフタレイン液を無色から赤色に変える。

　酸性、塩基性の強弱は電離度と関係します。電離度とは水に溶けている溶質が電離する割合です。電離度の大きい酸・塩基を強酸、強塩基といい、電離度の小さい酸・塩基を弱酸、弱塩基といいます。

2 水素イオン指数（pH）

　水素イオン指数（pH）とは、水溶液中の水素イオン濃度をもとにして、酸性、塩基性の強弱を示す数値です。水溶液中にはH^+とOH^-の両方が必ず存在しますが、その量が等しいときを中性といい、pH＝7になります。H^+の方が多いときはpH＜7となり、0に近づくほど酸性が強くなります。逆にOH^-の方が多いときはpH＞7となり、14に近づくほど塩基性が強くなります。

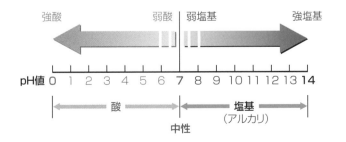

強酸　　　　　　弱酸｜弱塩基　　　　強塩基

pH値　0　1　2　3　4　5　6　7　8　9　10　11　12　13　14

｜←　　　酸　　　→｜　　　　←　塩基　→｜
　　　　　　　　　　　　　　　　　　（アルカリ）
　　　　　　　　　中性

ゴロゴロ合わせ

リトマス試験紙の色
Sun（酸）は
青年を赤くする

重要

酸・塩基の強弱
● 強酸：電離度大
　塩酸HCl
　硝酸HNO_3
　硫酸H_2SO_4
● 弱酸：電離度小
　酢酸CH_3COOH
　炭酸H_2CO_3
● 強塩基：電離度大
　水酸化ナトリウム
　NaOH
　水酸化カリウム
　KOH
　水酸化カルシウム
　$Ca(OH)_2$
● 弱塩基：電離度小
　アンモニアNH_3

ゴロゴロ合わせ

水素イオン指数
（ラッキー）7より
でかけりゃ、
そりゃ、
縁起（塩基）よい

3 中和とpH指示薬

なぜ中和によって
水ができるの？

酸の水素イオンと
塩基の水酸化物イ
オンが結びついて
水の分子H_2Oがで
きるからです。
$H^+ + OH^- \rightarrow H_2O$

酸と塩基が反応して、**塩**と**水**が生じることを**中和**（また
は**中和反応**）といいます。

塩酸		水酸化ナトリウム		塩化ナトリウム		水
HCl	+	NaOH	→	NaCl	+	H₂O
酸		塩基		塩		水

　酸の水溶液は酸性を示しますが、これに少しずつ塩基の
水溶液を加えていくと、だんだん酸性が弱められ、やがて
酸から生じるH^+と塩基から生じるOH^-の物質量が等しく
なったとき、中和が完了します。

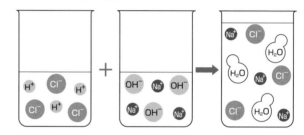

用語

塩（えん）
酸と塩基の中和反応
のときに水とともに
生じる物質の総称で
あり、中和によって
常に「食塩」が生成
されるという意味で
はない。

プラスワン

pH指示薬は種類に
よって色の変化する
pHの範囲（変色域）
が異なるので、実験
に使用する酸と塩基
の組合せに合ったも
のを選ぶ。

　水溶液の酸性、中性、塩基性を確かめるときに用いるの
がpH指示薬です。水溶液のpHによって色調が変化します。

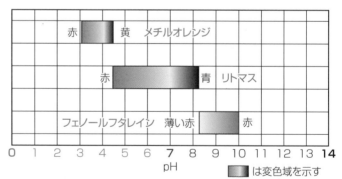

プラスワン

弱酸と弱塩基による
中和滴定では中和点
前後のpHの変化が
小さいため、指示薬
による判定は困難。

酸と塩基の組合せ			指示薬
強酸	+	強塩基	リトマス
強酸	+	弱塩基	メチルオレンジ
弱酸	+	強塩基	フェノールフタレイン
弱酸	+	弱塩基	指示薬による判定は困難

コレだけ!!　酸と塩基の比較

	酸	塩基
生じるイオン	水素イオンH⁺	水酸化物イオンOH⁻
リトマスの色	青色 → 赤色	赤色 → 青色
水溶液の性質	酸性	塩基性
pH	7より小さい	7より大きい

理解度チェック○×問題

Key Point		できたら チェック ☑
酸と塩基	□□ 1	酸とは、水に溶けると水酸化物イオンを生じる物質をいう。
	□□ 2	水に溶けると電離してH⁺を生じる物質を塩基という。
	□□ 3	塩基には、酸と反応して酸の性質を弱めるという性質がある。
	□□ 4	酸には、金属を溶かして水素を発生するという性質がある。
水素イオン指数 (pH)	□□ 5	水溶液の性質が中性のとき、水素イオン指数（pH）の値は7になる。
	□□ 6	塩基性の水溶液は、pH値が7よりも小さくなる。
	□□ 7	pH＝6の水溶液の性質は、弱い酸性である。
	□□ 8	pH＝3、pH＝6、pH＝8、pH＝13のうち、酸性であって最も中性に近い値は、pH＝8である。
中和と pH指示薬	□□ 9	中和とは、酸と塩基が反応して塩と水が生じることをいう。
	□□10	フェノールフタレインは、弱酸と弱塩基を組み合わせた中和反応の際に用いられるpH指示薬として最も適している。

解答・解説

1.× 水酸化物イオンではなく水素イオンを生じる。　2.× 塩基ではなく酸の説明。　3.○　4.○　5.○　6.× 7よりも大きくなる。　7.○　8.× pH＝6である。　9.○　10.× 弱酸と弱塩基ではなく弱酸と強塩基の組合せに適している。

ここが狙われる！

酸と塩基の定義や、酸性、塩基性それぞれの水溶液の性質が出題される。水溶液の性質を示す水素イオン指数（pH）の数値から酸性・塩基性の区別とその強弱がわかることが大切。

酸化と還元

LINK ▶ ⊖P74／㋞P30

受験対策 ここでは酸化と還元の意味をしっかりと学習しましょう。酸化と還元は第4類のほか、第1類〜第6類の危険物を理解する上でも重要です。酸化と還元の3種類の定義、酸化剤と還元剤について確実に理解しましょう。

1コマ 乙4劇場・その15

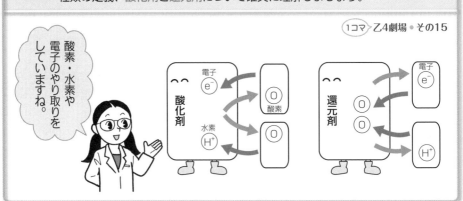

酸素・水素や電子のやり取りをしていますね。

要

酸化の例

- ガソリンが燃焼して二酸化炭素と水蒸気が発生した。
- 銅を加熱していると酸化銅になった。
- 鉄が錆びてぼろぼろになった。
- 炭素が不完全燃焼して一酸化炭素が発生した。

還元の例

- 酸化銅と水素が反応して銅と水になった。
- 二酸化炭素が真っ赤に熱せられた炭素に触れて一酸化炭素になった。

1 酸化と還元

①酸素のやり取りによる酸化と還元の定義

　たとえば、マグネシウムが燃えるときには空気中の酸素と結びついて酸化マグネシウムになります。このように、物質が酸素と化合して酸化物になる変化を酸化といいます。

マグネシウム		酸素		酸化マグネシウム
$2Mg$	$+$	O_2	$\rightarrow$	$2MgO$

　酸化とは逆に、酸化物が酸素を失う変化を還元といいます。酸化銅は炭素によって還元され、銅になります。

酸化銅		炭素		銅		二酸化炭素
$2CuO$	$+$	C	$\rightarrow$	$2Cu$	$+$	CO_2

　このとき炭素に注目すると、酸素と化合して二酸化炭素

になっています。このことから酸化と還元は同時に起こることがわかります。下の図で確認しましょう。

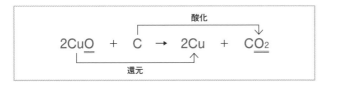

②水素のやり取りによる酸化と還元の定義

①より広い意味で、物質が水素を失う変化を酸化といい、物質が水素と化合する変化を還元という場合があります。

③電子のやり取りによる酸化と還元の定義

さらに、物質（原子）が電子を失う変化を酸化といい、物質（原子）が電子を受け取る変化を還元ということもできます。

2 酸化剤と還元剤

ほかの物質を酸化させる物質（自分自身は還元される）を酸化剤といいます。また、ほかの物質を還元させる物質（自分自身は酸化される）を還元剤といいます。

たとえば、**1**のマグネシウムの酸化還元反応でいうと、マグネシウムを酸化させた酸素が酸化剤ということになります（酸素自身は還元されている）。一方、マグネシウムは酸素を還元させた還元剤です（自分自身は酸化されている）。

酸化剤	還元剤
相手を酸化させる	相手を還元させる
相手に酸素を与える	相手から酸素を奪う
相手から水素を奪う	相手に水素を与える
相手から電子を奪う	相手に電子を与える
自分は還元される	自分は酸化される

ゴロ合わせ
酸化
参加賞山荘もらえば
（酸化）（酸素）（受取る）
電気水道ありません
（電子）（水素）（失う）

用語
酸化還元反応
酸化と還元は、1つの反応において常に同時に起こる。この反応を酸化還元反応という。

重要

酸化剤になりやすいもの
塩素、酸素、硝酸、過酸化水素水、塩素酸カリウムなど
還元剤になりやすいもの
水素、一酸化炭素、ナトリウム、カリウムなど

コレだけ!!　酸化と還元の定義

	酸化	還元
酸素	酸素と結びつく	酸素を失う
水素	水素を失う	水素と結びつく
電子	電子を失う	電子を受け取る

理解度チェック〇×問題

Key Point	できたら チェック ☑
酸化と還元	□□ 1　酸化とは、物質が酸素と化合したり水素を失ったりする変化をいう。
	□□ 2　メタンが燃焼して二酸化炭素と水蒸気になる反応は酸化である。
	□□ 3　還元とは、酸化物が酸素を失ったり水素を失ったりする変化をいう。
	□□ 4　物質が電子を失う変化を還元といい、電子を受け取る変化を酸化という。
	□□ 5　$2Mg + O_2 \rightarrow 2MgO$ という反応において、酸素は還元されている。
	□□ 6　1つの化学反応において、酸化と還元は同時に起こらない。
酸化剤と還元剤	□□ 7　酸化剤とは、他の物質を酸化させ、自分自身も酸化される物質のことをいう。
	□□ 8　酸化剤は他の物質から水素を奪う性質を持っている。
	□□ 9　$2CuO + C \rightarrow 2Cu + CO_2$ という反応において、酸化銅CuOが酸化剤で炭素Cが還元剤である。
	□□10　還元剤は他の物質に酸素を与える性質を持っている。
	□□11　他の物質を還元させ、自分自身は酸化される物質を還元剤という。

解答・解説

1.〇　2.〇　3.× 水素とは結びつく。　4.× 還元と酸化が逆。　5.〇　6.× 酸化と還元は常に同時に起こる。　7.× 自分自身は還元される。　8.〇　9.〇　10.× これは酸化剤の性質。　11.〇

ここが狙われる!

酸化と還元または酸化剤と還元剤について、その説明として誤っているものを選ぶ問題が出題されている。1つの反応において酸化と還元は常に同時に起こることを理解しよう。

第2章 基礎的な化学

元素の分類と性質

LINK ▶ ⊖P78／⊕P38

周期表を繰り返し見て、金属元素と非金属元素の位置を確認しましょう。傾向として、金属元素は周期表の左下に、非金属元素は右上に位置しています。また、陽イオンになりやすい順に並べたイオン化列は確実に覚えるようにしましょう。

1コマ 乙4劇場・その16

1 元素の分類

元素の周期表（p280）を見ると、元素が1〜18族に分類されています。このうち1族、2族および12〜18族の元素を**典型元素**といいます。典型元素では、同族元素どうしの化学的性質がよく似ています。

①**アルカリ金属**（Hを除く1族元素）

Na^+、K^+のような、＋1のイオン（1価の陽イオン）になりやすい性質を持っています。イオン化傾向が大きく、水溶液は強い**塩基性**を持っています。

②**アルカリ土類金属**（Be、Mgを除く2族元素）

Ca^{2+}、Ba^{2+}のような、＋2のイオン（2価の陽イオン）になりやすい性質を持っています。

③**ハロゲン**（17族元素）

Cl^-、F^-のような、－1のイオン（1価の陰イオン）になりやすい性質を持っています。水素や金属と反応しやすく、強い**酸化作用**を示します。

重要

金属と非金属
周期表の左側にある約80種類（水素を除く）の元素は、金属としての特性を持つので**金属元素**と呼ばれる。それ以外は**非金属元素**と呼ぶ。

ハロゲンの単体はいずれも**有毒**なので、要注意です。

2 金属の特性

①金属の主な性質

- 一般に**融点**が高く、常温で**固体**である。
- 一般に、塩酸、硝酸、硫酸などの**無機酸に溶ける**。
- **塩基性酸化物**をつくる。
- **比重が大きい**。
- **金属光沢**がある（みがくとピカピカ光る）。
- 熱や電気を通しやすい**良導体**である。
- たたくと広がり（**展性**）、引っ張ると延びる（**延性**）。

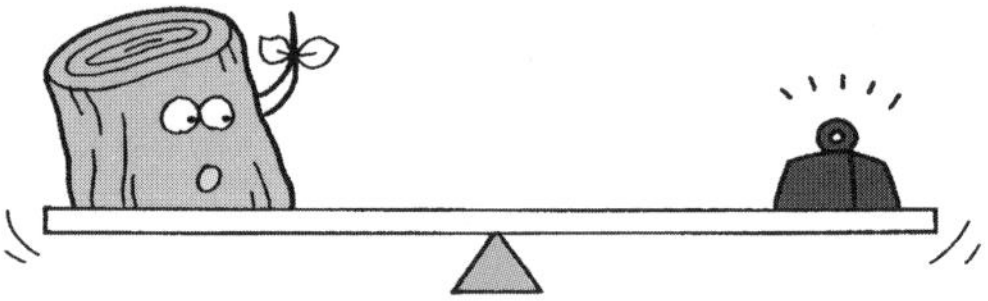

②イオン化傾向（イオン化列）

金属には、**電子を失って陽イオン**になろうとする性質があります。これを**イオン化傾向**といいます。イオン化傾向の大きさは金属によって異なり、これを大きい順に左から並べたものを**イオン化列**といいます。

ゴロゴロ合わせ

大 ← **イオン化傾向** → 小

K	Ca	Na	Mg	Al	Zn	Fe	Ni	Sn	Pb	(H)	Cu	Hg	Ag	Pt	Au
借りよ	か	な	ま	あ	あ	て	に	す	な	ひ	ど	す	ぎる	借	金
カリウム	カルシウム	ナトリウム	マグネシウム	アルミニウム	亜鉛	鉄	ニッケル	スズ	鉛	水素	銅	水銀	銀	白金	金

＊このゴロ合わせで覚える場合は、イオン化傾向が最も大きい金属は「K（**カリウム**）」になるが、実際は「**Li**（**リチウム**）」が最もイオン化傾向の大きい金属であることも覚えておこう

金属が**液体中で陽イオン**になることを「**溶ける**」、**空気中で陽イオンになる**ことを「**錆びる**」などといいます。これらの現象の起こりやすさをイオン化傾向によって判断することができます。

プラスワン

水銀は融点－38.8℃なので常温では液体である。また、金や白金（プラチナ）のように希硝酸に溶けない金属もある。

用語

塩基性酸化物
Na_2O、CaOなど、水に溶けると塩基性を示す酸化物。

重要

金属の比重
- **重金属（比重＞4）**
Pt、Au、Hg、Ag、Cu、Fe、Znなど
- **軽金属（比重≦4）**
Al、Mg、Ca、Na、K、Liなど（Na、K、Liは比重＜1なので水に浮く）。

陽イオン▶p70

3 金属の腐食

　金属の腐食とは、その表面が化学的または電気的に攻撃され侵されることです。たとえば、地下に埋設した鋼製の配管などは、防食被覆の劣化した部分から鉄が陽イオン化して溶け出すことによって、腐食が進みます。

金属の腐食が進みやすい環境

①湿度が高いなど、水分の存在する場所（水分により腐食する）
②乾燥した土と湿った土など、土質が異なっている場所
③酸性が高い土中などの場所（酸により腐食する）
④中性化が進んだ（アルカリ性でない）コンクリート内
⑤限度以上の塩分（塩化物イオン Cl^-）が存在する場所
⑥異種金属が接触（接続）している場所
⑦直流電気鉄道の近くなど、迷走電流が流れている場所

金属の腐食を防ぐ方法

①エポキシ樹脂などの合成樹脂で金属を完全に被覆する
②防食剤（金属の腐食を抑制する薬剤）を活用する
③施工時に、塗覆装を施した面を傷つけないようにする
④地下水との接触を避ける
⑤配管やタンクに使われている金属よりもイオン化傾向の大きい異種金属と接続する
⑥金属製配管は、アルカリ性の環境が保たれた正常なコンクリート内に埋設する

用語

防食被覆
金属の表面に塗料を塗るなど、腐食を防止するために施された処理のこと。

迷走電流
電気設備から漏れ出して、土中を流れている電流のこと。

重要

コンクリート
アルカリ性の環境が保たれている正常なコンクリート内であれば、金属の腐食は進行しない。

異種金属
たとえば配管が鉄製の場合は、鉄よりイオン化傾向の大きいマグネシウム、アルミニウム、亜鉛などと接続すれば、マグネシウム等の方で腐食が進み、鉄の腐食を防ぐことができる。

コレだけ!!

大 ←											イオン化傾向				→ 小

K	Ca	Na	Mg	Al	Zn	Fe	Ni	Sn	Pb	(H)	Cu	Hg	Ag	Pt	Au
借りょ	か	な	ま	あ	あ	て	に	す	な	ひ	ど	す	ぎる	借り	金
カリウム	カルシウム	ナトリウム	マグネシウム	アルミニウム	亜鉛	鉄	ニッケル	スズ	鉛	水素	銅	水銀	銀	白金	金

←陽イオンになりやすい
溶けやすい
錆びやすい

陽イオンになりにくい→
溶けにくい
錆びにくい

理解度チェック○×問題

Key Point		できたら チェック ☑
典型元素	□□ 1	周期表の1族、2族および12～18族の元素を典型元素という。
ハロゲン	□□ 2	ハロゲン元素は1価の陽イオンになりやすい性質を持っている。
金属の性質	□□ 3	金属には展性、延性があり、また金属光沢がある。
	□□ 4	金属は比重が小さい。
	□□ 5	金属には常温（20℃）で液体のものがある。
	□□ 6	軽金属とは、比重が1より小さい金属のことを指す。
イオン化傾向	□□ 7	金属には電子を失って陽イオンになろうとする性質があり、これをイオン化傾向という。
	□□ 8	イオン化傾向の大きい金属ほど溶けにくく、錆びにくい。
金属の腐食	□□ 9	鋼製の配管は、鉄が陽イオン化して溶け出すことによって腐食する。
	□□10	湿度が高く、水分の存在する場所では、金属の腐食が進みやすい。
	□□11	鋼製の配管を乾いた土地と湿った土地の境界に埋設すると、腐食が進みにくい。
腐食の防止	□□12	アルカリ性の環境が保たれた正常なコンクリート内に鋼管を埋設した場合、腐食は進行しにくい。
	□□13	配管が鉄製の場合、鉄よりもイオン化傾向の大きいマグネシウム、アルミニウム、鉛などと接続すれば腐食を防止することができる。

解答・解説

1.○　2.× 陽イオンではなく陰イオン。　3.○　4.× 一般的に比重が大きい。　5.○ 水銀は常温で液体。　6.× 比重が4以下の金属をいう。　7.○　8.× 溶けやすく、錆びやすい。　9.○　10.○　11.× 腐食が進みやすい。　12.○ アルカリ性の環境が保たれた正常なコンクリート内では、コンクリートの劣化や埋設内部での他の金属との接触などがない限り、腐食は進行しない。13.× 鉛は鉄よりイオン化傾向が小さいため、腐食を防止できない。

ここが狙われる！

金属の腐食の原因、腐食の影響を受けやすい場所、腐食防止方法等、金属の性質やイオン化傾向を覚えておく。また、消火薬剤として利用されている17族に属するハロゲン元素の特性も理解しておく。

Lesson 10

第2章 基礎的な化学

有機化合物

LINK ▶ ─P80／㋐P40

受験対策 有機化合物の官能基および特有な化学的性質を持つ官能基、その代表的な物質名を覚えましょう。また、第4類危険物には有機化合物を含むものが多く存在するので、有機化合物の特性を確実に覚えておく必要があります。

1コマ 乙4劇場・その17

1 有機化合物とその分類

　炭素Cを含んでいる化合物を有機化合物といいます（ただし、一酸化炭素、二酸化炭素など一部の物質を除きます）。有機化合物以外の化合物は無機化合物といいます。有機化合物は、炭素原子の結合の仕方（炭素骨格）によって次のように分類されます。

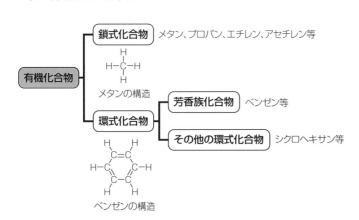

プラスワン

鎖式化合物の構造
エタンC_2H_6

アセチレンC_2H_2

$H-C≡C-H$

環式化合物の構造
シクロヘキサン
C_6H_{12}

有機化合物は、分子が鎖のような結びつき方をしている鎖式化合物（さしき）と、分子が環状構造を持つ環式化合物（かんしき）とに大別されます。ベンゼンなどの芳香族化合物（ほうこう）は、ベンゼン環という環状構造を持った有機化合物です。

2 官能基による分類

官能基とは、それぞれの有機化合物の特性を表す原子団のことです。分子中に含まれる官能基の種類がわかれば、その有機化合物がどのような性質を持っているかを予想することができます。

用語

疎水性
水となじみにくいこと。

有機化合物では、炭素同士の結合の仕方（どうし）で単結合のものや二重結合、三重結合のものが存在します。メタンやプロパンは炭素の原子どうしがすべて単結合（飽和結合）であり、エチレンやアセチレンは炭素の原子どうしが二重結合や三重結合（不飽和結合）として存在します。

官能基の名称	構　造	性　質	有機化合物の例
メチル基	$-\overset{\displaystyle H}{\underset{\displaystyle H}{C}}-H$	疎水性（そすい）	メタノール ジメチルエーテル
エチル基	$-\overset{\displaystyle H}{\underset{\displaystyle H}{C}}-\overset{\displaystyle H}{\underset{\displaystyle H}{C}}-H$	疎水性	エタノール ジエチルエーテル
ヒドロキシル基 （アルコール）	$-O-H$	中性 親水性	メタノール エタノール
ヒドロキシル基 （フェノール類）	$-O-H$	酸性 親水性	フェノール
アルデヒド基	$-C\overset{\displaystyle O}{\underset{\displaystyle H}{}}$	還元性	アセトアルデヒド
カルボニル基 （ケトン基）	$C=O$	還元性がない	アセトン エチルメチルケトン
カルボキシル基	$-C\overset{\displaystyle O}{\underset{\displaystyle O-H}{}}$	酸性 親水性	酢酸（さくさん）
ニトロ基	$-N\overset{\displaystyle O}{\underset{\displaystyle O}{}}$	中性 疎水性	ニトロベンゼン
アミノ基	$-N\overset{\displaystyle H}{\underset{\displaystyle H}{}}$	塩基性（えんき）	アニリン グリシン

3 有機化合物の特性

　有機化合物を構成する主な成分元素は炭素C、水素H、酸素O、窒素Nですが、ほかにも硫黄S などがあり、有機化合物の数は現在2,000万種類に達するともいわれています。

　成分元素の種類が少ないわりにその数が膨大になる理由としては、異性体の存在が考えられます。異性体とは、分子式が同一であるにもかかわらず分子内の構造が異なるために性質も異なる化合物です。

　「危険物」には、有機化合物とその混合物が数多く含まれるため、その特性をよく理解しておく必要があります。

有機化合物の性質

①水に溶けにくいものが多い。

②有機溶剤（アルコール、アセトン、ジエチルエーテルなど）にはよく溶ける。

③一般に融点、沸点が低いものが多い。

④多くが非電解質である。

⑤一般に反応速度が遅く、その反応機構が複雑である。

⑥可燃性物質が多く、完全燃焼すると二酸化炭素と水を発生するものが多い。

⑦無機化合物と比較すると、分子量が大きい。

用語

非電解質
水に溶けたとき電流を通さない物質。

プラスワン

無機化合物の性質
①成分元素
天然に存在するすべての元素。
②溶解性
水に溶けやすいものが多い。有機溶剤には溶けにくい。
③融点
一般に高い。
④反応性
電解質のものが多く、一般に反応速度が速い。

コレだけ!!

有機化合物と無機化合物の比較

	有機化合物	無機化合物
成分元素	主にC、H、O、N	すべての元素
種類の数	約2,000万種類	5〜6万種類
溶解性	水に溶けにくい	水に溶けやすい
融点	一般に低い	一般に高い

理解度チェック○×問題

Key Point	できたら チェック ☑
有機化合物の定義	□□ 1　有機化合物とは、分子内に炭素を含んでいる化合物をいう。
	□□ 2　二酸化炭素は炭素を含んだ化合物なので有機化合物に含まれる。
有機化合物の分類	□□ 3　有機化合物は、鎖式化合物と環式化合物の2つに大別できる。
	□□ 4　有機化合物の結合はすべてが単結合であり、二重結合や三重結合を含むものはない。
官能基	□□ 5　エタノールも酢酸も分子中にヒドロキシル基－OHを含んでいる。
	□□ 6　カルボキシル基を持つ有機化合物は、水に溶けると酸性を示す。
有機化合物の性質	□□ 7　有機化合物は無機化合物と比べて、その種類が少ない。
	□□ 8　有機化合物の主な成分元素は、炭素、水素、酸素、窒素である。
	□□ 9　有機化合物は無機化合物と比べて、一般に融点が高い。
	□□10　一般に有機化合物は水に溶けにくく、無機化合物は水に溶けやすいものが多い。
	□□11　有機化合物は、一般に不燃性である。
	□□12　有機化合物は、完全燃焼すると二酸化炭素と水を発生するものが多い。
	□□13　「危険物」の中には、有機化合物に該当するものは存在しない。

解答・解説

1.○　2.× 二酸化炭素は無機化合物。　3.○　4.× 二重結合や三重結合もある。　5.× 酢酸はカルボキシル基－COOH。6.○　7.× 種類が非常に多い。8.○　9.× 融点が低い。10.○　11.× 可燃性物質が多い。12.○　13.× 数多く存在する。

ここが狙われる！

有機化合物の官能基の構造や性質をしっかり覚えること。特に、メチル基、エチル基、ヒドロキシル基、アルデヒド基などは代表的な物質名とともに覚える。

Lesson **1**　第3章　燃焼理論

燃焼の定義と原理

LINK ▶ ⊖P84／⑦P42・44・46・48

受験対策 燃焼の定義および燃焼に必要な条件を覚えましょう。燃焼の種類も可燃物の形状によって異なります。第4類危険物は液体なので、すべて蒸発燃焼であることを確実に理解しておきましょう。

1コマ 乙4劇場・その18

アルコールランプの芯が焦げないのはそういうことか！

アルコールは蒸発燃焼をします。液体そのものは燃えません。

1 燃焼の定義

　物質が酸素と結びつくことを酸化といい、酸化のうち、熱と光が発生するものを特に燃焼といいます。このため、鉄が錆びる現象などは酸化ですが、燃焼とはいいません。

　燃焼には、可燃物（可燃性物質）、酸素供給源（支燃物）および点火源（熱源）の3つが同時に存在しなければなりません。これを燃焼の3要素といいます。

燃焼の3要素

　①可燃物　　　②酸素供給源　　　③点火源

　燃焼の3要素のうち、1つでも欠ければ燃焼は起こりません。したがって、消火の際には3要素のうちどれか1つを取り除けばよいことになります。

①可燃物（可燃性物質）

　可燃物とは、燃える物のことであり、木材、紙、石炭等のほか、有機化合物（◎p81）の大半は可燃物です。固体

ゴロ合わせ

燃焼の3要素
金でおっさん
（可燃物）（酸素供給源）
天下とる
（点火源）

に限らず、ガソリンや灯油などの液体や、水素、プロパンといった気体の可燃物もあります。これに対して、窒素やヘリウムなどは燃えないので、**不燃物**といいます。

②酸素供給源（支燃物）

燃焼を支える**酸素の供給源**には次のものがあります。

● 空気（大気）中の酸素

空気は、窒素（78％）と酸素（21％）を主な成分とする混合気体です。空気中の酸素濃度が高くなると、燃焼は激しくなり、逆に酸素濃度がおおむね14％以下になると燃焼は継続しません。

● 可燃物自体の内部に含まれている酸素

● 酸素を供給する酸化剤などに含まれている酸素

なお、**完全燃焼**とは酸素が十分な状態での燃焼をいい、酸素が不十分な状態での燃焼を**不完全燃焼**といいます。

③点火源（熱源）

火気のほか、静電気や摩擦、衝撃による火花、酸化熱の蓄積なども**点火源（熱源）**になります。ただし、融解熱や蒸発熱は、潜熱なので熱源にはなりません。

2 酸素、窒素、一酸化炭素、二酸化炭素

①酸素（O_2）

酸素は、空気（大気）中に約21％含まれている無色無臭の気体です。実験室では、触媒を利用して過酸化水素水を分解することによってつくられます。

液体の酸素は、淡青色をしています。

酸素には他の物質の燃焼を助ける性質（支燃性）がありますが、酸素自体は**不燃物**です。酸素は、鉄、亜鉛、アルミニウムなどの金属と直接反応して酸化物をつくるほか、ほとんどの元素と反応しますが、金などの貴金属、窒素、希ガス元素とは反応しません。

同素体のオゾンO_3とは性質がまったく異なります。

用語

支燃物
ほかの物質の燃焼を助ける性質を持った物質。こうした性質を支燃性（助燃性）という。
空気 ●p22
酸化剤 ●p75

プラスワン

可燃物のなかには、それ自体に酸素を含んでいて、ほかからの酸素供給を必要としないものがある。

用語

酸化熱
物質が酸化するときに生じる熱。燃焼熱（●p60）も酸化熱である。
潜熱
状態変化のためだけに熱エネルギーが使われて、温度を変化させない熱。
●p18
過酸化水素水
過酸化水素H_2O_2の水溶液。
希ガス元素
周期表（●p280）の18族元素の総称。
例ヘリウム、ネオン
同素体 ●p44

②窒素（N₂）

窒素は水に溶けにくい無色無臭の気体であり、**不燃物**です。支燃性もなく、**燃焼には関与しない**物質です。

③一酸化炭素（CO）

一酸化炭素は、有機物の**不完全燃焼**によって生じる無色透明で無臭の有毒な気体です。**可燃物**であり、青白い炎をあげて燃焼します。また、還元剤として作用します。

④二酸化炭素（CO₂）

二酸化炭素は、有機物が**完全燃焼**して生じる無色無臭の気体です。十分な酸素と化合しているので**不燃物**です。

3　燃焼の種類

①固体の燃焼

● 分解燃焼

固体が加熱されて分解し、そのとき発生する可燃性蒸気が燃焼するものです。炎が出ます。

例 紙、木材、石炭、プラスチック

分解燃焼のうち、その固体に含まれている酸素によって燃える燃焼を**自己燃焼（内部燃焼）**といいます。

例 ニトロセルロース、セルロイド

● 表面燃焼

固体の表面だけが赤く燃える燃焼です。分解も蒸発もしません。炎は出ません。例 木炭、コークス

● 蒸発燃焼

加熱された固体が熱分解せずに蒸発して、その蒸気が燃える燃焼です。例 硫黄（いおう）、ナフタリン

> **用語**
>
> 有機物
> 炭素Cを含む物質。ただし、一酸化炭素自身や二酸化炭素は無機物に分類されるので注意する。
> 還元剤 ●p75

> 一酸化炭素が燃焼（酸素と化合）しても、二酸化炭素になります。
> 2CO＋O₂→2CO₂

> ゴロ合わせ
>
> 燃焼の仕方
> セル、セル、自己中
> （セルロイド、ニトロセルロースは自己燃焼）
> 炭濃く隠す、表だけ
> （木炭、コークスは表面燃焼）
> 異様なふたりは蒸発中
> （硫黄、ナフタリンは蒸発燃焼）

分解燃焼（炎が出る）

表面燃焼（炎は出ない）

重要

蒸発燃焼
第4類危険物は液体なのですべて蒸発燃焼。

②液体の燃焼＝蒸発燃焼

液体そのものが燃えるのではなく、液面から蒸発した可燃性蒸気が空気と混合し、点火源により燃焼します。例ガソリン、灯油

③気体の燃焼

可燃性ガスと空気が一定の濃度範囲で混合する必要があります。あらかじめ両者が混合して燃焼することを予混合燃焼、混合しながら燃焼することを拡散燃焼といいます。

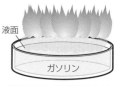
液面
ガソリン

液体そのものが燃えるわけではないので、炎と液面の間にわずかなすきまができる

体膨張率は、燃焼の難易と直接関係ありません。

プラスワン

可燃性固体を粉状にしたり、引火性液体を噴霧状にすると、物質の表面積が大きくなるため、空気中の酸素と接触しやすくなって燃えやすくなる。

4　燃焼の難易

一般に、物質は次の状態のときほど燃えやすく、火災の危険性が大きくなります。

①可燃性蒸気が発生しやすいものほど燃えやすい。
②発熱量（燃焼熱）が大きいものほど燃えやすい。
③熱伝導率が小さいものほど燃えやすい。
　→熱が伝わりにくいと、熱が逃げずに蓄積され、物質の温度が上昇しやすくなるからです。
④周囲の温度が高いものほど燃えやすい。
⑤乾燥度が高い（含有水分が少ない）ものほど燃えやすい。
⑥酸化されやすいものほど燃えやすい。
⑦単位質量当たりの表面積が大きいほど燃えやすい。
　→空気中の酸素と接触しやすくなるからです。

コレだけ!!

いろいろな燃焼

分解燃焼	紙、木材、石炭、プラスチック		固体
	自己燃焼	ニトロセルロース、セルロイド	
表面燃焼	木炭、コークス　※炎は出ない		
蒸発燃焼	硫黄、ナフタリン		
	ガソリン、灯油、軽油		液体

理解度チェック○×問題

Key Point	できたら チェック ☑
燃焼の定義	□□ 1　燃焼とは、熱と光の発生を伴う酸化反応のことである。
	□□ 2　可燃物、酸素供給源および点火源の3つのうち、どれか1つでもあれば燃焼は起こる。
	□□ 3　完全燃焼とは酸素が十分な状態での燃焼をいい、不完全燃焼は酸素が不十分な状態での燃焼をいう。
	□□ 4　酸素の供給源は空気だけではない。
	□□ 5　静電気等によって発生する火花と同様、融解熱も点火源となる。
酸素、窒素、一酸化炭素、二酸化炭素	□□ 6　酸素は、希ガス元素とは反応しないが、鉄、亜鉛、アルミニウムとは直接反応して酸化物をつくり、窒素とは激しく反応する。
	□□ 7　一酸化炭素は不燃物であるが、二酸化炭素は可燃物である。
燃焼の種類	□□ 8　木炭やコークスは表面燃焼、木材や石炭は分解燃焼をする。
	□□ 9　セルロイドのように、可燃物自体に含有している酸素によって燃焼する場合を蒸発燃焼という。
	□□10　可燃性液体は、液面から発生した蒸気が空気と混合して燃焼する。
	□□11　可燃性ガスと空気が、あらかじめ混ざり合い、点火源を近づけることによって燃焼することを、拡散燃焼という。
燃焼の難易	□□12　熱伝導率が小さいほど物質は燃えにくい。
	□□13　水分の含有量が少ないものほど燃えやすい。
	□□14　可燃性固体を粉状にすると、表面積が小さくなるため燃えにくい。
	□□15　体膨張率が大きいものほど燃えやすい。

解答・解説

1.○　2.× 3つ同時に存在しなければ燃焼しない。　3.○　4.○　5.× 融解熱は点火源（熱源）にならない。
6.× 窒素とは反応しない。　7.× 可燃物と不燃物が逆。　8.○　9.× 蒸発燃焼ではなく自己燃焼。　10.○
11.× 拡散燃焼ではなく予混合燃焼。　12.× 熱伝導率が小さいと熱が蓄積しやすいので燃えやすい。
13.○　14.× 表面積が大きくなって燃えやすい。　15.× 体膨張率は燃焼の難易とは直接関係ない。

ここが狙われる！

可燃物の燃焼の定義および燃焼の種類について確実に理解すること。可燃性液体の燃焼の仕方や、燃焼の難易と関係ない項目を選ぶ問題もよく出題されているので注意する。

Lesson **2**

燃焼範囲と引火点・発火点

LINK ▶ ⊖P88／㊦P50・52

ガソリン、灯油、軽油など、主な可燃性蒸気の燃焼範囲を覚えましょう。引火点と発火点の違いや、主な第4類危険物の引火点・発火点も確実に覚えましょう。可燃性液体の場合、引火点と燃焼範囲の下限値は同じ温度になります。

1コマ 乙4劇場・その19

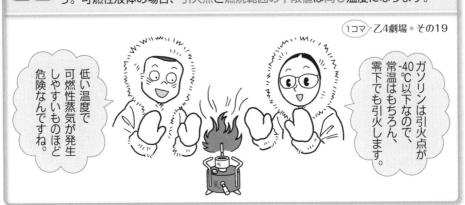

低い温度で可燃性蒸気が発生しやすいものほど危険なんですね。

ガソリンは引火点が-40℃以下なので、常温はもちろん、零下でも引火します。

1 燃焼範囲

　可燃性蒸気が空気中で燃焼できる一定の濃度の範囲を燃焼範囲（爆発範囲）といいます。可燃性蒸気は燃焼範囲内にあるとき、なんらかの点火源（熱源）が与えられることによって燃焼します。燃焼範囲は蒸気ごとに決まっています。

　燃焼範囲の、濃度が濃い方の限界を上限値（上限界）、薄い方の限界を下限値（下限界）といいます。

液面付近の可燃性蒸気の濃度が下限値になるときの液温が引火点です。

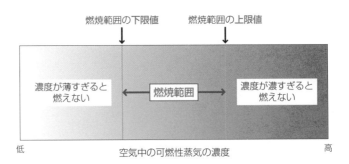

燃焼範囲の下限値　　　　燃焼範囲の上限値

| 濃度が薄すぎると燃えない | ←　燃焼範囲　→ | 濃度が濃すぎると燃えない |

低　　　　　　　　空気中の可燃性蒸気の濃度　　　　　　　　高

可燃性蒸気の濃度は、空気との混合気体の中にその蒸気が何%含まれているかを容量%で表します。

$$可燃性蒸気の濃度 \atop (vol\%) = \frac{蒸気の体積（L）}{蒸気の体積（L）＋空気の体積（L）} \times 100$$

■主な蒸気の燃焼範囲（爆発範囲）

蒸　気	燃焼範囲（爆発範囲）	
	下限値（下限界） （vol%）	上限値（上限界） （vol%）
ガソリン	1.4	7.6
灯油	1.1	6.0
軽油	1.0	6.0
エタノール（エチルアルコール）	3.3	19
ジエチルエーテル	1.9	36

2 引火点

可燃性液体の燃焼とは、液体から発生した**可燃性蒸気**と空気との混合気体が燃えることです（**蒸発燃焼**）。ところがこの混合気体は、**1**で学んだように可燃性蒸気の濃度が濃すぎても薄すぎても燃えません。

引火点とは、点火したとき、**混合気体が燃え出すために十分な濃度の可燃性蒸気が液面上に発生するための最低の液温**をいいます。また、液面付近の蒸気の濃度がちょうど**燃焼範囲の下限値に達したときの液温**ともいえます。

①可燃性液体　　液温を上げる　　②可燃性蒸気が発生　　液温≧引火点　　③燃え出すのに十分な濃度の蒸気発生＋点火源⇒引火

プラスワン

気体の濃度は、体積（容積）の割合である体積%（容積%）で表され、単位には「vol%」を用いることが多い。

燃焼範囲の下限値が低いものほど、また燃焼範囲の幅が広いものほど危険性が高くなります。

重要

引火点

引火点は、物質ごとに異なる。一般に引火点が低い物質ほど危険性が高い。

プラスワン

可燃性液体が継続して燃焼するのに必要な濃度の蒸気を発生する液温を、**燃焼点**という。引火点より10℃ほど高め。

プラスワン

引火点の定義や説明は、蒸発燃焼するナフタリンのような可燃性固体も対象となる。

3 発火点

　空気中で可燃物を加熱した場合に、点火源を与えなくても、**物質そのものが**発火して燃焼しはじめる最低の温度を発火点といいます。

　引火点と発火点を比較すると、次のようになります。

プラスワン

発火点は、引火点と同じように物質ごとに異なり、発火点の低い物質ほど危険性が高い。なお、発火点は液体だけでなく、固体や気体も対象に含まれることに注意する。

引火点	発火点
可燃性蒸気の濃度が燃焼範囲の下限値を示すときの液温	空気中で加熱された**物質が自ら発火するときの最低の温度**
点火源 ⇨ **必要**	点火源 ⇨ **不要**
可燃性の液体（まれに固体）	可燃性の固体、液体、気体

■主な第4類危険物の引火点と発火点

物　質	引火点（℃）	発火点（℃）
ガソリン	−40 以下	約300
灯油	40 以上	220
軽油	45 以上	220
重油	60〜150	250〜380
エタノール（エチルアルコール）	13	363
メタノール（メチルアルコール）	11	464
ベンゼン	−11.1	498
酢酸	39	463
ニトロベンゼン	88	482
アニリン	70	615

コレだけ!!

●**燃焼範囲の意味**

$$可燃性蒸気の濃度（vol\%）＝ \frac{蒸気の体積（L）}{蒸気の体積（L）＋空気の体積（L）} ×100$$

⬇

この値が燃焼範囲内にあるとき　＋　点火源　⇒　燃焼

●引火点（点火源⇒必要）、発火点（点火源⇒不要）

理解度チェック○×問題

できたら チェック ☑

Key Point		
燃焼範囲	□□ 1	可燃性蒸気の燃焼範囲とは、空気中で可燃性蒸気が燃焼できる濃度範囲のことをいう。
	□□ 2	燃焼範囲の下限値以下では蒸気の濃度が薄すぎるため燃焼しない。
	□□ 3	燃焼範囲の上限値以上では蒸気の濃度が濃すぎて爆発が起こる。
	□□ 4	燃焼範囲の下限値が低く、燃焼範囲の幅が狭いほど危険性が高い。
	□□ 5	可燃性蒸気の濃度は重量%で表される。
	□□ 6	ガソリンの燃焼範囲は1.4〜7.6vol%であるが、ガソリンの蒸気1.4Lと空気98.6Lの混合気体に点火すると燃焼する。
引火点	□□ 7	可燃性液体が空気中において、その液面近くに引火するのに十分な濃度の可燃性蒸気を発生する最低の液温を引火点という。
	□□ 8	引火点とは、可燃性蒸気の濃度が燃焼範囲の下限値を示すときの蒸気の温度である。
	□□ 9	液温が引火点より高くなると、点火源がなくても引火する。
	□□10	引火点45℃の液体の温度が45℃になったとき、その液体の表面には燃焼範囲の下限値の濃度の混合気体が存在する。
発火点	□□11	発火点とは、液体の燃焼が継続するための最低の液温をいう。
	□□12	発火点とは、空気中で可燃物を加熱した場合に、その可燃物自体が発火して燃焼しはじめる最低の温度をいう。
	□□13	発火点220℃の物質が220℃になれば、点火源がなくても燃える。
	□□14	引火点も発火点も、それが高い物質ほど危険であるといえる。

解答・解説

1.○ 2.○ 3.× 爆発も燃焼も起こらない。 4.× 燃焼範囲の幅は広いほど危険性が高い。 5.× 重量%ではなく容量%(もしくはvol%)。 6.○ 1.4÷(1.4+98.6)×100=1.4vol%なので、ちょうど下限値となり、燃焼する。 7.○ 8.× 蒸気ではなく液体の温度。 9.× 点火源は必要である。 10.○ 11.× 発火点ではなく、燃焼点の説明。 12.○ 13.○ 14.× 引火点も発火点も低い方が危険である。

ここが狙われる!

灯油の燃焼範囲は1.1〜6.0vol%であるが、これは、灯油と空気の混合気体の容積100の中に灯油蒸気が1.1〜6.0含まれていることを意味する。主な第4類危険物の引火点と発火点は必ず覚えること。

自然発火・混合危険・爆発

LINK ▶ ㊀P90／㋐P52

受験対策 第4類危険物は還元性物質であるため、酸化性物質と接触したり、混合したりすることによって発火、爆発するおそれがあります。物質の危険な組合せを確認しておきましょう。

1コマ 乙4劇場 ● その20

1 自然発火

　常温において、物質が空気中で自然に発熱し、その熱が長期間蓄積されて発火点に達し、ついには燃焼する現象を自然発火といいます。

　自然発火の原因には、酸化熱、分解熱、吸着熱、微生物による発熱等が考えられます。

①酸化熱による発熱	乾性油、原綿、石炭、ゴム粉
②分解熱による発熱	セルロイド、ニトロセルロース
③吸着熱による発熱	活性炭、木炭粉末
④微生物による発熱	たい肥、ごみ

プラスワン
第4類危険物である動植物油類の自然発火は、酸化熱が原因。特に乾性油は酸化しやすく、布にしみ込ませたものをポリバケツ等の中に放置すると、酸化熱が蓄積して自然発火の危険性が高まる。

　自然発火は、発生した熱の蓄積によって起こるので、これを防ぐことが自然発火の予防につながります。

　たとえば、**粉末状や薄いシート状のものを堆積させると蓄熱しやすいため**、このような貯蔵方法は避けるようにします。また、**換気を十分に行い、通風によって冷却すると自然発火の予防に効果的です。**

2 混合危険

　混合危険とは、2種類以上の物質が混合または接触することにより、発火または爆発の危険が生じることをいいます。混合したのち、**点火源や衝撃、摩擦等**を与えてはじめて発火や爆発する現象も混合危険に該当します。混合危険には次のような場合があります。

①酸化性物質と還元性物質が混合する場合

　酸化性物質（第1類や第6類危険物）と還元性物質（第2類や第4類危険物）が混合すると、すぐ発火するもの、加熱や衝撃により発火・爆発するものなどがあります。

> 例 無水クロム酸（第1類危険物）とジエチルエーテル（第4類危険物）が接触した場合
> →爆発的に発火することがある。

第1類 または 第6類	+	第2類 または 第4類	=	発火・爆発の危険

②酸化性塩類と強酸が混合する場合

　酸化性塩類には第1類危険物の塩素酸塩類や過マンガン酸塩類等があります。

> 例 塩素酸カリウムなどの塩素酸塩類に、少量の硫酸を添加した場合
> →爆発を起こす

③敏感な爆発性物質をつくる場合

　アンモニアと塩素で生じる塩化窒素や、アンモニアとヨードチンキで生じるよう化窒素は、衝撃により爆発します。

危険物の分類については第2編で詳しく学習します。ここでは組合せを覚えてください。

ゴロ合わせ

混合危険
イカロスと
（第1類または
第6類＋）
似たりよったり
（第2類または
第4類）

プラスワン

第2類危険物の金属粉や第3類危険物の禁水性物質には、水分との接触により水素ガスを発生したり発火したりするものがある。

3 爆　発

　爆発とは、急激なエネルギーの解放による**圧力の上昇**と、それに起因する**爆発音**を伴_{とも}う現象をいいます。

①粉じん爆発

　可燃性の物質が粉_{ふん}じん（細かな粒子）となって空気中に浮遊している状態で着火すると、**粉じん爆発**を起こす危険があります。細かな粒子は浮遊して空気とよく混ざり合うからです。通常は燃えにくい小麦粉や鉄粉でも、**密閉空間**で飛散させて着火すると爆発します（開放空間では粉じんが拡散するため、爆発は起こりにくい）。なお、**有機化合物の粉じん爆発**は**不完全燃焼**になりやすく、**一酸化炭素**を発生させて中毒を起こす危険性もあります。

②可燃性蒸気の爆発

　可燃性液体の蒸気が**密閉状態**で**燃焼範囲（爆発範囲）**にある場合、点火源を与えると通常より速く燃焼し爆発します。

③気体の爆発

　水素ガスやアセチレンガスは、燃焼から爆発にいたるまでの時間が非常に短いことが特徴です。

④火薬の爆発

　第1類と第5類危険物には、火薬の原料となるものがあります。

コレだけ!!

●**自然発火**…点火源は不要。
　　　酸化熱、分解熱、吸着熱、微生物による発熱　⇒　発火

●**混合危険**…第1類危険物　または　第6類危険物
　　　　　　　　　　　　　　＋　　　　　　　　　　⇒　発火・爆発
　　　　　　　第2類危険物　または　第4類危険物　　　　の危険性

理解度チェック○×問題

Key Point		できたら チェック ☑
自然発火	□□ 1	自然発火とは、常温において物質が空気中で自然に発熱し、その熱が長期間蓄積されて発火点に達したとき、点火源によって燃焼する現象をいう。
	□□ 2	物質は熱を蓄積しやすい状態にあるほど、自然発火しやすい。
	□□ 3	分解熱によって自然発火を起こすものには、乾性油がある。
	□□ 4	物質の貯蔵中、換気をよくすると自然発火しにくくなる。
	□□ 5	粉末状の可燃物を堆積すると、自然発火の原因になる。
混合危険	□□ 6	2種類以上の物質が混合したり、接触したりすることによって発火や爆発の危険が生じることを混合危険という。
	□□ 7	第1類危険物と第4類危険物の組合せは混合危険の可能性はない。
	□□ 8	第6類危険物と第4類危険物の組合せは混合危険の可能性がある。
	□□ 9	物質を混合したのち、点火源や衝撃等を与えてはじめて発火や爆発を起こす現象は、混合危険に該当しない。
	□□10	アンモニアと塩素で生じる塩化窒素は、衝撃により発光する。
爆 発	□□11	爆発とは、急激なエネルギーの解放による温度の上昇と、それに起因する爆発音を伴う現象のことをいう。
	□□12	粉じん爆発にも燃焼範囲（爆発範囲）がある。
	□□13	有機化合物の粉じん爆発は完全燃焼になるので、一酸化炭素が発生することはない。
	□□14	開放された空間では、粉じん爆発は起こりにくい。

解答・解説

1.× 点火源は不要である。 2.○ 3.× 乾性油は酸化熱が原因で自然発火する。 4.○ 5.○ 6.○ 7.× 混合危険の可能性がある。 8.○ 9.× 点火源や衝撃等によって発火・爆発する現象も混合危険に該当する。 10.× 発光ではなく、衝撃により爆発する。 11.× 上昇するのは温度ではなく圧力。 12.○ 13.× 有機化合物の粉じん爆発は不完全燃焼になりやすく、一酸化炭素を生じて中毒を起こす危険性がある。 14.○

ここが狙われる！

自然発火に点火源は不要であること、またその原因となる4つの発熱は覚えること。混合危険の組合せ、粉じん爆発についても理解しておくこと。

Lesson 1

消火理論

LINK ▶ ⊖P94／㋐P54・56

受験対策　燃焼の3要素のうち1つでも取り除けば消火できます。消火の方法や消火剤の種類について、それぞれの特徴を整理して覚えましょう。特に、第4類危険物に用いられる消火方法については確実に覚えましょう。

1コマ〉乙4劇場・その21

ムースみたいな泡で覆って消火するんですね。

エタノールによる火災のときは耐アルコール泡を使って消火します。

プラスワン

燃焼は、酸化反応の連鎖が続くことによって継続する。このため、可燃物、酸素供給源、点火源に、連鎖反応を加えた4つを燃焼の4要素という場合がある。

ゴロ合わせ

消火の4要素
助教授息ぎれ
（除去）（窒息）（冷却）
よっこらせ
（抑制）

1 消火の3要素

　消火とは燃焼を中止させることです。物質が燃焼するためには、可燃物、酸素供給源、点火源の3つが同時に存在しなければなりません。これを燃焼の3要素（◉p85）といいます。したがって、消火のためにはこのうちの1つを取り除けばよいことがわかります。燃焼の3要素に対応した消火方法を、消火の3要素といいます。

燃焼の3要素		
可燃物	酸素供給源	点火源
↓取り除く	↓断ち切る	↓熱を奪う
除去消火	窒息消火	冷却消火
消火の3要素		

　除去、窒息、冷却の3つの消火方法のほかに、抑制という方法もあります。これを加えて消火の4要素という場合もあります。

2 消火の方法

①除去消火

可燃物を取り除くことによって消火する方法です。

例 ガスの元栓を閉め、可燃物であるガスの供給を断つ。ロウソクの火に息を吹きかけ、可燃物であるロウの蒸気を除去。

②窒息消火

　酸素供給源を断つことによって消火する方法です。不燃性の泡、二酸化炭素、ハロゲン化物の蒸気、砂や土などの固体で燃焼物を覆い、空気との接触を断ちます。

例 容器に残った灯油に火がついたとき、ふたを閉める。燃焼物に砂やふとんをかぶせる。

③冷却消火

　点火源から熱を奪うことによって消火する方法です。可燃性液体の液温を引火点以下に下げたり、熱分解によって可燃性ガスを発生する固体の温度を下げたりして、燃焼の継続を遮断します。

例 たき火に水をかける。

プラスワン
油田火災では、爆発による爆風によって可燃性蒸気を吹き飛ばして消火する。

ロウソクは、固体のロウが融解して液体となり、それが蒸発することで発生した可燃性蒸気が空気と混合して燃焼します。

④抑制消火

　燃焼物と酸素と熱の連鎖反応を遮断することで、燃焼を中止させることができます。これを抑制消火といいます。

　例 ガソリンの火災にハロゲン化物を使用（抑制消火であり、窒息消火でもある）。

3 火災の区別

　一般に火災は、普通火災、油火災、電気火災の3種類に区別され、普通火災をA火災、油火災をB火災、電気火災をC火災と呼びます。

①普通火災（A火災）

　木材、紙、繊維等、普通の可燃物による火災です。

②油火災（B火災）

　石油類等の可燃性液体、油脂類等による火災です。

③電気火災（C火災）

　電線、変圧器、モーター等の電気設備による火災です。

4 消火剤の種類

　消火剤は、水・泡系、ガス系、粉末系に大別できます。

　水・泡系の消火剤には、水、強化液、泡の3種類が含まれます。普通火災（A火災）に対しては、水・泡系の消火剤が有効です。ガス系の消火剤には二酸化炭素とハロゲン化物が含まれ、粉末系の消火剤とともに、油火災（B火災）と電気火災（C火災）に対して有効です。

消火剤の種類や消火方法については、表を上手に使って、整理しながら覚えましょう。

消火剤	水・泡系	水
		強化液
		泡
	ガス系	二酸化炭素
		ハロゲン化物
	粉末系	りん酸塩類、炭酸水素塩類

①水・泡系消火剤

水

　水は比熱と蒸発熱が**大きい**ので、非常に高い**冷却効果**を発揮します。しかも水は安価で、いたる所にあることから普通火災の消火剤として最も多く利用されます。また、水による消火には、水が蒸発することで生じる多量の水蒸気が、空気中の酸素と可燃性ガスを薄める作用もあります。

油火災に水消火器（棒状放射）を使用すると炎が拡大して危険！

電気火災でも霧状放射すれば大丈夫！

　油火災の場合は燃えている油が水に浮いて炎が**拡大**する危険性が高く、また、**電気火災**の場合は感電のおそれがあるため、水は使えません。ただし、注水方法として**棒状放射**ではなく**霧状放射**（**噴霧状放射**）にすれば、**電気火災**には**適応**できます。

強化液

　強化液とは、アルカリ金属塩である炭酸カリウムの濃厚な水溶液のことです。**冷却効果**だけでなく、炭酸カリウムの働きで消火後も**再燃防止効果**があります。消火剤として主に普通火災に利用されています。

　ただし、**油火災**については、**霧状放射**にすれば炭酸カリウムによる**抑制作用**が働くため適応可能です。また、**電気火災**についても**霧状放射**の場合にだけ適応できます。

消火剤	放射方法	普通火災	油火災	電気火災
水	棒状	○	×	×
	霧状	○	×	○
強化液	棒状	○	×	×
	霧状	○	○	○

（重要

消火剤としての水の長所・短所

（長所）

- 比熱（●p29）および蒸発熱が大きいため冷却効果が高い
- どこにでもあり安価である
- 大規模な火災にも使える

（短所）

- 一般に油火災には使用できない
- 電気火災で感電のおそれがある
- 大量の消火水によって大きな損害が出る場合もある

用語

棒状放射
ノズルから水を棒状に放出する消火方法のこと。油火災には適さない。

霧状放射
ノズルから水を霧状に放出する消火方法のこと。これによって電気抵抗が大きくなり、感電の危険が少なくなる。

（重要

強化液の凝固点
強化液は、凝固点が−25℃以下なので、寒冷地での使用にも耐えられる。

プラスワン

泡を溶かすアセトンやアルコールなどの水溶性液体の燃焼には普通の泡を用いても効果がないため、特殊な**水溶性液体用泡**（耐アルコール泡）が使われる。

ゴロ合わせ

泡消火
アワワワワ
（泡消火）
息が詰まって
（窒息効果）
フー　あぶない
（普通火災と油火災に適応）

重要

消火剤としての二酸化炭素の長所・短所
（長所）
- 化学的に安定していて不燃性である
- 電気絶縁性が高い
- 気体なので消火後の汚損が少ない

（短所）
- 人が多量に吸い込むと窒息する

泡

　消火剤としての**泡**には、**化学泡**と**機械泡**の２種類があります。化学泡は、泡の中に炭酸水素ナトリウムと硫酸アルミニウムの化学反応によって生じた二酸化炭素を含んだものです。一方、機械泡は水に安定化剤を溶かし、空気を混合してつくった空気泡です。

　どちらの場合も泡が燃焼物を覆うことによる**窒息効果**で消火するため、**普通火災**と**油火災**に適応できます。電気火災については、泡を伝わって感電する危険があるため使用できません。

電気が水を伝うことは知ってたけれど、泡も伝ってくるんだね。

②ガス系消火剤

二酸化炭素

　二酸化炭素は化学的に安定した**不燃性**の物質です。また空気より重いので、空気中に放出すると、室内または燃焼物周辺の酸素濃度を低下させる**窒息効果**があります。このため、二酸化炭素は**油火災**に適応します。

　さらに、**電気の不良導体**（**電気絶縁性**が高い）であることから**電気火災**にも適応することができます。しかし、**密閉**された**場所**での使用は、**酸欠状態**になる危険性があるので、十分注意する必要があります。

ハロゲン化物

　ハロゲン化物とは、メタンやエタン等の炭化水素の水素原子を、ふっ素Fや臭素Br等のハロゲン元素と置換したものです。**2**の消火の方法でふれたように、ハロゲン化物には**窒息効果**と**抑制効果**があり、この効果を利用した消火剤としては、一臭化三ふっ化メタン、二臭化四ふっ化エタン等が一般に用いられます。どれも**油火災**に適応することができます。また、**電気の不良導体**なので**電気火災**にも適応します。

③粉末系消火剤

　粉末系の消火剤には、りん酸塩類等を使用するものと、炭酸水素塩類等を使用するものがあります。

りん酸塩類等を使用するもの

　主成分のりん酸アンモニウムに防湿処理をした消火剤であり、放射された薬剤の**抑制効果**と**窒息効果**によって**普通火災**と**油火災**に適応します。また、**電気の不良導体**なので**電気火災**にも適応できます。つまり、この消火剤はすべての火災に適応できる**万能の消火剤**です。

りん酸アンモニウムを用いた、いわゆるＡＢＣ消火器が、広く一般に利用されているんですよ。

炭酸水素塩類等を使用するもの

　主成分の炭酸水素カリウム、炭酸水素カリウム＋尿素に防湿処理をした消火剤です。普通火災には適応しませんが、薬剤の**抑制効果**と**窒息効果**により**油火災**に適応します。また、**電気の不良導体**なので**電気火災**にも適応できます。

用語

置換
あるものを他のものに置き換えること。
一臭化三ふっ化メタン（ハロン1301）
　＝ブロモトリフルオロメタン
二臭化四ふっ化エタン（ハロン2402）
　＝ジブロモテトラフルオロエタン

プラスワン

粉末系の消火剤は、粉末の粒子のサイズ（粒径）が小さいほど、窒息効果が高くなるため消火作用が大きい。

用語

ＡＢＣ消火器
りん酸アンモニウムを主成分とする消火剤は、普通火災（Ａ火災）、油火災（Ｂ火災）、電気火災（Ｃ火災）のすべてに適応できるため、これを用いた消火器は「ＡＢＣ消火器」と呼ばれる。

ここまで学習してきた消火方法や火災の区別、消火剤とをまとめると、次のようになります。この表を見ると、基本的に水・泡系の消火剤は普通火災、ガス系と粉末系の消火剤は油火災と電気火災に適応することがわかります。

ゴロゴロ合わせ

油火災に適応できない消火剤

きょう ぼうな みず
（強化液）（棒状）（水）

も あぶら にゃ弱い
（油火災）

ゴロゴロ合わせ

電気火災に適応できない消火剤

でんきにゃ弱い
（電気火災）

あわ てん ぼう
（泡）　　（棒状）

消火剤			主な消火方法	適応する火災		
				普通(A)	油(B)	電気(C)
水・泡系	水	棒状	冷却	○	×	×
		霧状	冷却	○	×	○
	強化液	棒状	冷却	○	×	×
		霧状	冷却　抑制	○	○	○
	泡		窒息　冷却	○	○	×
	水溶性液体用泡（耐アルコール泡）		窒息　冷却	○	○	×
ガス系	二酸化炭素		窒息　冷却	×	○	○
	ハロゲン化物		抑制　窒息	×	○	○
粉末系	りん酸塩類		抑制　窒息	○	○	○
	炭酸水素塩類		抑制　窒息	×	○	○

コレだけ!!

燃焼と消火の4要素

燃焼の4要素			
可燃物	酸素供給源	点火源	酸化の連鎖反応
↓取り除く	↓断ち切る	↓熱を奪う	↓抑える
除去	窒息	冷却	抑制
消火の4要素			

理解度チェック〇×問題

できたら チェック ☑

Key Point		
消火の方法	□□ 1	可燃物、酸素供給源、点火源のうちどれか1つを取り除けば消火が可能である。
	□□ 2	除去消火とは酸素と点火源を同時に取り除いて消火する方法である。
	□□ 3	一般に、空気中の酸素が一定の濃度以下になれば燃焼は停止する。
	□□ 4	元栓を閉めてガスコンロの火を消すのは、窒息消火の例である。
	□□ 5	容器内の灯油が燃えていたのでふたをして消したというのは、窒息消火の例である。
	□□ 6	油のしみ込んだ布が燃えていたので乾燥砂で覆って消火したというのは、乾燥砂の抑制効果によるものである。
火災の区別	□□ 7	普通火災をA火災、電気火災をB火災、油火災をC火災という。
消火剤の種類	□□ 8	水は比熱や蒸発熱が大きいので、冷却効果が高い。
	□□ 9	強化液は炭酸カリウムの水溶液で、冷却効果や再燃防止効果がある。
	□□10	二酸化炭素は密閉された場所で放出しても人体に危険がなく、安心して使用できる。
	□□11	りん酸アンモニウムを主成分とする消火粉末は、木材等の火災や油火災の他、電気設備の火災にも適応できる。
	□□12	ハロゲン化物の主な消火効果は、冷却効果である。
	□□13	水と棒状放射の強化液は、原則的に油火災に適応できない。
	□□14	電気火災に適応しないのは、水または強化液を棒状放射する場合と粉末の消火剤を用いる場合である。

解答・解説

1.〇　2.× 酸素と点火源ではなく可燃物を取り除く。　3.〇 15%以下。　4.× 窒息消火ではなく除去消火の例。　5.〇　6.× 抑制効果ではなく窒息効果。　7.× 電気火災と油火災が逆。　8.〇　9.〇　10.× 多量に吸い込むと窒息する危険がある。　11.〇　12.× 冷却効果ではなく抑制効果と窒息効果。　13.〇　14.× 粉末ではなく泡。

ここが狙われる！

アルコールやアセトン等の水溶性液体による燃焼の場合、水溶性液体用泡を使用した消火剤を用いる。第4類危険物の火災では原則的に水による消火が適切ではないことを覚えよう。

Lesson 2 消火設備

LINK ⊖P100／㋐P126

受験対策　第１種から第５種までの消火設備の区分とその適応、および消火剤等をきちんと覚えましょう。なお、第４類危険物では第１種および第２種の消火設備は適応されません。

1コマ▶乙4劇場・その22

消火設備って消火器のこと？

よく見かけるのは第５種の小型消火器ですが、他にもあるんですよ。

1 消火設備の種類

消火設備については、法令によって細かい約束事があります。第３編で学びます。

「○○消火栓」と名前のつくものはすべて第１種で、「○○消火設備」と名前のつくものはすべて第３種なんですね。

　危険物を取り扱う製造所や貯蔵所などでは、消火設備の設置が義務付けられています。消火設備には次の５種類があります。

種別	消火設備の区分	設備の内容
第１種	**消火栓**	屋内消火栓、屋外消火栓
第２種	**スプリンクラー**	スプリンクラー設備
第３種	泡・粉末等 **特殊消火設備**	水蒸気消火設備または水噴霧消火設備 泡消火設備、不活性ガス消火設備 ハロゲン化物消火設備、粉末消火設備
第４種	**大型消火器**	大型消火器
第５種	**小型消火器　その他**	小型消火器、水バケツ・水槽、乾燥砂　等

2 消火設備の概要

①第1種消火設備（屋内・屋外消火栓）

　消火栓箱内や近くに加圧送水ポンプ起動用のボタンがあります。また、消火栓の位置を示す赤色灯が設置されています。

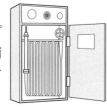

②第2種消火設備（スプリンクラー設備）

　天井にめぐらした配管に、一定の間隔でヘッド（噴出口）を設置、圧力のかかった水が常に末端まできています。熱に反応するとヘッドは自動的に開放され、シャワー状に噴水し消火します。

③第3種消火設備（泡・粉末等特殊消火設備）

　水蒸気または水噴霧、泡、二酸化炭素等、ハロゲン化物、消火粉末を放射口から放射します。全固定式だけではなく、半固定式、移動式のものもあります。

● 水蒸気または水噴霧消火設備

　水を水蒸気や噴霧状にして噴射するものです。窒息効果と冷却効果があります。

（水噴霧消火設備）

● 泡消火設備

　機械泡（空気泡）消火設備と化学泡消火設備とがあり、普通火災（A火災）、油火災（B火災）に適しています。

● 不活性ガス消火設備

　出火時、手動または自動的に二酸化炭素や窒素等を放出し、窒息消火します。室内で使用する場合、窒息の危険があるので十分な注意が必要です。

● ハロゲン化物消火設備

　主として用いられるハロゲン化物は、一臭化三ふっ化メタン（ハロン1301）です。ハロゲン元素には、燃焼の連鎖反応を抑える抑制効果（負触媒効果）があります。

ゴロ ゴロ合わせ

消火設備の種類
センスよく
（第1種：○○消火栓
第2種：スプリンクラー）
消火設備は
（第3種：○○消火設備）
大と小
（第4種：大型消火器
第5種：小型消火器）

重要

第1種と第2種の消火設備
第1種、第2種とも、第4類危険物のような引火性液体の火災には適応されない。

スプリンクラーは、火災の発見・消火を自動的に行う設備です。

第1編　基礎的な物理学および基礎的な化学

プラスワン

消火設備には、消火能力単位で表現した「能力単位」がある。第3編で学ぶ。

能力単位 ▶p231

重要

第4種と第5種の消火剤

それぞれ主に次の6種類の消火剤を放射する消火器がある。

①水（棒状、霧状）
②強化液（棒状、霧状）
③泡
④二酸化炭素
⑤ハロゲン化物
⑥消火粉末

ほかにも酸・アルカリを用いた消火器もありますが、主に上の6つを覚えましょう。

第3種と違うのは、強化液があることだね。

● 粉末消火設備

　加圧用ガス（窒素ガス、二酸化炭素）容器の弁を開き、消火粉末容器にガスを送り粉末をヘッドまたはノズルから放射（ほうしゃ）します。

④第4種消火設備（大型消火器）

　一般に大型消火器と呼ばれます。消火剤の種類や、適応火災の種類等は、第5種消火設備（小型消火器）と同じです。しかし、小型消火器に比べて大きいため、

● 車輪に固定積載（せきさい）されている
● 消火剤の量が多く、放射時間が長い
● 放射距離範囲が広い

などの特徴があります。

⑤第5種消火設備（小型消火器）

　一般に小型消火器と呼ばれ、初期火災、小規模火災を対象としています。

　第4種、第5種ともに、消火器には火災の区別ごとに決められた色の丸い標識がつけられ、その火災に対応します。色は普通火災が白色、油火災が黄色、電気火災が青色です。

■消火器の標識

火災の区分とその内容、消火器の標識の色		
A火災(普通火災)	B火災(油火災)	C火災(電気火災)
地色……白	地色……黄	地色……青
※炎…赤、可燃物…黒	※炎…赤、可燃物…黒	※電気の閃光…黄
木材、紙、繊維等の普通可燃物の火災	石油類等の可燃性液体、油脂類の火災	電線、変圧器、モーター等の火災

P108の消火器のように3つすべてついていたら、ABC消火器です。

ゴロゴロ合わせ

色の覚え方
①普通火災
　普通のコピー用紙の色は→白色
②油火災
　てんぷら油の色は→黄色
③電気火災
　静電気の「静」の字に青がある→青色

■大型消火器・小型消火器の種類

消火器		消火方法	適応する火災			消火剤の主成分
			普通	油	電気	
水消火器	棒状	冷却	○	×	×	水
	霧状	冷却	○	×	○	
強化液消火器	棒状	冷却	○	×	×	炭酸カリウム
	霧状	冷却、抑制	○	○	○	
泡消火器	化学泡	窒息、冷却	○	○	×	炭酸水素ナトリウム+硫酸アルミニウム
	機械泡		○	○	×	合成界面活性剤泡、水成膜泡
二酸化炭素消火器		窒息、冷却	×	○	○	二酸化炭素
ハロゲン化物消火器		抑制、窒息	×	○	○	ハロン1301、ハロン2402、ハロン1211
粉末消火器	りん酸塩類(ABC)	抑制、窒息	○	○	○	りん酸アンモニウム
	炭酸水素塩類	抑制、窒息	×	○	○	炭酸水素カリウム、炭酸水素カリウム+尿素
	その他		×	○	○	炭酸水素ナトリウム

コレだけ!!

消火設備の区分	
第1種	○○消火栓
第2種	スプリンクラー設備
第3種	○○消火設備
第4種	大型消火器
第5種	小型消火器

消火器の標識の地色	
普通（A）火災	白
油　（B）火災	黄
電気（C）火災	青

理解度チェック○×問題

Key Point	できたら チェック ☑
消火設備の種類	□□ 1　危険物を取り扱う製造所や貯蔵所などでは、消火設備の設置が義務付けられている。
	□□ 2　消火設備は第1種から第6種まで区分されている。
	□□ 3　第1種消火設備は消火栓、第2種はスプリンクラーである。
	□□ 4　第3種消火設備は、水噴霧消火設備、泡消火設備、不活性ガス消火設備、ハロゲン化物消火設備の4つに分類されている。
	□□ 5　第4種消火設備は小型消火器であり、第5種消火設備は大型消火器である。
消火設備の概要	□□ 6　消火栓には、その位置を示す赤色灯がある。
	□□ 7　第3種消火設備の不活性ガス消火設備は、抑制効果により消火する設備である。
	□□ 8　第3種消火設備の1つであるハロゲン化物消火設備で主に使用されているハロゲン化物は、一臭化三ふっ化メタン（ハロン1301）であり、燃焼の連鎖反応に対し抑制効果がある。
	□□ 9　大型消火器は小型消火器より放射距離範囲が広い。
	□□10　大型消火器・小型消火器の主な消火剤には、水・強化液・泡・二酸化炭素・ハロゲン化物・消火粉末などがある。
消火器の標識	□□11　消火器はどの火災に対応しているか一目でわかるよう、3つの色の標識で区別されている。
	□□12　消火器の丸い標識の色は、普通火災が赤色、油火災が黄色、電気火災が青色である。

解答・解説

1.○　2.× 第5種まで区分されている。　3.○　4.× 水蒸気消火設備、粉末消火設備を加えた、6つに分類。　5.× 小型と大型が逆。　6.○　7.× 窒息効果により消火。　8.○　9.○　10.○　11.○　12.× 普通火災は白色。

ここが狙われる！

普通火災、油火災、電気火災に対応する消火器の標識の色を確実に覚えること。第4類危険物の場合、第3種、第4種、第5種が消火設備として用いられるので、消火設備の区分や使用する消火剤等を確実に覚えよう。

第2編

危険物の性質ならびにその火災予防および消火の方法

第2編ではガソリンや灯油などの具体的な危険物について、その性質や火災予防方法および消火の方法を学習していきます。第1編で学んだ基礎的な物理学や化学、燃焼や消火の理論の応用となります。該当するページをその都度参照しながら学習を進めましょう。

●おことわり…危険物の性状にかかわる数値等は、文献により若干異なる場合があります。

危険物の分類

LINK ▶ ⊖P104／㋐P60

受験
対策

危険物は性質によって第１類から第６類に分類されています。危険物の性状は固体か液体のみです。各類の性質および性状の概要について、特に第２類の可燃性固体と第４類の引火性液体は共通点も多く、比較して出題されやすいので確実に覚えましょう。

1コマ〉乙4劇場・その23

「危険物には
気体は
含まれません」
です。

危険物には
期待は
しません。

1 危険物の分類

プラスワン

消防法は火災発生の危険性が高い物品や消火の困難性が高い物品、火災を拡大する可能性の高い物品などを危険物として指定している。

重要

粉状のものは危険
同一の物質であっても形状等によっては危険物にならないものもある。たとえば鉄粉は第２類危険物に指定されているが、鉄板は危険物ではない。

　第３編で詳しく学習しますが、消防法は火災の危険性が大きい物品を「危険物」と定め、その貯蔵や取扱いなどについて規制しています。危険物には単体や化合物だけではなく、ガソリンのような混合物も数多く含まれています。ただし、消防法の定める危険物は固体と液体のみであり、気体は含まれないことに注意しましょう。

　危険物は、第１類から第６類に分類されています。

類	名　称	状　態
第１類	酸化性固体	固体
第２類	可燃性固体	固体
第３類	自然発火性物質および禁水性物質	固体または液体
第４類	引火性液体	液体
第５類	自己反応性物質	固体または液体
第６類	酸化性液体	液体

ココブエブエ

さかじい事故さ！

ゴロ
ゴロ合わせ

1類	2類	3類	4類	5類	6類
さ	か	じ	い	じこ	さ
酸化性	可燃性	禁水性 自然発火性	引火性	自己反応性	酸化性
コ	コ	ブ	エ	ブ	エ
固体	固体	物質	液体	物質	液体

2 類ごとの危険物の性質

①第1類危険物　酸化性固体

　分子構造中に酸素を含んでいて、加熱、衝撃、摩擦などで分解してその酸素を放出し、ほかの可燃物を燃えやすくします。つまり、ほかの物質を酸化する物質（酸化性物質）であり、自分自身は燃えません（不燃性）。可燃物と混合すると非常に激しい燃焼、爆発を起こす危険性があります。

②第2類危険物　可燃性固体

　比較的低温で引火し、また着火しやすい固体です。つまり酸化されやすい物質（還元性物質）であり、自分自身が燃えます（可燃性）。引火しやすい上に燃焼が速く、消火することが困難です。一般に比重は1より大きいです。

③第3類危険物　自然発火性物質、禁水性物質

　自然発火性物質とは、空気にさらされると自然発火する危険性のある固体または液体です。一方、禁水性物質とは、水と接触すると発火したり、可燃性ガスを発生したりする固体または液体です。第3類危険物の物品のほとんどは自然発火性と禁水性の両方の危険性がありますが、一部例外もあります。

④第4類危険物　引火性液体

　本書のメインテーマです。Lesson 2以降で詳しく学習します。

重要

危険物の比重
ガソリンや灯油は水に浮くが、液体の危険物の比重がすべて1より小さいというわけではない。逆に固体の危険物の比重がすべて1より大きいわけではない。

第3類と第5類の名称だけが「〜物質」となっているのは、固体と液体の両方を含むという意味です。

⑤第5類危険物　自己反応性物質

　分子構造中に酸素を含んでいて、加熱、衝撃、摩擦<ruby>摩擦<rt>まさつ</rt></ruby>などで分解し、放出したその酸素によって自分自身が多量の熱を発生したり、爆発的に燃焼したりします。一般に比重は1より大きいです。

⑥第6類危険物　酸化性液体

　ほかの物質を酸化する液体です。第1類の危険物と同様に分子構造中に含んでいる酸素を放出し、ほかの可燃物を燃えやすくします（酸化性物質）。可燃物と混ぜると発火するおそれがありますが、自分自身は燃えません（不燃性）。

重要

消火方法
同じ類の危険物だからといって、適応する消火剤や消火方法がすべて同じというわけではない。たとえば第4類危険物には水溶性のものと非水溶性のものとがあり、使用できる泡の消火剤の種類が異なる。

次のLessonから、最も重要な第4類危険物の7つの種類について先に学びます。その後で、第4類以外の危険物について学びます。

類	名　称	状態	燃焼性	特　性
1	酸化性固体	固体	不燃性	分子内に含んだ酸素でほかの物質を酸化。自分は燃えない。
2	可燃性固体	固体	可燃性	酸化されやすく、自分自身が燃える。
3	自然発火性物質および禁水性物質	固体液体	可燃性（一部例外）	空気にさらされて自然発火。水と接触して発火または可燃性ガスを発生。
4	引火性液体	液体	可燃性	引火性の液体。
5	自己反応性物質	固体液体	可燃性	分子内に含んだ酸素で自分自身が燃える。
6	酸化性液体	液体	不燃性	分子内に含んだ酸素でほかの物質を酸化。自分は燃えない。

コレだけ‼

危険物の分類のポイント

1類（固体）と**6類**（液体）　酸化性 ＝ ほかの物質を酸化 ⇒ 自分は**不燃性**

2類（固体）と**4類**（液体）　還元性 ＝ 自分は酸化されやすい ⇒ **可燃性**

3類（固体または液体）　自然発火性および禁水性 ⇒ **可燃性**

5類（固体または液体）　自己反応性 ⇒ **可燃性**

理解度チェック○×問題

Key Point	できたら チェック ☑
危険物一般	□□ 1 危険物には、常温において気体、液体および固体のものがある。
	□□ 2 危険物には、単体、化合物および混合物の3種類がある。
	□□ 3 同一の物質でも、形状等によっては危険物にならないものもある。
危険物の特性	□□ 4 液体の危険物の比重はすべて1より小さく、固体の危険物の比重はすべて1より大きい。
	□□ 5 危険物には、酸素を分子構造中に含有し、加熱や衝撃等により分解して酸素を放出し、可燃物の燃焼を促すものがある。
	□□ 6 同じ類の危険物であれば、適応する消火剤や消火方法はすべて同じである。
	□□ 7 危険物には、水と接触して可燃性ガスを発生するものがある。
	□□ 8 危険物には、分子内に酸素を含み、ほかからの酸素の供給がなくても燃焼するものがある。
類ごとの性状	□□ 9 第1類危険物は、酸素を含有しているので自己燃焼する。
	□□10 第1類危険物は、還元性を有する不燃性の固体である。
	□□11 第2類危険物は、酸化されやすい可燃性の固体である。
	□□12 第2類危険物は、空気にさらされると自然発火する。
	□□13 第3類危険物は、自然発火性および禁水性の固体である。
	□□14 第5類危険物は、外部からの酸素の供給がなくても燃焼するものが多い。
	□□15 第6類危険物は、可燃性で、強い酸化剤である。

解答・解説

1.× 気体はない。 2.○ 3.○ 4.× 必ずしもそうとはいえない。 5.○ 第1類と第6類。 6.× 必ずしもそうとはいえない。 7.○ 第3類危険物の禁水性質。 8.○ 第5類危険物の自己反応性物質。 9.× 自己燃焼はしないでほかの可燃物を燃焼させる。 10.× 還元性ではなく酸化性。 11.○ 12.× これは第3類危険物の自然発火性物質。 13.× 固体または液体である。 14.○ 15.× 可燃性ではなく不燃性。

ここが狙われる！

ともに酸化性の性状を持つ第1類と第6類危険物、火気によって引火しやすい第4類と類似性のある第2類危険物は特に間違えやすいので、確実に区別できるようにしておく。

Lesson 2

第4類危険物

LINK ▶ ⊖P108／⊖P62・64・66・68・88

LINK ▶ ⊖P108／⊖P62・64・66・68・88

受験対策　第4類危険物はすべて引火性の液体です。発生する蒸気は可燃性蒸気で、空気との混合で引火・爆発する危険があります。第4類危険物に共通する特性や火災予防の方法、消火の方法などは非常に大切です。確実に覚えておきましょう。

1コマ　乙4劇場 ● その24

1 第4類危険物の分類

プラスワン

物質がほかから点火源を与えられることによって燃え出すことを引火という。一方、発火とはほかから点火源を与えられることなく自発的に燃え出すことをいう。

第4類危険物の代表的な物品名と引火点は必ず覚えよう！

　第4類危険物は引火性液体です。したがって、第4類に含まれている物品はすべて常温（20℃）で液体であり、固体のものはありません。また、いずれも可燃性蒸気を発生して空気との混合気体をつくり、点火源を与えると引火または爆発する危険があります。

　第4類危険物は、基本的に引火点の違いによって次の7つの品名に分類されています。

品　名	引火点	代表的な物品名
特殊引火物	−20℃以下	ジエチルエーテル
第1石油類	21℃未満	ガソリン
アルコール類	11℃〜23℃程度	エタノール
第2石油類	21℃〜70℃未満	灯油、軽油
第3石油類	70℃〜200℃未満	重油
第4石油類	200℃〜250℃未満	ギヤー油
動植物油類	250℃未満	アマニ油

第2編

危険物の性質ならびにその火災予防および消火の方法

ゴロ
ゴロ合わせ

第4類危険物の第1～
第4石油類の引火点

古い（21）
納豆（70）
匂う（200）
ふところ（250）

第1　21℃未満
第2　21℃～70℃未満
第3　70℃～200℃未満
第4　200℃～250℃未満

用語

飽和1価アルコール
分子内に二重結合や
三重結合があるもの
を不飽和アルコール
といい、ないものを
飽和アルコールとい
う。また、1価とは
－OH（ヒドロキシ
ル基）の数が1つだ
けという意味。

①特殊引火物

　二硫化炭素など、1気圧において発火点が100℃以下の
もの、またはジエチルエーテルなど、1気圧において引火
点が－20℃以下で沸点が40℃以下のものをいいます。

②第1石油類

　アセトンやガソリンなど、1気圧において引火点が21℃
未満のものをいいます。

③アルコール類

　1分子を構成する炭素原子Cの数が1個から3個までの
飽和1価アルコールをいいます。

④第2石油類

　灯油や軽油など、1気圧において引火点が21℃以上70℃
未満のものをいいます。

⑤第3石油類

　重油やクレオソート油など、1気圧において引火点が70
℃以上200℃未満のものをいいます。

⑥第4石油類

　ギヤー油やシリンダー油など、1気圧において引火点が
200℃以上250℃未満のものをいいます。

⑦動植物油類

　動物の脂肉等または植物の種子や果肉から抽出した油で
あって、1気圧において引火点が250℃未満のものをいい
ます。

第4類危険物は、
全部で7つです。
石油類4つ＋特殊
＋アルコール＋動
植物です。

2 第4類危険物に共通する特性

①引火しやすい

第4類危険物はすべて引火性の液体であり、常温（20℃）または加熱することで可燃性蒸気が発生し、火気等によって引火する危険があります。

第4類には引火点が常温より低いものがあります。これらは加熱しなくても常温で引火する危険があります。

②水に溶けず、水に浮くものが多い

第4類危険物には水に溶けない性質（非水溶性）のものが多く、比重（液比重）も1より小さいものがほとんどです。このような、非水溶性で比重が1より小さいものは水に浮きます。このため、流出すると水の表面に薄く広がり、火災になると燃焼面積が拡大していく危険があります。

③蒸気が空気より重い

第4類危険物は引火性の液体で、液面からは可燃性の蒸気が発生します。この可燃性蒸気の蒸気比重は1より大きいため空気より重く、低所に滞留します。

滞留した蒸気が空気と混合し燃焼範囲に達すると、引火して爆発する危険性があります。

特に床にくぼみや溝などがある場合は、そこに可燃性蒸気が溜まりやすく危険です。

燃焼範囲の幅が同じであれば、下限値が低いものほど危険性が大きくなります。

重要

引火の危険性
常温では引火しないものでも、霧状にしたり、布などにしみ込ませたりすると、空気との接触面積が大きくなって引火の危険性が増大する。

用語

蒸気比重
その蒸気の質量が、それと同体積の空気（1気圧、0℃）の質量の何倍であるかを示した値（単位なし）。

■主な第４類危険物の性状

品名	物品名	水溶性	引火点 ℃	発火点 ℃	比重
特殊引火物	ジエチルエーテル	△	−20℃以下	−45	160	0.7
	二硫化炭素	×		−30以下	90	1.3
	アセトアルデヒド	○		−39	175	0.8
	酸化プロピレン	○		−37	449	0.8
第１石油類	ガソリン	×	21℃未満	−40以下	約300	0.65〜0.75
	酢酸エチル	×		−4	426	0.9
	アセトン	○		−20	465	0.8
	ピリジン	○		20	482	0.98
アルコール類	メタノール	○	11℃〜23℃程度	11	464	0.8
	エタノール	○		13	363	0.8
	2-プロパノール	○		12	399	0.79
第２石油類	灯油	×	21℃〜70℃未満	40以上	220	0.8
	軽油	×		45以上	220	0.85
	（オルト）キシレン	×		33	463	0.88
	酢酸	○		39	463	1.05
第３石油類	重油	×	70℃〜200℃未満	60〜150	250〜380	0.9〜1.0
	クレオソート油	×		73.9	336.1	1.0以上
	ニトロベンゼン	×		88	482	1.2
	グリセリン	○		199	370	1.3
第４石油類	ギヤー油	×	200℃〜250℃未満	220	—	0.90
	シリンダー油	×		250	—	0.95
	モーター油	×		230	—	0.82
	タービン油	×		230	—	0.88
動植物油類	アマニ油	×	250℃未満	222	343	0.93
	ヤシ油	×		234	—	0.91

＊「水溶性」の欄…○：水溶性、×：非水溶性、△：わずかに溶ける
＊「酢酸エチル」は水に少し溶けるが、「非水溶性」に区分されている（◗p131）

第１石油類、第２石油類、第３石油類は、「水溶性」か「非水溶性」のどちらに区分されるかによって指定数量が異なるので注意する（◗p171）。

プラスワン

第４類危険物は、基本的に左の表の上のものほど引火点が低い。

ゴロゴロ合わせ

第４類のうち、水溶性の主な危険物

汗、汗、風呂、風呂、メチャメチャ沢山、グリ、グリ、ピリ
（アセトアルデヒド、アセトン、酸化プロピレン、2-プロパノール、メタノール、エタノール、酢酸、グリセリン、エチレングリコール、ピリジン）

重要

第４類危険物で比重＞１のもの
二硫化炭素
酢酸
クレオソート油
ニトロベンゼン
グリセリン　など

赤い字の数字は必ず覚えよう！この数字を押さえるとグッと楽になります。

④静電気が生じやすい

　静電気は、液体が配管やホース内を流動するような場合にも発生しやすいことは第1編で学習しました。第4類危険物は液体なので流動等によって静電気を発生しやすい特性を持っています。また水溶性のものを除き、電気の不良導体が多いため、発生した静電気が蓄積されやすくなります。静電気が蓄積されると放電して火花を発生する場合があります。この放電火花が点火源となって、可燃性蒸気が爆発したり、火災が起きたりする危険があります。

プラスワン

非水溶性の危険物が電気の不良導体で静電気を蓄積しやすいということも、非水溶性の危険物の指定数量が少ない（危険性が大きい）ことの理由の1つ。指定数量は、消防法の規制を受ける数量。
p170

放電火花が発生してドカン！

液体の流動によって静電気が発生

3 第4類危険物に共通する火災予防方法

　ここでは 2 で学習した第4類危険物の特性を踏まえて、具体的な火災予防の方法を理解していきましょう。

①引火しやすい

- 火気や火花を近づけない
- 加熱を避ける
  - ➡引火点が多少高いものでも液温が上昇すれば引火の危険が生じる
- 密栓をし、冷暗所に貯蔵する
  - ➡容器が開いているとそこから可燃性蒸気が漏れ出す

重要

ドラム缶はたたかない
ドラム缶の金属製の栓を開閉するために金属工具でたたくと衝撃火花が発生し、これが点火源となる危険性があるので、金属工具等でたたくことは避ける。

火気厳禁

- 空間容積を確保する
  - ➡温度が上昇して容器内の液体が熱膨張を起こしても容器が破損しないようにするため、容器に注入するときは、若干の空きをつくる

② 蒸気が空気より重い

- 低所の換気や通風を十分に行う
- 可燃性蒸気は屋外の高所に排出する
  - ➡高所から屋外の地上に降下してくる間に拡散させて濃度を薄める
- 防爆型の電気設備を使用する
  - ➡可燃性蒸気が滞留するおそれのある場所では、火花を発生する機械器具を使用しない

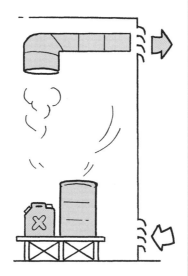

③ 静電気が生じやすい

- 流速を遅くする
  - ➡液体の流動によって生じる静電気の量は、液体の流速に比例して増える。タンクや容器に注入するときには、流速を遅くする
- 導電性材料を使用する
  - ➡導電性の高い物質は静電気が発生しにくい。容器、タンク、配管、ノズル等には、導電性材料を使う
- 湿度を上げる
  - ➡静電気が水分に移動して蓄積されにくくなる

熱膨張 ●p33

重要

空缶にも注意
空缶であっても内部には可燃性の蒸気が残っている可能性があり、これが空気と混合し引火する危険性があるため、空缶の取扱いにも十分注意する必要がある。

用語

防爆型の電気設備
防爆とは可燃性蒸気による火災や爆発を防止することを意味する。

合成繊維は絶縁性があり静電気を帯電しやすいものが多いので、作業衣には絶縁性が低い木綿のものや静電気帯電防止作業服を着用しましょう。

● 接地（アース）を施す

静電気災害の防止
●p39

➡地面と接続した導線（接地導線）を通って静電気が地面に逃げる

4 第4類危険物に共通する消火方法

窒息消火 ●p99
抑制消火 ●p100

第4類危険物の火災は可燃性の蒸気による火災のため、可燃物の除去や冷却による消火は困難で、窒息消火または抑制消火が効果的です。

ただし、第4類危険物の性状によっては、火災時に以下のような消火方法をとる必要があります。

①水に溶けない、水に浮く危険物の場合

水による消火や強化液の棒状放射は避ける

②水に溶ける危険物の場合

水溶性液体用泡消火剤（耐アルコール泡）を使う

アルコール類や水溶性の危険物に対して普通の泡を用いると、泡が消滅して窒息効果が得られなくなります。

> このLessonの内容は、今後の学習の上で非常に大切です。くり返し学習し、確実に理解しておきましょう！

第4類の火災に適切な消火剤	消火方法（効果）		油火災への適応
強化液（霧状放射）	抑制	—	○
泡消火剤	—	窒息	○
二酸化炭素	—	窒息	○
ハロゲン化物	抑制	窒息	○
粉末消火剤	抑制	窒息	○

コレだけ!!

第4類危険物に共通する特性

引火しやすい	➡	火気厳禁、密栓して冷暗所に貯蔵
水に溶けず、水に浮くものが多い	➡	水と棒状強化液は消火に使えない
蒸気が空気より重い	➡	低所を換気し、蒸気は屋外の高所に排出
静電気が生じやすい	➡	接地（アース）して、流速は遅く

理解度チェック○×問題

Key Point		できたら チェック ☑
第4類危険物に共通する特性	□□ 1	第4類危険物は常温または加熱することによって可燃性蒸気を発生し、火気等により引火する危険性がある。
	□□ 2	第4類危険物は、液体としての比重が1より大きいものが多い。
	□□ 3	第4類危険物は蒸気比重が1より大きく、蒸気は低所に滞留する。
	□□ 4	第4類危険物は一般に電気の不良導体であり、静電気が蓄積しやすい。
	□□ 5	第4類危険物のほとんどのものは発火点が100℃以下である。
第4類危険物に共通する火災予防方法	□□ 6	第4類危険物を取り扱う場所では、みだりに火気を使用しない。
	□□ 7	発生する可燃性蒸気の滞留を防ぐために、容器は密栓しない。
	□□ 8	可燃性蒸気が外部に漏れると危険なので、室内の換気は行わない。
	□□ 9	可燃性蒸気は低所よりも高所に滞留するので、高所の換気を十分に行う。
	□□10	ガソリンを容器に注入するホースには接地導線のあるものを使う。
	□□11	取扱作業に従事する者は、絶縁性のある合成繊維の作業衣を着る。
第4類危険物に共通する消火方法	□□12	第4類危険物の消火には、空気の供給を遮断したり燃焼反応を抑制したりする消火剤が効果的である。
	□□13	第4類危険物の消火剤として、棒状に放射する強化液は効果的である。
	□□14	ガソリン火災の消火方法として、泡消火剤の使用は効果的である。
	□□15	エタノールやアセトンが燃えている場合は、水溶性液体用泡消火剤を放射することが適切な消火方法といえる。

解答・解説

1.○　2.× ほとんどのものは比重が1より小さい。　3.○　4.○　5.× ほとんどが発火点200℃以上。二硫化炭素の90℃だけが例外的。　6.○　7.× 容器は密栓する。　8.× 蒸気を屋外の高所に排出する。　9.× 低所に滞留するので低所を換気。　10.○　11.× 絶縁性の少ない木綿の作業衣を着る。　12.○　13.× 棒状ではなく霧状ならば効果的。　14.○　15.○

ここが狙われる！

第4類危険物の共通特性として、引火性の液体であること、空気より重いため可燃性蒸気が低所に滞留しやすいこと、電気の不良導体であることなど、よく出題されている点を確認しておこう。また、共通特性から火災予防方法・消火方法を導けるようにしておこう。

第2編　危険物の性質ならびにその火災予防および消火の方法

Lesson 3

特殊引火物（第４類危険物）

LINK ▶ ⊖P114／㋑P70

受験対策　特殊引火物は試験によく出題される項目です。それぞれの品名、性状等すべて覚えておきたいですが、特に第４類危険物で引火点が最も低いジエチルエーテルと、発火点が最も低い二硫化炭素は必ず覚えましょう。

1コマ 乙4劇場・その25

1 特殊引火物の性状

特殊引火物とは、１気圧において、

> 発火点が100℃以下のもの、
> または引火点が−20℃以下であって沸点40℃以下

の引火性液体をいいます。

特殊引火物は引火点、発火点、沸点が第４類危険物の中で最も低く、また燃焼範囲（爆発範囲）が非常に広いことから、第４類危険物で最も危険性の高い物品が該当します。

物品名	水溶性	引火点 ℃	発火点 ℃	沸点 ℃	燃焼範囲 vol%
ジエチルエーテル	△	−45	160	34.6	1.9〜36
二硫化炭素	×	−30以下	90	46	1.3〜50
アセトアルデヒド	○	−39	175	21	4.0〜60
酸化プロピレン	○	−37	449	35	2.3〜36

プラスワン

特殊引火物に該当する条件は次の通り。
①発火点100℃以下
　二硫化炭素
　（発火点90℃）
②引火点−20℃以下であって、沸点40℃以下
　ジエチルエーテル
　アセトアルデヒド
　酸化プロピレン

プラスワン

特殊引火物の指定数量（消防法の規制を受ける数量。▶p171）は50Ｌ。

2　ジエチルエーテル（エーテル） $C_2H_5OC_2H_5$

　性質

①引　火	引火点が第4類危険物中最も低く（－45℃）、極めて引火しやすい／沸点が低い（34.6℃）／燃焼範囲が広く下限値が低い／揮発性が高い	
②蒸　気	空気よりかなり重い／麻酔性がある	
③静電気	発生しやすい	
④溶　解	水➡少し溶ける／アルコール➡よく溶ける	
⑤その他	水より軽い／刺激臭／日光にさらす、長時間空気に触れさせることを避ける（過酸化物が生じ、加熱や衝撃により爆発する危険）	

対策	保　管	密栓して冷暗所に保管
	予　防	蒸気が低所に溜まりやすいので、通風、換気をよくする 静電気を溜めない 冷却装置等で沸点以下に管理
	消　火	窒息消火（水溶性液体用泡、二酸化炭素、粉末など） 水にわずかに溶けるので、一般の泡消火剤は大量に使用

3　二硫化炭素　CS_2

　性質

①引　火	引火しやすい（引火点－30℃以下）／沸点が低い（46℃）／発火点が第4類危険物中最も低い（90℃）／燃焼範囲が広く下限値が低い	
②蒸　気	空気よりかなり重い／有毒	
③静電気	発生しやすい	
④溶　解	水➡溶けない／有機溶剤➡溶ける	
⑤その他	水より重い／不快臭（純品は無臭）／燃焼すると、有毒な亜硫酸ガス（二酸化硫黄）を発生する	

第2編

危険物の性質ならびにその火災予防および消火の方法

特殊引火物の形状
特殊引火物の形状は、すべて無色透明の液体。

非水溶性と水溶性
水に溶けないものは電気の不良導体で、静電気を蓄積しやすい。
水に溶けるものは、消火に水溶性液体用泡消火剤を用いる。

プラスワン
二硫化炭素は発火点が低いので、高温の蒸気配管などと接触するだけで発火する危険性がある。

第4類危険物の発火点
二硫化炭素の90℃だけが例外で、ほとんどのものの発火点は200℃以上。引火点と発火点は連動していない。

二硫化炭素＝水中
保存＝水より重く
水に溶けないとい
うことを確実に理
解すること。

対策	保　管	密栓して冷暗所に保管。容器に水を張る、容器を水没させる（水の層で可燃性蒸気を抑える）
	予　防	蒸気が低所に溜まりやすいので、通風、換気をよくする静電気を溜めない
	消　火	窒息消火（泡、二酸化炭素、粉末）水噴霧も有効表面に水を張って水封する（窒息消火）

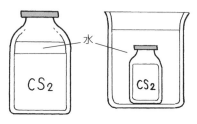

水

CS₂　CS₂

　二硫化炭素の水中保存という貯蔵方法は、水より重く水に溶けないという二硫化炭素の性質を利用しています。

4　アセトアルデヒド　CH₃CHO

性質

①**引　火**　引火しやすい／沸点が第4類危険物中最も低い（21℃）／燃焼範囲が広い／極めて揮発性が高い

②**蒸　気**　空気より重い／粘膜を刺激する。有毒

③**溶　解**　水➡よく溶ける／有機溶剤➡溶ける／油脂などをよく溶かす

④**その他**　水より軽い／刺激臭／熱や光で分解すると、メタンと一酸化炭素になる／酸化すると酢酸になる

重要

アセトアルデヒドの沸点
アセトアルデヒドは**沸点（21℃）**がほとんど**常温**と同じなので、極めて揮発性（蒸発して気体になる性質）が高い。

プラスワン

アセトアルデヒドの貯蔵用の容器類は、**鋼製**とする（銀、銅や銅の合金は爆発性の化合物を生じるおそれがある）。

用語

不活性ガス
窒素ガスや炭酸ガス（二酸化炭素）など、化学的に安定していて、ほかの物質と反応を起こさないガスのこと。

対策	保　管	密栓して冷暗所に保管。不活性ガスを封入
	予　防	蒸気が低所に溜まりやすいので、通風、換気をよくする冷却装置等で沸点以下に管理
	消　火	窒息消火（水溶性液体用泡、二酸化炭素、粉末、ハロゲン化物など）水に溶けるので、一般の泡消火剤は不適当水噴霧も有効（冷却＋希釈）

5 酸化プロピレン　CH_3CHCH_2O

性質

①**引　火**　極めて引火しやすい／**重合**する性質。熱を発生し、火災等の原因となる／**揮発性**が高い

②**蒸　気**　空気より重い／吸入すると**有毒**／皮膚につくと凍傷のようになるおそれ

③**溶　解**　水➡よく溶ける／有機溶剤➡よく溶ける

④**その他**　水より軽い／エーテル臭

対策	保　管	密栓して冷暗所に保管。**不活性ガスを封入**
	予　防	蒸気が低所に溜まりやすいので、通風、換気をよくする **冷却装置等で沸点以下に管理**
	消　火	**窒息消火**（水溶性液体用泡、二酸化炭素、粉末、ハロゲン化物など） 水に溶けるので、一般の泡消火剤は不適当 **水噴霧も有効**（冷却＋希釈）

ゴロゴロ合わせ

特殊引火物の性質

イカの性質みんな以下
（引火物）　　　（以下）

100万出してハッカ買い、
（100℃以下）（発火）

借りた20でイカ買って
（−20℃以下）（引火）

財布は始終フッテンテン
（40℃以下）（沸点）

覚えなければ
いけないことが
いろいろあります。
覚えやすいように
工夫しましょう。

用語

重合

1種類の分子が次々に結合して、分子量の大きな新たな分子を生成する反応のこと。

プラスワン

酸化プロピレンは、銀や銅などの金属に触れると、重合が促進されるおそれがある。

プラスワン

ジエチルエーテル、二硫化炭素、アセトアルデヒド、酸化プロピレンの共通点は次の通り。

①無色透明の液体である

②引火点が0℃よりかなり低く、冬期でも引火しやすい

③蒸気比重が1より大きいので低所に滞留する。

6 そのほかの特殊引火物

　そのほかの特殊引火物として、ギ酸メチル、イソプレン、エチルメルカプタンなどが挙げられます。これらはどれも引火点が－20℃以下で沸点40℃以下の引火性液体です。

コロコロ合わせ

特殊引火物の種類
インカ（特殊引火物）の旅は、
二流（二硫化炭素）でも
あせって（アセトアルデヒド）
参加（酸化プロピレン）するが
エー（エーテル）

コレだけ!!

代表的な特殊引火物の性状

	ジエチルエーテル	二硫化炭素	アセトアルデヒド	酸化プロピレン
水溶性	少し溶ける	溶けない	溶ける	溶ける
形　状	無色透明			
蒸気の臭気	刺激臭	不快臭	刺激臭	エーテル臭
蒸気の毒性	麻酔性	有毒	有毒	有毒
液体比重	水より軽い	水より重い	水より軽い	水より軽い
引火点	－45℃	－30℃以下	－39℃	－37℃
発火点	160℃	90℃	175℃	449℃
沸　点	34.6℃	46℃	21℃	35℃

※沸点が低いものは揮発性が高く危険

理解度チェック○×問題

Key Point	できたら チェック ☑
特殊引火物	□□ 1 特殊引火物には、沸点が30℃以下のものがある。
	□□ 2 特殊引火物には、発火点が100℃以下のものはない。
ジエチルエーテル	□□ 3 ジエチルエーテルは引火点が極めて低く、特有の刺激臭がある。
	□□ 4 ジエチルエーテルは水より重く水に溶けないので、容器に水を張って蒸気の発生を抑制する。
	□□ 5 ジエチルエーテルが空気と長く接触した場合、加熱や衝撃によって爆発の危険があるのは、爆発性の過酸化物を生じるからである。
	□□ 6 ジエチルエーテルの蒸気は、空気よりわずかに軽い。
二硫化炭素	□□ 7 二硫化炭素はほかの第4類危険物よりも発火点が低く、高温の配管に接触すると発火することがある。
	□□ 8 純品の二硫化炭素は無臭の液体で、水に溶けやすく、水より軽い。
	□□ 9 二硫化炭素をビンに貯蔵するときは、液面を水で覆い、ふたを完全にして蒸気が漏れないようにする。
	□□10 二硫化炭素が燃焼すると、有毒な亜硫酸ガスを発生する。
ジエチルエーテルと二硫化炭素	□□11 ジエチルエーテルの蒸気には麻酔性があるが、二硫化炭素の蒸気は無毒である。
	□□12 ジエチルエーテルと二硫化炭素は、どちらも水より重い。
アセトアルデヒド	□□13 アセトアルデヒドは沸点が高く、常温（20℃）では揮発しにくい。
	□□14 アセトアルデヒドを貯蔵する場合は、不活性ガスを封入する。
酸化プロピレン	□□15 酸化プロピレンは、夏期に気温が沸点より高くなるおそれがある。

解答・解説

1.○ 2.× 二硫化炭素は発火点90℃。 3.○ 4.× これは二硫化炭素の性質と保管方法。 5.○ 6.× 空気よりかなり重い。 7.○ 8.× 水に溶けず、水より重い。 9.○ 10.○ 11.× 二硫化炭素の蒸気は有毒。 12.× ジエチルエーテルは水より軽い。 13.× 沸点が常温とほぼ同じで揮発しやすい。 14.○ 15.○

ここが狙われる！

着火・爆発しやすい特殊引火物は、試験ではよく取り上げられる項目。それぞれの物品名・性状等は完全に覚えること。ジエチルエーテルと二硫化炭素は比較して出題されることもあるので、相違点を確認しておこう。

Lesson 4

第１石油類（第４類危険物）

LINK ▶ ⊖P122／㊅P72・74

受験対策 第１石油類には水溶性液体と非水溶性液体があり、指定数量が異なります。第１石油類の共通の特性だけではなく、ガソリン、酢酸エチル、アセトン、ピリジンといった代表的な物品名や特性などを確実に覚えましょう。

1コマ 乙4劇場・その26

ガソリンの発火点は約３００℃、引火点は、シジュウマイナス以下です。

-40℃以下

ブォーン ブォン

1234

始終自動車を使う生活は楽で◎、でもエコ的にはマイナスでイカン…。

1 第１石油類の性状

第１石油類とは、１気圧において、

引火点が21℃未満

の引火性液体をいいます。**非水溶性**（指定数量200ℓ）と**水溶性**（指定数量400ℓ）に分かれます。危険性は非水溶性のものの方が高く、特に**ガソリン**が、一方、水溶性のものでは**アセトン**が重要です。代表的な物品は次の通りです。

プラスワン

第４類危険物には石油類が第１石油類から第４石油類まである。第１から第３までは、より危険な非水溶性の**指定数量**（消防法の規制を受ける数量）が水溶性の指定数量の２分の１に定められている。

物品名	水溶性	引火点 ℃	発火点 ℃	沸点 ℃	燃焼範囲 vol%
ガソリン	×	−40以下	約300	40〜220	1.4〜7.6
酢酸エチル	×	−4	426	77	2.0〜11.5
アセトン	○	−20	465	56	2.5〜12.8
ピリジン	○	20	482	115.5	1.8〜12.4
ベンゼン	×	−11.1	498	80	1.2〜7.8
トルエン	×	4	480	111	1.1〜7.1

2 ガソリン（自動車ガソリン）

性質

①引　火　極めて引火しやすい／引火点が低く
　　　　　（－40℃以下）、沸点も低い（40℃〜）／
　　　　　揮発性が高い

②蒸　気　空気よりかなり重い／過度に吸入すると
　　　　　頭痛、目まいなどを起こす

③静電気　発生しやすい

④溶　解　水➡溶けない／
　　　　　ゴムや油脂を溶かす

⑤その他　水より軽い／特有の臭気

対策	保　管	密栓して冷暗所に保管
	予　防	蒸気が低所に溜まりやすいので、通風、換気をよくする 静電気を溜めない
	消　火	窒息消火（泡、二酸化炭素、粉末、ハロゲン化物）

3 酢酸エチル　$CH_3COOC_2H_5$

性質

①引　火　引火しやすい

②蒸　気　空気よりかなり重い

③静電気　発生しやすい

④溶　解　水➡わずかに溶ける
　　　　　（非水溶性）／
　　　　　有機溶剤➡溶ける

⑤その他　水より軽い／特有の果実のような芳香

対策	保　管	密栓して冷暗所に保管
	予　防	蒸気が低所に溜まりやすいので、通風、換気をよくする 静電気を溜めない
	消　火	窒息消火（泡、二酸化炭素、粉末、ハロゲン化物）

重要

第１石油類の形状
すべて無色か無色透
明の液体。ガソリン
は、灯油や軽油と区
別するために、オレ
ンジ色に着色してあ
る。

プラスワン

ガソリンは炭化水素
化合物を主成分とす
る混合物なので化学
式はない。

用語

油脂
植物油のような常温
で液体の油（脂肪油）
と、ラード（豚の脂）
のような常温で固体
の脂（脂肪）に分け
られる。

プラスワン

酢酸エチルやエチル
メチルケトンは、水
にわずかに溶ける
が、非水溶性に区分
されている。

「対策」の中の文
字がグレーに塗っ
てある部分は、ガ
ソリンの「対策」
と同じ部分です。
まず、ガソリンの
「対策」の内容を
しっかり覚えまし
ょう。

ゴロゴロ合わせ

第1石油類の物品名
だいいち
　（第1石油類）
ガソリン（ガソリン）
さえ（酢酸エチル）
あせって（アセトン）
とるの忘れて
　（トルエン）
ぜんぜん（ベンゼン）
ピンチ（ピリジン）

重要

水溶性液体用泡
水に溶けるアセトン
やピリジンの消火に
は、**水溶性液体用泡**
を用いる。

4　アセトン　CH₃COCH₃

性質
- ①引　火　引火しやすい。静電気（せいでんき）の火花で着火することも／揮発性（きはつせい）が高い（沸点（ふってん）が低い）
- ②蒸　気　空気より重い
- ③溶　解　水→よく溶ける／有機溶剤→溶ける／油脂（ゆし）などをよく溶かす
- ④その他　水より軽い／特異臭

対策	保　管	密栓して冷暗所に保管
	予　防	蒸気が低所に溜まりやすいので、通風、換気をよくする
	消　火	窒息消火（水溶性液体用泡、二酸化炭素、粉末、ハロゲン化物） 水噴霧も有効（冷却＋希釈）

5　ピリジン　C₅H₅N

性質
- ①引　火　引火しやすい
- ②蒸　気　空気よりかなり重い
- ③溶　解　水→よく溶ける／有機溶剤→溶ける／有機物などを溶かす
- ④その他　水より軽い／**毒性**／悪臭

対策	保　管	密栓して冷暗所に保管
	予　防	蒸気が低所に溜まりやすいので、通風、換気をよくする
	消　火	窒息消火（水溶性液体用泡、二酸化炭素、粉末、ハロゲン化物） 水噴霧も有効（冷却＋希釈）

6 ベンゼン C₆H₆

性質		
①引　火	引火しやすい／揮発性がある	
②蒸　気	空気よりかなり重い／吸入すると**中毒症状**	
③静電気	発生しやすい	
④溶　解	水➡溶けない／有機溶剤➡よく溶ける／有機物をよく溶かす	
⑤その他	水より軽い／**強い毒性**／特有の刺激臭（芳香、芳香族炭化水素）	

対策	保　管	密栓して冷暗所に保管／冬期に固化したものでも引火の危険
	予　防	蒸気が低所に溜まりやすいので、通風、換気をよくする　静電気を溜めない
	消　火	窒息消火（泡、二酸化炭素、粉末、ハロゲン化物）

7 トルエン C₆H₅CH₃

性質		
①引　火	引火しやすい／揮発性がある	
②蒸　気	空気よりかなり重い	
③静電気	発生しやすい	
④溶　解	水➡溶けない／有機溶剤➡よく溶ける	
⑤その他	水より軽い／**弱い毒性**／特有の刺激臭（芳香、芳香族炭化水素）	

対策	保　管	密栓して冷暗所に保管
	予　防	蒸気が低所に溜まりやすいので、通風、換気をよくする　静電気を溜めない
	消　火	窒息消火（泡、二酸化炭素、粉末、ハロゲン化物）

重要

ベンゼンとトルエンの共通項
①芳香性の臭気がある
②無色透明の液体
③水に溶けない
④有機溶剤によく溶ける
⑤毒性がある
⑥水より軽い
⑦蒸気は空気よりかなり重い

毒性はトルエンよりもベンゼンの方が強力です。ベンゼンとトルエンもよく出題されます。

ゴロ合わせ

ベンゼンとトルエンの共通項
ぜんぜん　とれへん
（ベンゼン トルエン）
すごい臭い
（刺激臭）
水でも取れず
（水に溶けない）
窒息しそう
（窒息消火）
雪が溶けても
（有機溶剤に溶ける）
重い空気
（蒸気は空気よりかなり重い）

第2編　危険物の性質ならびにその火災予防および消火の方法

8 エチルメチルケトン　$CH_3COC_2H_5$

性質

① 引　火　引火しやすい
② 蒸　気　空気よりかなり重い
③ 溶　解　水➡わずかに溶ける（非水溶性）／
　　　　　　有機溶剤➡よく溶ける
④ その他　水より軽い／アセトンに似た特異臭

プラスワン

エチルメチルケトンは非水溶性とされているが、水にわずかに溶けるため、一般の泡消火剤は不適当である。

対策	保　管	密栓して冷暗所に保管
	予　防	蒸気が低所に溜まりやすいので、通風、換気をよくする
	消　火	窒息消火（水溶性液体用泡、二酸化炭素、粉末、ハロゲン化物） 水噴霧も有効

コレだけ!!

代表的な第1石油類の性状の比較

	水溶性	有機溶剤等	毒性	臭い
ガソリン	×		×	臭気
酢酸エチル	×		×	芳香
ベンゼン	×		強 ○	芳香
ピリジン	○	○	○	悪臭
トルエン	×		弱 ○	芳香
アセトン	○		×	特異臭
エチルメチルケトン	×		×	特異臭

第1石油類は、いずれも、
① 引火しやすい
② 水より軽い
③ 蒸気が空気より重い
という特徴があります。

自動車ガソリンの性状

液体の色	オレンジ色に着色
引 火 点	−40℃以下
発 火 点	約300℃
燃焼範囲	1.4〜7.6vol% （約1〜8vol%でも可）

ベンゼンとトルエン
どちらも
● 芳香族炭化水素
● 蒸気が有毒

理解度チェック〇×問題

Key Point	できたら チェック ☑
第1石油類の性状	□□ 1　第1石油類の引火点は、21℃以上70℃未満である。
	□□ 2　第1石油類とは、1気圧において、引火点が21℃未満の引火性液体をいう。
ガソリン（自動車ガソリン）	□□ 3　ガソリンは、すべて淡緑色に着色されている。
	□□ 4　ガソリンの燃焼範囲は、おおよそ1.4～7.6vol%である。
	□□ 5　ガソリンの引火点は、一般に－40℃以下である。
	□□ 6　ガソリンの発火点は二硫化炭素の発火点よりも低い。
	□□ 7　ガソリンは揮発性が高く、その蒸気は空気より重い。
	□□ 8　ガソリンは電気の良導体であり、静電気が蓄積されにくい。
その他	□□ 9　ベンゼンは無色透明の液体で、特有の芳香臭を有する。
	□□10　ベンゼンとトルエンは、どちらも有機溶剤などによく溶ける。
	□□11　ベンゼンとトルエンはどちらも水にはよく溶ける。
	□□12　酢酸エチルは、静電気が発生しにくい。
	□□13　アセトンは、有機溶剤には溶けるが、水には溶けない。
	□□14　ベンゼン、トルエン、ピリジンの3つは、どれも蒸気の毒性に特に注意が必要とされる。
	□□15　ガソリン、ベンゼン、トルエン、アセトンは、いずれも引火点が0℃より低い。

解答・解説

1.× 第1石油類は引火点が21℃未満。　2.○　3.× 淡緑色（たんりょくしょく）ではなくオレンジ色。　4.○　5.○　6.× ガソリンの発火点は約300℃で二硫化炭素は90℃。　7.○　8.× 電気の不良導体で静電気を蓄積しやすい。　9.○　10.○　11.× 水には溶けない。　12.× 静電気が発生しやすい。　13.× 水にも溶ける。14.○　15.× トルエン（4℃）だけ0℃より高い。

ここが狙われる！

ガソリンは必ずと言っていいほど出題される。確実に特性や消火方法等を覚えておこう。また、酢酸エチル、アセトン、ピリジン、ベンゼンやトルエンなどが、第1石油類に分類されていることを確認しておこう。

Lesson 5

アルコール類（第４類危険物）

LINK ▶ ⊖P128／⑦P76

受験対策 アルコール類に含まれるメタノール（メチルアルコール）、エタノール（エチルアルコール）、イソプロピルアルコールの特性や消火方法および指定数量を確実に覚えましょう。

（1コマ）乙4劇場・その27

メチル君の勝ち！

燃えやすさ比べ

メチル

エチル

メチル君は、引火点と沸点が低く、燃焼範囲も広い。

用語

アルコール
炭化水素の水素原子Hをヒドロキシル基（－OH）で置き換えた化合物を総称してアルコールという。

1価アルコール
分子中の－OHの数が1個だけのアルコールのこと。

プラスワン

アルコールを含む有機化合物のうち、炭素原子間の結合に二重結合や三重結合のあるものを**不飽和化合物**という。

1 アルコール類の性状

消防法では、

> 1分子を構成する炭素原子の数が1個から3個までの飽和1価アルコール

だけを**アルコール類**として定めています（指定数量400 L）。ただし、このようなアルコールの含有量が60％未満の水溶液は、アルコール類から除かれます。

アルコール類では、メタノール（メチルアルコール）とエタノール（エチルアルコール）の2つが特に重要です。

物品名	水溶性	引火点 ℃	発火点 ℃	沸点 ℃	燃焼範囲 vol%
メタノール	○	11	464	64	6.0～36
エタノール	○	13	363	78	3.3～19
2-プロパノール	○	12	399	82	2.0～12.7

2 メタノール（メチルアルコール）CH₃OH

性質

① 引　火　引火しやすい（引火点11℃）／揮発性が高い（沸点が低い）

② 蒸　気　空気より少し重い

③ 溶　解　水➡よく溶ける／有機溶剤➡よく溶ける

④ その他　水より軽い／特有の芳香／毒性／燃焼しても炎の色が淡く（淡青白色）見えにくい

対策	保　管	密栓して冷暗所に保管
	予　防	通風、換気をよくする
	消　火	窒息消火（水溶性液体用泡〔耐アルコール泡〕*、二酸化炭素、粉末、ハロゲン化物）

＊アルコール類については、水溶性液体用泡消火剤の別称である「耐アルコール泡」を併記しています。

3 エタノール（エチルアルコール）C₂H₅OH

性質

① 引　火　引火しやすい（引火点13℃）／揮発性が高い（沸点が低い）

② 蒸　気　空気より重い

③ 溶　解　水➡よく溶ける／有機溶剤➡よく溶ける

④ その他　水より軽い／特有の芳香と味／麻酔性／燃焼しても炎の色が淡く（淡青白色）見えにくい／酒類の主成分

対策	保　管	密栓して冷暗所に保管
	予　防	通風、換気をよくする
	消　火	窒息消火（水溶性液体用泡〔耐アルコール泡〕、二酸化炭素、粉末、ハロゲン化物）

プラスワン

ここで学習するアルコールは、すべて無色透明で水より軽く、その蒸気は空気よりも重い。

メタノールとエタノールはよく似ていますね。メタノールは毒性、エタノールは麻酔性、メタノールの方が燃焼範囲が広い点が異なりますね。

ゴロ合わせ

メタノールと
エタノールの違い
酔っぱらいが
（アルコール類）
メチャ毒舌でヒドイ
（メタノール・毒性・燃焼範囲広い）
エチケット無視で熟睡
（エタノール・麻酔性）

「対策」の中の文字がグレーに塗ってある部分は、メタノールの「対策」と同じ部分です。

4　2-プロパノール $(CH_3)_2CHOH$

2-プロパノール は、イソプロピル アルコールとも呼 ばれます。

性質

① **引　火**　引火しやすい（引火点12℃）
② **蒸　気**　空気よりかなり重い
③ **溶　解**　水 ➡ 溶ける／エーテル ➡ 溶ける
④ **その他**　水より軽い／特有の芳香（ほうこう）

対策	保　管	密栓して冷暗所に保管
	予　防	通風、換気をよくする
	消　火	窒息消火（水溶性液体用泡〔耐アルコール泡〕、二酸化炭素、粉末、ハロゲン化物）

コレだけ!!

メタノールとエタノール

メタノール	エタノール
無色透明の液体で芳香臭がする	
引火点が常温（20℃）より低い	
水と有機溶剤によく溶ける	
炎の色が淡く（淡青白色）、見えにくい	
毒性がある	麻酔性がある

静電気なし！

アルコール類の特性がほかの第4類の一般的な特性と異なる点

①水によく溶ける
　普通の泡消火剤では泡が溶かされるため消火剤には水溶性液体用泡
　（耐アルコール泡）を使う

②静電気（せいでんき）が生じない
　電気の良導体（りょうどうたい）なので流動等による静電気の発生・蓄積がない

理解度チェック○×問題

Key Point	できたら チェック ☑
アルコール類の性状	□□ 1　第4類危険物のアルコール類とは、1分子を構成する炭素原子の数が1個から3個までの飽和1価アルコールをいう。
	□□ 2　アルコール類は比重が1より小さく水に溶けないため、水に浮く。
	□□ 3　アルコール類は電気の不良導体なので、流動によって静電気が発生しやすい。
	□□ 4　アルコール類は蒸気比重が1より大きく、空気より重い。
メタノール（メチルアルコール）	□□ 5　メタノールは揮発性のある無色の液体で、特有の芳香を有する。
	□□ 6　メタノールは、常温（20℃）では引火の危険性がない。
	□□ 7　メタノールの沸点は、エタノールの沸点よりも低い。
エタノール（エチルアルコール）	□□ 8　エタノールは無色無臭の液体である。
	□□ 9　エタノールには毒性はないが、麻酔性がある。
メタノールとエタノール	□□10　メタノールとエタノールは燃えていても炎の色が淡いため、認識しにくいことがある。
	□□11　メタノールもエタノールも、水や有機溶剤に溶ける。
ほかの第4類危険物との比較	□□12　メタノール、エタノール、2-プロパノールの燃焼範囲は、すべてガソリンの燃焼範囲より狭い。
	□□13　ジエチルエーテル、アセトン、メタノールの3つのうち、引火点が最も低いのはメタノールである。

解答・解説

1.○　2.× 水によく溶けるので浮かない。　3.× 良導体なので静電気は発生しない。　4.○　5.○　6.× 引火点11℃なので常温で引火する。　7.○　8.× 無臭ではなく芳香臭。　9.○　10.○　11.○　12.× すべてガソリンより広い。　13.× 特殊引火物であるジエチルエーテルの引火点は−45℃で、第4類危険物中最も低い。

ここが狙われる！

比較して出題されやすいので、メタノール、エタノール、2-プロパノールの共通する特性および相違点をしっかり確認して覚えておこう。

Lesson 6

第2石油類（第4類危険物）

LINK ▶ ⊖P134／㋜P78・80

受験対策 第2石油類には水溶性液体と非水溶性液体があり、指定数量が異なります。第2石油類の共通の特性だけではなく、灯油、軽油、酢酸といった代表的な物品名や特性など確実に覚えましょう。

1コマ〉乙4劇場・その28

> 色と、軽油は硫黄を多く含むという点だけ違いますね。

> 灯油と軽油は似ていますね。

プラスワン

第2石油類は引火点が常温（20℃）より高いため、常温では引火しないが、加熱などによって液温が引火点以上になれば燃焼に十分な可燃性蒸気が発生するようになり、点火源を与えると引火する危険がある。

1 第2石油類の性状

第2石油類は、1気圧において、

> 引火点が21℃以上70℃未満

の引火性液体です。**非水溶性（指定数量1,000ℓ）**と**水溶性（指定数量2,000ℓ）**に分かれます。特に重要なのが非水溶性の灯油と軽油です。一方、水溶性のものでは酢酸が重要です。代表的な物品は次の通りです。

物品名	水溶性	引火点 ℃	発火点 ℃	沸点 ℃	燃焼範囲 vol%
灯油	×	40以上	220	145〜270	1.1〜6.0
軽油	×	45以上	220	170〜370	1.0〜6.0
クロロベンゼン	×	28	593	132	1.3〜9.6
（オルト）キシレン	×	33	463	144	1.0〜6.0
酢酸	○	39	463	118	4.0〜19.9

2 灯油（ケロシン）

性質		
	①引　火	引火点40℃以上／ガソリンが混合したものは引火しやすい
	②蒸　気	空気の4、5倍重い
	③静電気（せいでんき）	流動（りゅうどう）などの際に発生しやすい
	④溶　解	水➡溶けない／有機溶剤➡溶けない
	⑤その他	水より軽い／無色またはやや黄色（淡紫黄色（たんししおうしょく））／臭気／霧状にしたり、布にしみ込んだりした状態では、空気との接触面積が大きくなり、引火の危険性が増大

対策	保　管	密栓して冷暗所に保管
	予　防	蒸気が低所に溜まりやすいので、通風、換気をよくする静電気を溜めない。ガソリンと混合させない
	消　火	窒息消火（泡、二酸化炭素、粉末、ハロゲン化物）

3 軽油（ディーゼル油）

性質		
	①引　火	引火点45℃以上／ガソリンが混合したものは引火しやすい
	②蒸　気	空気の4、5倍重い
	③静電気	流動などの際に発生しやすい
	④溶　解	水➡溶けない／有機溶剤➡溶けない
	⑤その他	水より軽い／淡黄色（たんおうしょく）または淡褐色（たんかっしょく）／臭気

対策	保　管	密栓して冷暗所に保管
	予　防	蒸気が低所に溜まりやすいので、通風、換気をよくする静電気を溜めない。ガソリンと混合させない
	消　火	窒息消火（泡、二酸化炭素、粉末、ハロゲン化物）

プラスワン

灯油と軽油は、原油から分留された石油製品である。灯油と軽油は混合物なので化学式はない。

重要

灯油と軽油の引火の危険性

液温が引火点以上になると、引火の危険性はガソリンとほぼ同様になる。

ゴロ合わせ

灯油の引火点と発火点
始終（40℃）夫婦（220℃）
は灯油で暖か

用語

軽油

軽油は硫黄の含有量が多いことと、液体の色以外では、灯油とほぼ同じ性質を示す。ディーゼル機関の燃料として使用されるので、「ディーゼル油」とも呼ばれる。

「対策」の中の文字がグレーに塗ってある部分は、灯油の「対策」と同じ部分です。

第2編

危険物の性質ならびにその火災予防および消火の方法

灯油と同様に、軽油、クロロベンゼン、キシレンも、霧状にしたり、布にしみ込んだりすると、引火の危険性が増します。

プラスワン

キシレンはベンゼン環にメチル基（－CH_3）の枝が2つ結合した化合物で、その位置の違いによって次の3種類の異性体ができる。
①オルトキシレン
②メタキシレン
③パラキシレン

 ゴロ合わせ

第2石油類の物品名
トーケイと鳴く
（灯油　軽油）
黒 キジ 沢山
（クロロベンゼン キシレン 酢酸）
台に乗る
（第2石油類）

---

4 クロロベンゼン　C_6H_5Cl

性質
- ①**引　火**　引火点28℃
- ②**蒸　気**　空気の**約4倍重い**
- ③**静電気**　流動などの際に発生しやすい
- ④**溶　解**　水➡溶けない／有機溶剤➡溶ける
- ⑤**その他**　水より少し重い／無色透明／臭気／若干の麻酔性

対策	保　管	密栓して冷暗所に保管
	予　防	蒸気が低所に溜まりやすいので、通風、換気をよくする 静電気を溜めない
	消　火	窒息消火（泡、二酸化炭素、粉末、ハロゲン化物）

5 キシレン（キシロール）　$C_6H_4(CH_3)_2$

性質
- ①**引　火**　引火点27〜33℃
- ②**蒸　気**　空気の**約4倍重い**
- ③**静電気**　流動などの際に発生しやすい
- ④**溶　解**　水➡溶けない／有機溶剤➡溶ける
- ⑤**その他**　水より軽い／無色透明／特異臭

対策	保　管	密栓して冷暗所に保管
	予　防	蒸気が低所に溜まりやすいので、通風、換気をよくする 静電気を溜めない
	消　火	窒息消火（泡、二酸化炭素、粉末、ハロゲン化物）

6 酢酸　CH₃COOH

性質

①**引　火**　引火点39℃／可燃性

②**蒸　気**　空気より重い／濃い蒸気を吸入すると、粘膜に炎症を起こす

③**溶　解**　水➡よく溶ける／有機溶剤➡よく溶ける

④**その他**　水より少し重い／無色透明／刺激臭／強い腐食性（ふ しょく）／皮膚に触れると火傷を起こす（ひ ふ）

対策	保　管	密栓して冷暗所に保管
	予　防	通風、換気をよくする コンクリートを腐食させるので、床をアスファルト等にする
	消　火	窒息消火（水溶性液体用泡、二酸化炭素、粉末）

薄い方が腐食性が強いんだ。

酢酸（さくさん）そのものよりも、酢酸の水溶液（弱酸性）の方が腐食性が強力です。

7 そのほかの第２石油類

①n-ブチルアルコール（1-ブタノール）

● 無色透明の液体で、特徴的な臭気がある

● 引火点37℃、発火点343℃

● 沸点117.3℃（ふってん）、融点（凝固点）（ゆうてん）（ぎょうこ）　−90℃

● 比重0.8

● 水にはほとんど溶けない（非水溶性）

プラスワン

酢酸の凝固点は約17℃なので、17℃以下になると凝固する。純粋な酢酸は冬期になると氷結するため、純粋な酢酸（濃度96％以上）のことを「氷酢酸」ともいう。
食酢は、酢酸の3〜5％の水溶液。

酢酸は水より重いですが、水に溶けるので、二硫化炭素（にりゅうか）のように水中保存はできません。

用語

腐食性
他の物質に作用してその外見や機能を変質させたり破壊したりする性質のこと。一般に金属が腐食する場合を「錆びる」（さ）という。

重要

酢酸、プロピオン酸およびアクリル酸は**水溶性**である。これに対し、灯油と軽油は**非水溶性**であり、アルコール類にも溶けない。

重合 ▶p127

② プロピオン酸

- 無色透明の液体で、**不快臭**がする
- **腐食性**（皮膚に触れると火傷を起こし、濃い蒸気を吸入すると粘膜が侵される）
- 引火点52℃、発火点465℃、比重1.00、蒸気比重2.56
- 水、**アルコール**、ジエチルエーテルによく溶ける

③ アクリル酸

- 無色透明の液体で、酢酸に似た**刺激臭**がある
- プロピオン酸と同様の腐食性がある
- 非常に**重合**しやすく、重合熱が大きいので発火・爆発の危険がある（市販のものは重合防止剤を添加している）
- 引火点51℃、発火点438℃、比重1.06、蒸気比重2.45
- **融点**14℃（液温が低くなると凝固することがある）
- 水、**アルコール**、ジエチルエーテルによく溶ける

コレだけ!!

第2石油類の性状のまとめ

①非水溶性のもの（指定数量1,000ℓ）	②水溶性のもの（指定数量2,000ℓ）	③水より重いもの
灯油	酢酸	クロロベンゼン
軽油	プロピオン酸	酢酸
クロロベンゼン	アクリル酸	アクリル酸
キシレン	―	
n-ブチルアルコール*	―	

＊若干水に溶ける

灯油と軽油の比較

	灯　油	軽油（ディーゼル油）
引火点	40℃以上	45℃以上
液体の色	無色またはやや黄色（淡紫黄色）	淡黄色または淡褐色
溶　解	水にも有機溶剤にも溶けない	
静電気	電気の不導体で静電気が発生しやすい	

酢酸
- 腐食性
- 水とアルコール類によく溶ける
- 水より重い

理解度チェック〇×問題

Key Point	できたら チェック ☑
第2石油類の性状	□□ 1　第2石油類は、1気圧において引火点が21℃以上70℃未満の引火性液体である。
	□□ 2　灯油と軽油は、原油から分留された石油製品である。
灯　油	□□ 3　灯油は引火点以上に液温が上がると、ガソリンと同様の引火の危険がある。
	□□ 4　灯油の蒸気は空気より軽いので、室内上部の換気をよくする。
	□□ 5　灯油が布にしみ込んだものは、自然発火する危険がある。
	□□ 6　灯油は静電気が蓄積しやすいので、激しい動揺や流動を避ける。
軽　油	□□ 7　軽油はディーゼル機関の燃料として用いられている。
	□□ 8　軽油の引火点は、おおむね45℃以上である。
灯油と軽油	□□ 9　灯油は無色または淡紫黄色だが、軽油は淡青色をしている。
	□□10　灯油と軽油は、霧状にすると、常温でも引火の危険性がある。
	□□11　灯油と軽油の発火点は、どちらもガソリンより高い。
酢　酸	□□12　酢酸は刺激臭のある無色透明の液体で、有機溶剤には溶けない。
	□□13　酢酸の引火点は、20℃以下である。
第2石油類の性状の比較	□□14　灯油、軽油、クロロベンゼン、キシレン、酢酸はいずれも非水溶性であり、プロピオン酸とアクリル酸は水溶性である。
	□□15　酢酸、プロピオン酸、アクリル酸はいずれも腐食性があり、皮膚を腐食して火傷を起こす。

解答・解説

1.○　2.○　3.○　4.× 空気より4、5倍重いので低所の換気をよくする。　5.× 自然発火ではなく引火の危険がある。　6.○　7.○　8.○　9.× 軽油は淡青色ではなく淡黄色または淡褐色。　10.○　11.× どちらもガソリンより低い。　12.× 有機溶剤によく溶ける。　13.× 酢酸の引火点は39℃。　14.× 酢酸は水溶性。それ以外はすべて正しい。　15.○

ここが狙われる！

灯油、軽油は第3石油類の重油と比較してよく出題される。また、酢酸（氷酢酸）も出題されやすい物質である。これらの特性や指定数量を確実に覚えること。

Lesson 7

第３石油類（第４類危険物）

LINK ▶ ⊖P140／㋑P82

受験対策　重油を中心にして、クレオソート油、アニリン、ニトロベンゼン、グリセリンといった第３石油類の代表的な物品名、形状、性状等、確実に覚える必要があります。

1コマ 乙４劇場・その29

重要

第３石油類の比重

第３石油類の物品は比重が１より大きく水に浮かないものが多い。ただし、**重油**は一般に水よりやや軽いので注意する。

プラスワン

重油の火災に注水すると、水が水蒸気爆発を起こし、油を噴き上げるので危険。

1 第３石油類の性状

第３石油類とは、１気圧において、

> 引火点が70℃以上200℃未満

の引火性液体をいいます。非水溶性（指定数量2,000Ｌ）と水溶性（指定数量4,000Ｌ）に分かれています。最も重要なものは非水溶性の重油です。一方、水溶性ではグリセリンが重要です。代表的な物品は次の通りです。

物品名	比重	水溶性	引火点 ℃	発火点 ℃	沸点 ℃
重油	0.9〜1.0	×	60〜150	250〜380	300以上
クレオソート油	1.0以上	×	73.9	336.1	200以上
アニリン	1.01	×	70	615	184.6
ニトロベンゼン	1.2	×	88	482	211
グリセリン	1.3	○	199	370	291

2 重 油

性質

①**引　火**　加熱しない限り引火する危険性は少ない
／霧状にすると、引火点（60〜150℃）
以下でも危険

②**溶　解**　水➡溶けない（熱湯にも溶けない）

③**その他**　水より少し軽い／褐色または暗褐色で粘
性／臭気／発熱量が多いため、燃え出す
と消火が困難。不純物として含まれる硫
黄は、燃えると有毒な亜硫酸ガス（二酸
化硫黄）になる

対策	保　管	冷暗所に保管
	予　防	分解重油は自然発火に注意
	消　火	窒息消火（泡、ハロゲン化物、二酸化炭素、粉末）

3 クレオソート油

性質

①**引　火**　加熱しない限り引火する危険性は少ない
／霧状にすると、引火点（73.9℃）以下
でも危険

②**蒸　気**　有毒

③**溶　解**　水➡溶けない／
ベンゼン、アルコール➡溶ける

④**その他**　液体比重は1.0以上／黄色または暗緑色／
臭気／燃焼温度が高く消火が困難

対策	保　管	冷暗所に保管
	予　防	―
	消　火	窒息消火（泡、ハロゲン化物、二酸化炭素、粉末）

プラスワン

重油とクレオソート油は混合物なので、化学式はない。

🔥 **用語**

重油
重油とは原油を蒸留する過程でガソリンや灯油、軽油を取り出した後に残る石油製品で、いろいろな炭化水素の混合物である。ボイラーなどの燃料に利用される。

プラスワン

日本産業規格では、重油を粘りの少ない順に、
1種（A重油）
2種（B重油）
3種（C重油）
の3種類に分類し、引火点を
1種　60℃以上
2種　60℃以上
3種　70℃以上
と規定している。
「引火点が70℃以上」でないものも含まれるが、重油であれば第3石油類に指定される。

第2編

危険物の性質ならびにその火災予防および消火の方法

4　そのほかの第3石油類

① アニリン　$C_6H_5NH_2$
- 無色または淡黄色の液体で特異臭があり、蒸気は有害
- 引火点70℃、発火点615℃
- 比重1.01、蒸気比重3.2
- 水に溶けにくい。有機溶剤によく溶ける

② ニトロベンゼン　$C_6H_5NO_2$
- 淡黄色または暗黄色の液体で芳香臭（ほうこう）があり、蒸気は有毒
- 引火点88℃、発火点482℃
- 比重1.2、蒸気比重4.3
- 水に溶けにくい。有機溶剤によく溶ける

③ グリセリン　$C_3H_5(OH)_3$
- 無色の粘性・甘味のある液体で、無臭
- 吸湿性が強い
- 引火点199℃、発火点370℃
- 比重1.3、蒸気比重3.1
- 水によく溶ける。エタノールにもよく溶け、ベンゼン等には溶けない

④ エチレングリコール　$C_2H_4(OH)_2$
- 無色透明の粘性・甘味のある液体で、無臭
- 引火点111℃、発火点398℃
- 比重1.1、蒸気比重2.1
- 水によく溶ける。アセトンにもよく溶け、ベンゼン等には溶けない

プラスワン

ニトロ化合物であるニトロベンゼンは、本来ならば第5類危険物に分類されるはずだが、爆発性がなく、第5類の性状を有しないことから、第4類危険物の第3石油類に指定されている。

グリセリンとエチレングリコールの無臭は、第4類危険物の中ではとても珍しいですね。

コレだけ!!

第3石油類の性状のまとめ

①非水溶性のもの（指定数量2,000 L）	②水溶性のもの（指定数量4,000 L）	③無色無臭のもの	④水より軽いもの
重油	グリセリン	グリセリン	重油
クレオソート油	エチレングリコール	エチレングリコール	―
アニリン	―	―	―
ニトロベンゼン	―	―	―

理解度チェック○×問題

Key Point		できたら チェック ☑
第3石油類の性状	□□ 1	第3石油類は、1気圧において引火点21℃以上200℃未満の引火性液体である。
重油	□□ 2	重油は褐色または暗褐色の粘性のある液体である。
	□□ 3	日本産業規格では、重油をA重油、B重油、C重油に分類している。
	□□ 4	A重油の引火点は70℃以上と規定されている。
	□□ 5	軽油は水より軽いが、重油は水よりも重い。
	□□ 6	重油に不純物として含まれている硫黄は、燃えると有毒ガスになる。
	□□ 7	重油の火災に対しては、冷却消火が効果的である。
	□□ 8	重油もクレオソート油も、火災になると消火が非常に困難である。
その他	□□ 9	クレオソート油は水に溶けず、ベンゼンに溶ける。
	□□10	アニリンは無色無臭の液体である。
	□□11	グリセリンは無色無臭の液体で、吸湿性を有する。
	□□12	グリセリンの蒸気の比重は空気よりも軽い。
第3石油類の性状の比較	□□13	重油、アニリン、ニトロベンゼンはすべて非水溶性で、グリセリンとエチレングリコールは水溶性である。
	□□14	重油、クレオソート油には臭気があるが、ニトロベンゼンとエチレングリコールは無臭である。
	□□15	重油、クレオソート油、ニトロベンゼンは、すべて液体に色がついている。

解答・解説

1.× 21℃ではなく70℃以上。 2.○ 3.○ 4.× A重油ではなくC重油。 5.× 重油も水よりやや軽い。
6.○ 7.× 冷却ではなく窒息消火が効果的。 8.○ 9.○ 10.× 無色または淡黄色の液体で特異臭がある。
11.○ 12.× ほかの第4類危険物と同様、空気より重い。 13.○ 14.× ニトロベンゼンは芳香臭がある。
15.○

ここが狙われる！

第3石油類の中でも重油はよく出題される。重油の特性や消火の方法、指定数量など確実に覚えておくこと。また、ニトロベンゼンのような第5類危険物と紛らわしい名前のものも含まれるので、特性をしっかり理解しておこう。

Lesson 8

第４石油類（第４類危険物）

LINK ▶ ㋐P144／㋑P84

受験
対策

第４石油類は機械などの潤滑油として使われています。いずれも引火点が高く、加熱しない限り引火する危険性はありません。第４石油類の定義を覚えておきましょう。

１コマ▶乙４劇場●その30

液温が高くなって消火が大変です

我慢強いけどいったん火がつくと……

潤滑油

用語

潤滑油
２つの物体が接触しながら運動するときは、接触面に摩擦熱（まさつ）や磨耗（まもう）が発生する。この摩擦熱や磨耗を低減するために用いられる油を潤滑油という。

可塑剤
プラスチックや合成ゴムなどに柔軟性を与えたり、成型加工する場合に用いられたりする物質。可塑とは「形を変えられる」という意味。

1 第４石油類の性状

第４石油類は、１気圧において、

> 引火点が200℃以上250℃未満

の危険物です。引火点が高く、揮発性（きはつせい）がほとんどないため、加熱しない限り引火の危険性はありませんが、火災になると消火が困難です。ギヤー油やシリンダー油などの潤滑油（じゅんかつゆ）のほか、可塑剤（かそざい）など多くの種類が含まれます。

```
┌─ 潤滑油 ──┬─ 自動車用潤滑油
│          │   モーター油（エンジンオイル）
│          │   ギヤー油　など
│          └─ 一般機械用潤滑油
│              マシン油
│              シリンダー油
│              タービン油　など
│              切削油（せっさく）
└─ 可塑剤 ──── フタル酸エステル（フタル酸ジオクチルなど）
                りん酸エステル（りん酸トリクレジルなど）
```

OIL

主な第4石油類の引火点と比重は次の通りです。

物品名	引火点℃	比重
モーター油	230	0.82
ギヤー油	220	0.90
マシン油	200	0.92
シリンダー油	250	0.95
タービン油	230	0.88
フタル酸ジオクチル	206	0.99
りん酸トリクレジル	225	1.16

＊ただし、この数値はおおよそのものであり、製造会社や製品によって異なります。

第4石油類に共通する性状は次の通りです。

なお、引火点が高いので、**指定数量**は6,000Lです。

■第4石油類の性状

性質	①形状	粘性のある液体
	②比重	一般に水より軽い
	③引火点	200℃以上で非常に高い
	④揮発性	常温（20℃）では**揮発しにくい**
	⑤溶解	水に溶けない
危険性	①発熱量が大きいため、燃え出すと第4石油類自体の液温が高くなり、消火が困難となる。水をかけると水が水蒸気爆発を起こし、**油を噴き上げるので危険**	
	②霧状にした場合は、引火点より低い液温であっても**引火する危険性がある**	
保管と消火	①冷暗所に貯蔵する	
	②窒息消火（泡、ハロゲン化物、二酸化炭素、粉末）	

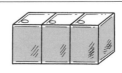

第2編 危険物の性質ならびにその火災予防および消火の方法

用語

モーター油
ガソリンエンジンの内部の潤滑に用いられる潤滑油。一般に「エンジンオイル」と呼ばれる。

マシン油
一般機械の往復運動部分や回転部分などの潤滑に用いられる潤滑油。「機械油」とも呼ばれる。

切削油
金属などを切ったり削ったりする場合、摩擦を防ぎ、冷却するために用いられる油のこと。広い意味で潤滑油に含まれる。

プラスワン

いったん火災になると液温が非常に高くなるため**消火が困難**になるというのも、重油火災の場合と同様。

2 第4石油類の引火点について

　第4石油類の引火点は200℃以上250℃未満と定められています。しかし該当する石油製品の中には、同じ物品でも用途などによって引火点の異なるものがあります。この場合、引火点が200℃未満のものは第3石油類に区分されます。また、逆に引火点が250℃以上のものは、消防法の規制対象外となります。引火点が250℃以上になると、着火の危険が少ないだけでなく、延焼の危険性も低いからです。

　右の図は、第4類危険物の引火点の違いをわかりやすく示したものです。これまでに学んだ代表的な物品を品名ごとに整理しておきましょう。

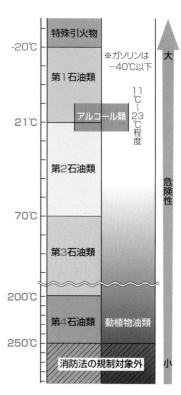

コレだけ!!

第4石油類

1気圧において引火点200℃以上250℃未満の危険物
→
潤滑油、可塑剤が該当

ただし、
引火点200℃未満のもの　➡　第3石油類に区分
引火点250℃以上のもの　➡　消防法の規制対象外（可燃性液体類）
※ギヤー油とシリンダー油　➡　すべて第4石油類

理解度チェック○×問題

Key Point		できたら チェック ☑
第4石油類の性状	□□ 1	第4石油類とは、１気圧において、引火点が70℃以上200℃未満の引火性液体をいう。
	□□ 2	第4石油類は、常温（20℃）では揮発しにくい。
	□□ 3	第4石油類は加熱しなくても引火の危険性が高い。
	□□ 4	ギヤー油、シリンダー油などの潤滑油の中に、第4石油類に該当するものが多い。
	□□ 5	第4石油類に含まれる物品は、すべて潤滑油である。
	□□ 6	第4石油類の引火点は、おおむね300℃以上である。
	□□ 7	第4石油類は一般に水より軽いが、重いものもある。
	□□ 8	第4石油類は、粘度の高い液体である。
	□□ 9	第4石油類には水に溶けやすいものが多い。
第4石油類の火災と消火	□□10	火災になった場合、第4石油類自体の液温が高くなり、消火が困難となる。
	□□11	第4石油類の火災には、棒状注水が効果的である。
	□□12	泡消火剤と粉末消火剤は、第4石油類の火災に有効である。
ほかの第4類危険物との比較	□□13	第4石油類は第1石油類に比べて引火点が低い。
	□□14	二硫化炭素、ガソリン、メタノール、ギヤー油は、すべて常温（20℃）よりも引火点が低い。
	□□15	ガソリン→灯油→重油→シリンダー油は、引火点の低いものから高いものへと並べた順序として正しい。

解答・解説

1.× これは第3石油類の説明。 2.○ 3.× 加熱しない限り引火の危険性は低い。 4.○ 5.× 可塑剤も多く含まれている。 6.× 300℃ではなく200℃以上。 7.○ 8.○ 9.× 水には溶けない。 10.○ 11.× 油火災に棒状注水は不適切。 12.○ 13.× 第4石油類の方が高い。 14.× ギヤー油だけ常温より高い。 15.○

ここが狙われる！

第4石油類は出題頻度は低い項目だが、引火点が非常に高いため、火災になった場合は消火が困難となる。消火の方法をしっかり確認しておこう。

LINK ▶ ⊖P148／㋐P86

Lesson 9
動植物油類（第４類危険物）

受験対策　動植物油類は比較的出題されやすい項目です。よう素価の小さいもの（不乾性油）や大きいもの（乾性油）の代表的な例や自然発火のしやすさやその要因について覚えておく必要があります。

1コマ＞乙4劇場・その31

プラスワン

第４石油類と同様、消防法では引火点が250℃以上の物品は規制対象外であり、市町村の定める条例によって「可燃性液体類」としての規制を受ける。

動植物油類の指定数量は、10,000L。第４類危険物中最も多いです。

1　動植物油類の性状

　動植物油類とは、動物の脂肉（しにく）等または植物の種子や果肉（かにく）から抽出（ちゅうしゅつ）した油で、１気圧において、

> 引火点が250℃未満

のものをいいます。動植物油のような脂肪油には、空気中の酸素と結びついて樹脂状に固まりやすい性質があり、これを油脂の**固化**といいます。空気中で固化しやすい脂肪油を**乾性油**（かんせい）、固化しにくい脂肪油を**不乾性油**といい、その中間の性質のものを**半乾性油**といいます。

	乾性油	半乾性油	不乾性油
例	アマニ油	ナタネ油	ヤシ油、オリーブ油
特徴	固化しやすい 不飽和脂肪酸が多い	乾性油と不乾性油の中間の性質	固化しにくい 不飽和脂肪酸が少ない
用途	絵の具 ペンキ	食用油	化粧品 食用油

動植物油類に共通する性状は次の通りです。

性質	①形状	淡黄色の液体（純粋なものは無色透明）
	②比重	0.9程度で水より軽い
	③引火点	一般に200℃以上で非常に高い
	④溶解	水に溶けない
	⑤成分	不飽和脂肪酸を含む
危険性	①乾性油を布などにしみ込ませ、熱が蓄積されやすい状態で放置すると、自然発火する危険性が高い	
	②いったん燃え出すと液温が高くなり、重油と同様、消火が困難となる	
保管と消火	①換気をよくして冷暗所に貯蔵する	
	②窒息消火（泡、ハロゲン化物、二酸化炭素、粉末）	

2 よう素価

　よう素価とは、油脂100gに結びつくよう素の量（g）を数で表したものです。よう素価が大きいほど、その油脂（脂肪油）は不飽和度が高くなります。そのため酸化されやすく、酸化熱を溜めやすいので発火の危険性が高いということになります。

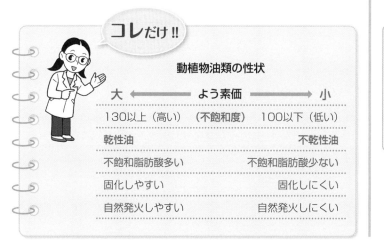

コレだけ!!

動植物油類の性状

大 ←	よう素価	→ 小
130以上（高い）	（不飽和度）	100以下（低い）
乾性油		不乾性油
不飽和脂肪酸多い		不飽和脂肪酸少ない
固化しやすい		固化しにくい
自然発火しやすい		自然発火しにくい

プラスワン

アマニ油
- 亜麻の種子から採取される乾性油
- 比重　0.93
- 引火点　222℃
- 発火点　343℃
- よう素価　190〜204

ヤシ油
- ココヤシの種子から採取される不乾性油
- 比重　0.91
- 引火点　234℃
- よう素価　7〜10

燃えているときは液温が非常に高くなっているため、注水すると、燃えている油が飛び散って火傷する危険があります。

てんぷらを揚げていて、水がはねて火傷しそうになったことがあります。油火災には水による消火はダメですね。

理解度チェック○×問題

Key Point		できたら チェック ☑
動植物油類	□□ 1	動植物油類とは、動物の脂肉や植物の種子などから抽出した油であり、1気圧において引火点が250℃未満のものをいう。
	□□ 2	動植物油類の引火点は、ほとんどが100〜150℃程度である。
	□□ 3	動植物油類は一般に水より軽く、水によく溶ける。
	□□ 4	動植物油類を引火点以上に加熱すると、火花などで引火する。
	□□ 5	動植物油類が燃えているときは液温が非常に高くなっているので、注水による冷却消火が効果的である。
乾性油と不乾性油	□□ 6	乾性油は不飽和脂肪酸を多く含んでいる。
	□□ 7	不乾性油の方が、乾性油よりも空気中で固まりやすい。
	□□ 8	アマニ油は乾性油であり、ヤシ油は不乾性油である。
	□□ 9	不乾性油は、その成分である脂肪酸の不飽和度が乾性油より高い。
動植物油類の自然発火	□□10	乾性油をぼろ布にしみ込ませて積み重ねておくと、自然発火することがある。
	□□11	乾性油より不乾性油の方が、自然発火しやすい。
	□□12	不飽和度の高い不飽和脂肪酸を多く含む油ほど、自然発火の危険性が高い。
よう素価	□□13	よう素価が大きいほど油脂の不飽和度は高く、酸化されやすい。
	□□14	不乾性油はよう素価が大きく、乾性油はよう素価が小さく、半乾性油はその中間の値をとる。
	□□15	よう素価が大きい動植物油類ほど、自然発火しやすい。

解答・解説

1.○　2.× 一般に200℃以上である。　3.× 水には溶けない。　4.○　5.× 注水すると油が飛散して危険である。　6.○　7.× 乾性油の方が固まりやすい。　8.○　9.× 不飽和度は不乾性油の方が低い。　10.○　11.× 乾性油の方が自然発火しやすい。　12.○　13.○　14.× 乾性油と不乾性油が逆である。　15.○

ここが狙われる！

よう素価と不飽和脂肪酸との関係をしっかり理解しておくこと。

❖ 第4類危険物のまとめ ❖

特…特殊引火物　ア…アルコール　①…第1石油類
②…第2石油類　③…第3石油類

●水溶性のものと非水溶性のものとの違い

水溶性のもの	非水溶性のもの
● 第4類危険物には少ない ● 普通の泡を溶かす ➡ **水溶性液体用泡消火剤**を使用 例 ● ジエチルエーテル（特） 　● アセトアルデヒド（特） 　● 酸化プロピレン（特） 　● アセトン（①） 　● ピリジン（①） 　● メタノール（ア） 　● エタノール（ア） 　● 2-プロパノール（ア） 　● 酢酸（②） 　● グリセリン（③）	● 第4類危険物に多い ● 電気の不良導体で**静電気**を蓄積しやすい ● 水に溶けにくく、水よりも**軽いもの**が多いため、**水での消火が困難** ● 危険性が大きいので、指定数量は水溶性の半分

●水より重いもの

- 二硫化炭素（特・1.3）……非水溶性で「水より重く、水に溶けない」ので、**水中保存**する。
- クロロベンゼン（②・1.1）
- 酢酸（②・1.05）
- グリセリン（③・1.3）

重油は水より重くありません。

●引火点・発火点・沸点の低いもの

- 引火点が低い……ジエチルエーテル（特・−45℃）、二硫化炭素（特・−30℃以下）、ガソリン（①・−40℃以下）
- 発火点が低い……二硫化炭素（特・90℃）
- 沸点が低い………アセトアルデヒド（特・21℃）、ジエチルエーテル（特・34.6℃）、酸化プロピレン（特・35℃）、ガソリン（①・40℃～）
  ※沸点が低いものは、**揮発性**が高い

ガソリンの発火点（約300℃）はそれほど低くはないです。

●灯油と軽油

	灯油（②）	軽油（②）
引火点	40℃以上	45℃以上
発火点	220℃	220℃
色	無色またはやや黄色（淡紫黄色）	淡黄色か淡褐色

重油の色は、「褐色または暗褐色」でしたね。

第4類以外の危険物

LINK ▶ ⊖P154

LINK ▶ ⊖P154

受験対策 第1類と第6類は酸化性の固体と液体、第2類は可燃性固体、第3類は自然発火性、禁水性物質、第5類は自己反応性物質と各類の共通する特性について理解するとともに、代表的な物質名も覚えておきましょう。

1コマ 乙4劇場・その32

プラスワン

消防法は指定数量未満の危険物のほか、わら製品や古紙など火災が発生した場合にその拡大が速やかで消火の活動が著しく困難となる物品を「指定可燃物」としている。指定可燃物は消防法上の危険物ではなく、その取扱いの基準は市町村の条例で定められる。引火点250℃以上の第4石油類と動植物油類は「可燃性液体類」として規制されるが、可燃性液体類もこの指定可燃物の1つである。

1 危険物の分類

　消防法は、危険物を第1類から第6類に分類しています。第1章Lesson 1では各類の性状を大まかに学びましたが、ここでは第4類以外の危険物について、類ごとに共通する特性や火災予防方法、消火方法を具体的に学習していきます。

類	名　称	状　態	燃焼性
第1類危険物	酸化性固体	固体	不燃性
第2類危険物	可燃性固体	固体	可燃性
第3類危険物	自然発火性物質および禁水性物質	固体と液体	可燃性（一部例外）
第4類危険物	引火性液体	液体	可燃性
第5類危険物	自己反応性物質	固体と液体	可燃性
第6類危険物	酸化性液体	液体	不燃性

2 第1類危険物　酸化性固体

特性	①ほかの物質を酸化する酸化性物質（強酸化剤） 　分子構造中に酸素を含んでいて、加熱、衝撃、摩擦などで分解してその酸素を放出し、ほかの物質を燃えやすくする
	②可燃物と混合すると非常に激しい燃焼、爆発を起こす危険性がある
	③自分自身は燃えない（不燃性）
	④一般に無色の結晶または白色の粉末
	⑤アルカリ金属の過酸化物は、水と反応して酸素と熱を発生する
代表的な物質	● 塩素酸塩類（塩素酸カリウム、塩素酸ナトリウム） ● 過塩素酸塩類（過塩素酸カリウム） ● 無機過酸化物（過酸化カリウム、過酸化ナトリウム） ● 亜塩素酸塩類（亜塩素酸ナトリウム） ● 過マンガン酸塩類（過マンガン酸カリウム）
火災予防	①火気、加熱を避け、衝撃や摩擦などを与えない
	②酸化されやすい物質（還元性物質）との接触を避ける
	③密封して冷暗所に保管する
消火方法	①一般には大量の水で冷却する 　燃焼熱による第1類危険物の分解を、温度を下げることで抑制し、分解による酸素の供給を減らすことによって可燃物の燃焼を中止させる
	②アルカリ金属の過酸化物については、炭酸水素塩類を主成分とする粉末消火剤または乾燥砂を用いる

用語

アルカリ金属
周期表の水素を除く1族元素のこと。ナトリウムやカリウムなど。アルカリ金属の過酸化物とは、過酸化カリウム、過酸化ナトリウムのことを指す。

プラスワン

塩素酸ナトリウムのような潮解性を持つものは、木材や紙にしみ込んで乾燥すると衝撃や摩擦により爆発する危険性がある。そのため、湿気には特に注意して、容器を必ず密封しなければならない。

プラスワン

塩素酸塩類や過マンガン酸塩類は強酸を加えると爆発を起こす危険があるので、硫酸などの強酸とは接触しないようにする。

酸化性固体

プラスワン

①粉じん爆発
- 赤りん
- 硫黄（粉）
- 鉄粉
- 金属粉

②水と接触して水素ガス発生
- 金属粉
- マグネシウム（粉）

③酸と接触して水素ガス発生
- 鉄粉
- 金属粉
- マグネシウム

④水や熱湯と作用して有毒ガス（硫化水素）発生
- 硫化りん

⑤空気中の水分と接触して自然発火
- アルミニウム粉
- マグネシウム（粉）

⑥燃焼中に有毒ガス（亜硫酸ガス）発生
- 硫黄

3 第2類危険物　可燃性固体

特性	①酸化されやすい還元性物質 火炎によって着火しやすく、また比較的低温で引火しやすい可燃性の固体である
	②第1類危険物などの酸化剤との混合あるいは衝撃などによって爆発する危険性がある
	③微細な粉末状のものは、空気中で粉じん爆発を起こす危険性がある
	④水や酸と接触させると水素ガスを発生するものや、水と作用して有毒ガスを発生するものがある
	⑤有毒のものや燃焼のときに有毒ガスを発生するものもある
代表的な物質	- 硫化りん - 赤りん - 硫黄 - 鉄粉 - 金属粉（アルミニウム粉、亜鉛粉） - マグネシウム - 引火性固体（固形アルコール、ゴムのり）
火災予防	①炎や火花、酸化剤との接触を避ける
	②防湿に注意し、密封して冷暗所に貯蔵する
	③鉄粉、金属粉、マグネシウムなどは、水または酸との接触を避ける
消火方法	①水と接触して水素ガスや有毒ガスを発生させるものは、乾燥砂などで窒息消火する
	②引火性固体は、窒息消火（泡、二酸化炭素、粉末、ハロゲン化物）
	③①と②以外は、水や強化液で冷却消火するか、または乾燥砂などで窒息消火する

4　第3類危険物　自然発火性物質および禁水性物質

特性	①自然発火性物質は、空気にさらされると自然発火する危険がある
	②禁水性物質は、水と接触すると可燃性ガスを発生したり発火したりする危険がある
	③黄りんのように自然発火性だけの物品や、リチウムのように禁水性だけの物品もあるが、第3類危険物のほとんどは自然発火性と禁水性の両方の性質を持つ
代表的な物質	● カリウム ● ナトリウム ● アルキルアルミニウム ● アルキルリチウム ● 黄りん ● アルカリ金属（リチウム）、アルカリ土類金属 ● カルシウムなどの炭化物（炭化カルシウム）
火災予防	①空気または水との接触を避ける
	②物品により、不活性ガスの中で貯蔵したり保護液の中に小分けして貯蔵したりする
	③密封して冷暗所に保管し、容器の破損や腐食（ふしょく）に注意する
消火方法	①禁水性物質については水・泡系の消火剤が使用できないので、炭酸水素塩類を主成分とする粉末消火剤を用いる
	②乾燥砂、膨張ひる石（バーミキュライト）、膨張真珠岩（しんじゅ）（パーライト）は、第3類危険物のすべての危険物の消火に使用できる

プラスワン

一般に第3類危険物は可燃性の物質であるが、例外もある。たとえば、炭化カルシウムは水と作用して爆発性ガスを発生するが、炭化カルシウム自身は不燃性である。

重要

不活性ガスや保護液の中に貯蔵するもの
①**窒素などの不活性ガス**
● アルキルアルミニウム
● アルキルリチウム
②**保護液（水）**
● 黄りん
③**保護液（灯油）**
● カリウム
● ナトリウム

プラスワン

危険物を保護液の中に保存する場合は、その危険物が露出しないよう、保護液の減少などに注意しなければならない。

5　第5類危険物　自己反応性物質

特性	①一般に分子構造中に酸素を含み、加熱、衝撃、摩擦などで分解し、放出した酸素で自分自身が爆発的に燃焼する自己反応性の物質である
	②いずれも可燃性の固体または液体
	③非常に燃えやすく燃焼速度が速いため、消火が困難である
	④空気中に長時間放置すると分解が進んで自然発火するもの、金属と作用して爆発性の金属塩をつくるもの、引火性のものなどがある
代表的な物質	● 有機過酸化物（過酸化ベンゾイル） ● 硝酸エステル類（硝酸メチル、ニトログリセリン、ニトロセルロース） ● ニトロ化合物（ピクリン酸、トリニトロトルエン） ● アゾ化合物（アゾビスイソブチロニトリル） ● ヒドロキシルアミン ● そのほかのもの（硝酸グアニジン）
火災予防	①衝撃や摩擦を避ける
	②火気、加熱を避け、冷暗所に貯蔵する
	③分解しやすいものは特に、室温、通風、湿気に注意する
消火方法	①自ら酸素供給源となる第5類危険物の火災では、周囲からの酸素供給を断つ窒息消火では効果がなく、大量の水による冷却、または泡消火剤による消火を行う
	②燃えている量が少なく、しかも火災の初期段階であれば消火可能だが、多量に燃えている場合は消火が極めて困難となる

プラスワン
①長時間放置すると
　自然発火するもの
● ニトロセルロース
②爆発性の金属塩を
　つくるもの
● ピクリン酸
③引火性のもの
● 硝酸メチル
④毒性を持つもの
● 過酸化ベンゾイル
● 硝酸メチル
⑤爆薬の原料となる
　もの
● ニトロ化合物
● 硝酸グアニジン

自己反応性物質

6 第6類危険物　酸化性液体

特性	①ほかの物質を酸化する酸化性物質（強酸化剤） 　一般に**分子構造中に酸素を含み、分解してその酸素を放出**し、ほかの**可燃物を燃えやすくする**
	②自分自身は燃えない（**不燃性**）
	③有機物と混合するとこれを**酸化**して、**自然発火させる**ことがある
	④酸化力が強く腐食性があるため、皮膚につくと危険であり、蒸気も**有毒**である
代表的な物質	● 過塩素酸 ● 過酸化水素 ● 硝酸（硝酸、発煙硝酸） ● そのほかのもの（ハロゲン間化合物）
火災予防	①**有機物、可燃物との接触**を避ける
	②容器は耐酸性のものとし、**日光の直射**を避け風通しのよい場所に保管する
消火方法	①一般に**水・泡系の消火剤**が適当であるが、第6類危険物自体は不燃性なので、燃焼物に対応した消火方法を選ぶ
	②流出事故の場合は、**乾燥砂**をかけるか**中和剤**で中和する

用語

ハロゲン間化合物
2種類のハロゲンからなる化合物の総称で、第6類危険物には三ふっ化臭素などが含まれる。これらは水と激しく反応して発熱するので、水との接触を避けなければならない。

プラスワン

火災現場では風上から消火活動を行い、発生するガスの吸引を防ぐマスク、メガネ等の保護具を着用する。また、炭酸水素塩類を成分とする消火器や、二酸化炭素、ハロゲン化物を用いた消火設備等は第6類危険物の消火には不適切なので使用することができない。

コレだけ!!

酸化性物質		還元性物質			
不燃性		可燃性			
第1類	酸化性固体 （固体）	第2類	可燃性固体 （固体）	第3類	自然発火性物質 ・禁水性物質 （固体と液体）
第6類	酸化性液体 （液体）	第4類	引火性液体 （液体）	第5類	自己反応性物質 （固体と液体）

理解度チェック○×問題

Key Point		できたら チェック ☑
第1類危険物	□□ 1	第1類危険物は分子内に酸素を含んでおり、加熱、衝撃などで分解してその酸素を放出しやすい。
	□□ 2	第1類危険物は酸素を多量に含有しているため、自己燃焼をする。
	□□ 3	第1類危険物は還元性を有する不燃性の固体である。
第2類危険物	□□ 4	第2類危険物は、引火性の液体である。
	□□ 5	赤りんや粉末状の硫黄は、空気中で粉じん爆発を起こす危険がある。
	□□ 6	鉄粉、金属粉、マグネシウムは、酸に溶けて水素ガスを発生する。
第3類危険物	□□ 7	第3類危険物のほとんどは、自然発火性と自己反応性の両方の性質を持っている。
	□□ 8	アルキルアルミニウムは窒素などの不活性ガスの中に貯蔵し、水や空気と接触させないようにする。
	□□ 9	カリウムとナトリウムは、保護液である水の中に貯蔵する。
第5類危険物	□□10	第5類危険物は、酸化性の固体または液体である。
	□□11	第5類危険物には衝撃や摩擦を与えないように注意する。
	□□12	外部からの酸素供給がなくても燃焼する第5類危険物の火災には、窒息消火は効果がない。
第6類危険物	□□13	第6類危険物は、ほかの可燃物の燃焼を促進する液体である。
	□□14	第6類危険物は強酸化剤であり、それ自体が燃焼する。
	□□15	第2類と第4類危険物が還元性物質であるのに対して、第1類と第6類危険物は酸化性の物質である。

解答・解説

1.○　2.× 自己燃焼ではなくほかの物質を燃焼させる。　3.× 還元性ではなく酸化性。　4.× 引火性の液体は第4類危険物。　5.○　6.○　7.× 自己反応性ではなく禁水性。　8.○　9.× カリウムとナトリウムの保護液は水ではなく灯油。　10.× 酸化性ではなく可燃性。　11.○　12.○　13.○　14.× 第6類危険物自体は不燃性。　15.○

ここが狙われる！

第3類や第5類のように「〜物質」となっているものは固体と液体の両方が存在する。また、赤りんは第2類、黄りんは第3類のように似たような名前の危険物でもその性状によって類が異なるので、代表的な物質名については確実に覚えておくこと。

第3編

危険物に関する法令

第3編では、危険物の貯蔵や取扱いをする施設、危険物を取り扱う人に関すること、さらには具体的な取扱いの基準などについて学習します。暗記する事項の多い科目ですが、危険物を安全に取り扱うために必要な知識です。自分自身が現場で取扱いに従事している場面を想定しながら、確実に理解を深めていきましょう。

Lesson 1

危険物の定義と種類

LINK ▶ ─P160／㋵P92

受験対策　危険物取扱者が取り扱う危険物は、消防法に定義されたもので、それぞれの危険物の性状により消防法別表第一の備考に第1類から第6類まで分類されています。第4類危険物だけではなく、すべての類について確認しておきましょう。

1コマ 乙4劇場 • その33

用語

消防法
火災を予防・鎮圧し、国民の生命や財産を火災から保護することを主な目的とする法律。「第3章危険物」で危険物を定義し、その貯蔵、取扱いおよび運搬について基本的な事項を定めている。本書では消防法を単に「法」と記す。

---

1 危険物の定義

　危険物取扱者が取り扱う「危険物」は、消防法によって次のように定義されています。

> 「危険物とは、**別表第一の品名欄に掲げる物品**で、同表に定める区分に応じ同表の性質欄に掲げる性状を有するものをいう」（法第2条第7項）

　つまり、消防法の**別表第一**の品名欄に掲げられていて、しかもその性質欄にある「**酸化性固体**」や「**引火性液体**」といった性状を有する物品が「**危険物**」です。性状を有するかどうか不明な場合は、政令の定める判定試験を行い、物品ごとに判定します。

　第2編第1章で学習したように、消防法上の危険物は第1類から第6類に分類され、固体または液体のみで気体は含まれません。したがって、水素やプロパン、高圧ガスなどは消防法上の危険物には該当しません。

2 消防法の別表第一

第3編
危険物に関する法令

類別	性　質	品　　名	
第1類	酸化性固体	1 塩素酸塩類 2 過塩素酸塩類 3 無機過酸化物 4 亜塩素酸塩類 5 臭素酸塩類 6 硝酸塩類	7 よう素酸塩類 8 過マンガン酸塩類 9 重クロム酸塩類 10 その他のもので政令で定めるもの 11 前各号に掲げるもののいずれかを含有するもの
第2類	可燃性固体	1 硫化りん 2 赤りん 3 硫黄 4 鉄粉 5 金属粉	6 マグネシウム 7 その他のもので政令で定めるもの 8 前各号に掲げるもののいずれかを含有するもの 9 引火性固体
第3類	自然発火性物質および禁水性物質	1 カリウム 2 ナトリウム 3 アルキルアルミニウム 4 アルキルリチウム 5 黄りん 6 アルカリ金属（カリウムおよびナトリウムを除く）およびアルカリ土類金属	7 有機金属化合物（アルキルアルミニウムおよびアルキルリチウムを除く） 8 金属の水素化物 9 金属のりん化物 10 カルシウムまたはアルミニウムの炭化物 11 その他のもので政令で定めるもの 12 前各号に掲げるもののいずれかを含有するもの
第4類	引火性液体	1 特殊引火物 2 第1石油類 3 アルコール類 4 第2石油類	5 第3石油類 6 第4石油類 7 動植物油類
第5類	自己反応性物質	1 有機過酸化物 2 硝酸エステル類 3 ニトロ化合物 4 ニトロソ化合物 5 アゾ化合物 6 ジアゾ化合物	7 ヒドラジンの誘導体 8 ヒドロキシルアミン 9 ヒドロキシルアミン塩類 10 その他のもので政令で定めるもの 11 前各号に掲げるもののいずれかを含有するもの
第6類	酸化性液体	1 過塩素酸 2 過酸化水素 3 硝酸	4 その他のもので政令で定めるもの 5 前各号に掲げるもののいずれかを含有するもの

　「性質」欄に書かれた「酸化性固体」といった「性状」と、第4類危険物の品名をしっかり確認しましょう。

　「酸化性固体」といった「性状」については、第2編第1章のLesson 1で学習しています。

右の内容は、第2編の第1章でも学習しましたが、第4類危険物は大変重要ですから、もう一度確認しておきましょう。

用語

政令

法律の規定を実施するために内閣が制定するルールを政令という。消防法の規定を実施する政令には「消防法施行令」や「危険物の規制に関する政令」があるが、本書では「危険物の規制に関する政令」を「政令」と記す。

3 第4類危険物の品名の定義（法別表第一備考）

- **特殊引火物**　ジエチルエーテル、二硫化炭素その他1気圧において、発火点が100℃以下のものまたは引火点が－20℃以下で沸点が40℃以下のものをいう。

- **第1石油類**　アセトン、ガソリンその他1気圧において引火点が21℃未満のものをいう。

- **アルコール類**　1分子を構成する炭素の原子の数が1個から3個までの飽和1価アルコール（変性アルコールを含む）をいう。組成等を勘案して総務省令で定めるものを除く。

- **第2石油類**　灯油、軽油その他1気圧において引火点が21℃以上70℃未満のものをいう。塗料類その他の物品であって、組成等を勘案して総務省令で定めるものを除く。

- **第3石油類**　重油、クレオソート油その他1気圧において引火点が70℃以上200℃未満のものをいう。塗料類その他の物品であって、組成を勘案して総務省令で定めるものを除く。

- **第4石油類**　ギヤー油、シリンダー油その他1気圧において引火点が200℃以上250℃未満のものをいう。塗料類その他の物品であって、組成を勘案して総務省令で定めるものを除く。

- **動植物油類**　動物の脂肉等または植物の種子若しくは果肉から抽出したものであって、1気圧において引火点が250℃未満のものをいう。総務省令で定めるところにより貯蔵保管されているものを除く。

コレだけ‼

危険物取扱者が取り扱う「危険物」

消防法の別表第一の品名欄に掲げる物品で、同表に定める区分に応じ同表の性質欄に掲げる性状を有するもの

- 第1類〜第6類に分類
- 常温（20℃）で気体の危険物はない

第4類危険物の品名の定義（上の法別表第一の備考）は必ず覚える！

理解度チェック〇×問題

Key Point	できた ら チェック ☑
危険物の定義	□□ 1　危険物の定義は、各都道府県によって異なる。
	□□ 2　危険物とは、消防法別表第一の品名欄に掲げる物品で、同表に定める区分に応じ、同表の性質欄に掲げる性状を有するものをいう。
消防法別表第一	□□ 3　危険物は特類および第1類から第6類の7種類に分類されている。
	□□ 4　危険物は、第1類から第6類へと危険度が増していく。
	□□ 5　危険物には常温（20℃）で気体のものも含まれている。
危険物の品名	□□ 6　塩素酸塩類、金属粉、アルキルリチウム、ニトロ化合物は、すべて法別表第一に掲げられている品名である。
	□□ 7　硫黄、カリウム、アルコール類、プロパンは、すべて法別表第一に掲げられている品名である。
第4類危険物の品名の定義	□□ 8　特殊引火物とは、1気圧において、発火点が200℃以下のものまたは引火点が−20℃以下で沸点が40℃以下のものをいう。
	□□ 9　第1石油類とは、1気圧において引火点が21℃未満のものをいう。
	□□10　アルコール類とは、1分子を構成する炭素の原子数が1個から3個までの飽和1価アルコールをいう。
	□□11　第2石油類とは、灯油、軽油その他1気圧において引火点が21℃以上200℃未満のものをいう。
第4類危険物の品名に該当する物品	□□12　ガソリンは第1石油類、重油は第3石油類に該当する。
	□□13　ギヤー油、シリンダー油、アマニ油は、第4石油類に該当する。
	□□14　二硫化炭素は特殊引火物、酢酸は第2石油類に該当する。

解答・解説
1.× 危険物の定義は全国共通である。　2.〇　3.× 特類は存在しない。　4.× 類別は危険性の大小ではない。　5.× 含まれていない。　6.〇　7.× プロパンは常温で気体であり、掲げられていない。　8.× 発火点は100℃以下。　9.〇　10.〇　11.× 200℃ではなく70℃未満。　12.〇　13.× アマニ油は動植物油類。　14.〇

ここが狙われる！
消防法別表第一備考に掲げられている性質についても必ず確認しておくこと。特に、第4類危険物については、備考に掲げられている内容を必ず覚えておこう。

Lesson 2 指定数量と倍数計算

LINK ▶ ㋐P164／㋜P94・96

受験対策　指定数量はよく出題されています。第4類危険物の指定数量は品名とともに確実に覚えましょう。また、第4類危険物の第1〜第3石油類では水溶性と非水溶性で指定数量が異なります。間違えないように覚えましょう。

1コマ　乙4劇場・その34

だから、指定数量は水溶性の半分です。

400L　水溶性　アセトン

200L　非水溶性　ガソリン

水に溶けないものの方が危険なんですね。

1 危険物の規制と指定数量

　指定数量とは、危険物の貯蔵または取扱いが消防法による規制を受けるかどうかを決める基準量です。指定数量は危険物ごとにその危険性を勘案して政令によって定められています。

　たとえば、ガソリンは第4類危険物第1石油類の非水溶性液体なので、指定数量は200Lです。したがって、200L以上のガソリンを貯蔵しまたは取り扱う場合には消防法による規制を受けます。

ガソリンは200L、灯油と軽油は1,000L。危険性の高いものほど指定数量は少なめに定められています。

　一方、指定数量未満の危険物の貯蔵または取扱いについては消防法ではなく、それぞれの市町村が定める条例によって規制されます。

　なお、危険物の運搬（第3章Lesson 3）については、指定数量とは関係なく消防法による規制を受けます。

プラスワン

消防法では指定数量以上の危険物を貯蔵所以外の場所で貯蔵することや、製造所、貯蔵所および取扱所以外の場所で取り扱うことを原則として禁止している。

危険物の貯蔵または取扱い	
指定数量以上	消防法、政令、規則等による規制
指定数量未満	各市町村の条例による規制
危険物の運搬	
指定数量に関係なく	消防法、政令、規則等による規制

第4類危険物の指定数量は、完全に覚えましょう。

品　名	性　質	主な物品	指定数量	危険性
特殊引火物	—	ジエチルエーテル	**50 L**	高
第1石油類	非水溶性	ガソリン	**200 L**	
	水溶性	**アセトン**	400 L	
アルコール類	—	メタノール	**400 L**	
第2石油類	非水溶性	灯油、軽油	1,000 L	
	水溶性	**酢酸**	2,000 L	
第3石油類	非水溶性	重油	2,000 L	
	水溶性	**グリセリン**	4,000 L	
第4石油類	—	ギヤー油	6,000 L	
動植物油類	—	アマニ油	**10,000 L**	低

2 指定数量の倍数

　実際に貯蔵し、または取り扱っている危険物の数量が、指定数量の何倍に相当するかを表す数を指定数量の倍数といいます。倍数の求め方は次の通りです。

①危険物が1種類だけの場合

　実際の数量を指定数量で割るだけです。

例 灯油を3,000 L 貯蔵している場合を考えてみましょう。

　灯油（指定数量1,000 L）➡ 3000÷1000 = 3

　この貯蔵所では指定数量の3倍の灯油を貯蔵していることになります。

ゴロ合わせ

第1～第3石油類の水溶性物質

水溶け2倍、焦って沢山
（水溶性の指定数量は2倍、アセトン①、酢酸②）

グリセリン
（グリセリン③）

重要

第4類の指定数量のポイント

①水溶性の指定数量は非水溶性の2倍（危険性が低いものほど指定数量は大きくなる）

②第1石油類の水溶性とアルコール類は指定数量が同じ

③第2石油類の水溶性と第3石油類の非水溶性は指定数量が同じ

④第3石油類の指定数量は第1石油類の10倍

プラスワン

航空機、船舶、鉄道等の内部における危険物の貯蔵、取扱い、運搬については、消防法は適用されない。しかし、航空機等に対して外部から給油等を行う場合には消防法が適用される。

ゴロゴロ合わせ

第4類危険物の指定
数量（第1、第2、
第3石油類は非水溶
性）

五十過ぎ
(50L　特殊引火物)

ふられて
(200L　第1石油類)

ヨレレ
(400L　アルコール類)

ワンさんは
(1,000L　第2石油類)

通算
(2,000L　第3石油類)

無産で
(6,000L　第4石油類)

最後一番
(10,000L　動植物油類)

②危険物が2種類以上の場合

　同一の場所で危険物A、B、Cを貯蔵しまたは取り扱っ
ている場合は、それぞれの危険物ごとに倍数を求めてその
数を合計します。つまり、

$$\frac{実際のAの数量}{Aの指定数量} + \frac{実際のBの数量}{Bの指定数量} + \frac{実際のCの数量}{Cの指定数量}$$

　このようにして求めた倍数の合計が1以上になるとき、
その場所では指定数量以上の危険物の貯蔵または取扱いを
しているものとみなされます。

例 同一の貯蔵所でガソリン100L、メタノール100L、軽油
　 400Lを貯蔵している場合を考えてみましょう。

　　ガソリン（指定数量200L）　➡ $100 \div 200 = 0.5$

　　メタノール（指定数量400L）　➡ $100 \div 400 = 0.25$

　　軽油（指定数量1,000L）　➡ $400 \div 1000 = 0.4$

　　これを合計して、

　　　$0.5 + 0.25 + 0.4 = 1.15$倍

　したがって、上の例ではそれぞれの危険物はどれも指定
数量未満ですが、合計すると1以上になるので指定数量以
上の危険物を貯蔵しているものとみなされ、消防法による
規制を受けることになります。

コレだけ!!

第4類危険物の指定数量

特殊引火物···50L

ガソリンなど（第1石油類の非水溶性）·········200L

アルコール類···400L

灯油・軽油など（第2石油類の非水溶性）···1,000L

重油など（第3石油類の非水溶性）·········2,000L

> 水溶性は
> 非水溶性の
> 2倍です

理解度チェック○×問題

Key Point	できたら チェック ☑
危険物の規制と指定数量	□□ 1　指定数量以上の危険物を貯蔵しまたは取り扱う場合は消防法による規制を受ける。
	□□ 2　指定数量未満の危険物の貯蔵や取扱いについてはまったく規制がない。
	□□ 3　指定数量未満の危険物の運搬は、市町村条例によって規制される。
	□□ 4　航空機、船舶、鉄道等の内部での危険物の貯蔵および取扱いについても消防法が適用される。
第4類危険物の指定数量	□□ 5　指定数量が多めに定められているものほど危険性が高い。
	□□ 6　水溶性の危険物の指定数量は、非水溶性の2倍になっている。
	□□ 7　特殊引火物の指定数量は200Lである。
	□□ 8　第1石油類の水溶性とアルコール類の指定数量は400Lである。
	□□ 9　第2石油類の水溶性と第3石油類の非水溶性は指定数量が等しい。
指定数量の倍数計算	□□10　灯油2,000Lの取扱いは、指定数量の10倍に相当する。
	□□11　18L入りガソリン缶10缶の貯蔵は、消防法による規制を受ける。
	□□12　アセトン400L、メタノール1,000L、ギヤー油9,000Lを同一の場所に貯蔵すると、指定数量の4倍になる。
	□□13　ガソリン100Lと軽油500Lを同一の場所で取り扱うと、指定数量以上の取扱いとみなされる。
	□□14　灯油500Lと重油500Lを貯蔵するだけの貯蔵所は、市町村条例による規制を受ける。

解答・解説

1.○　2.×　市町村条例による規制を受ける。　3.×　運搬は指定数量と関係なく消防法で規制される。　4.×　機体等の内部については消防法の適用からは除外されている。　5.×　危険性が低い。　6.○　7.×　50Lである。　8.○　9.○　10.×　10倍ではなく2倍。　11.×　指定数量の0.9倍なので受けない。　12.×　4倍ではなく5倍。　13.○　14.○

ここが狙われる！

特殊引火物やアルコール類等、品名での指定数量だけでなく、代表的な物品名についても指定数量を覚え、倍数計算ができるようになっておこう。

Lesson 3

危険物施設の区分

LINK ▶ ⊖P168／㋜P98

危険物施設は、大きく製造所、貯蔵所、取扱所の３つに区分されます。貯蔵所のタンクに関する区分が最も多くなっています。それぞれの施設の概要について区別して覚えておきましょう。

1コマ 乙4劇場・その35

この３つです。

「製造所等」に含まれるのは…

1 製造所および貯蔵所

　危険物の施設は、製造所、貯蔵所、取扱所の３つに区分され、これらをまとめて「製造所等」といいます。

　製造所とは危険物を製造する施設です。危険物を加工するだけの施設は製造所ではなく、取扱所に区分されます。

　貯蔵所とは危険物を貯蔵または取り扱う施設をいい、次の７種類があります。

製造所等のことを「危険物施設」とか単に「施設」と呼ぶこともあります。製造所等については、第２章で詳しく学習します。

容器に収納して貯蔵

　屋内（倉庫）………………………①**屋内貯蔵所**
　屋外（野積み）……………………②**屋外貯蔵所**

タンクに貯蔵

　固定タンク…………………………③**屋内タンク貯蔵所**
　　　　　　　　　　　　　　　　　④**屋外タンク貯蔵所**
　　　　　　　　　　　　　　　　　⑤**地下タンク貯蔵所**
　　　　　　　　　　　　　　　　　⑥**簡易タンク貯蔵所**
　移動タンク…………………………⑦**移動タンク貯蔵所**

①屋内貯蔵所

①屋内貯蔵所

　容器に収納した危険物を倉庫などの建物内で貯蔵または取り扱います。

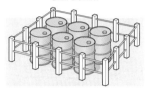

②屋外貯蔵所

②屋外貯蔵所

　貯蔵・取扱いできる危険物が限定されているので注意が必要です。

③屋内タンク貯蔵所

③屋内タンク貯蔵所

　タンクの容量は、指定数量の40倍以下です。

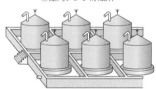

④屋外タンク貯蔵所

④屋外タンク貯蔵所

　屋外にあるタンクで貯蔵します。

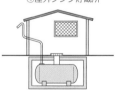

⑤地下タンク貯蔵所

⑤地下タンク貯蔵所

　地面より下に埋設されたタンクで貯蔵します。

⑥簡易タンク貯蔵所

⑥簡易タンク貯蔵所

　タンク1基の容量は600L以下とされています。

⑦移動タンク貯蔵所

⑦移動タンク貯蔵所

　車両に固定されたタンクで貯蔵または取り扱います。一般にタンクローリーと呼ばれています。タンクの容量は30,000L以下です。

プラスワン

屋外貯蔵所で貯蔵・取扱いできる危険物は、次の①と②のみ。
①第2類危険物の
●硫黄
●引火性固体
　（引火点0℃以上）
②第4類危険物の
●特殊引火物以外のもの。ただし第1石油類は引火点0℃以上のもの。
ガソリンやアセトンは貯蔵できない。

2 取扱所

　取扱所とは、危険物の製造と貯蔵以外の目的で指定数量以上の危険物を取り扱う施設です。次の4種類があります。

①給油取扱所

　固定給油設備によって自動車等の燃料タンクに直接給油する取扱所です。**ガソリンスタンド**がこれに当たります。

①給油取扱所（ガソリンスタンド）

②販売取扱所

　店舗において**容器入り**のまま販売する取扱所です。取り扱う危険物の量によって**第1種**と**第2種**に分かれます。

②販売取扱所（塗料の販売店）

③移送取扱所

　配管およびポンプそのほかの設備によって危険物の移送を行う取扱所です。**パイプライン施設**などがこれに当たります。

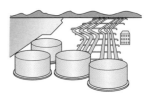

③移送取扱所（パイプライン施設）

④一般取扱所

　①～③のどれにも該当しない取扱所です。ボイラーで重油等を消費する施設などが代表的です。

プラスワン

給油取扱所では、自動車等の燃料タンクに直接給油するほか、固定注油設備によって灯油や軽油を容器などに詰め替えることもできる。

重要

販売取扱所の
第1種と第2種
第2種の方が取り扱える危険物の量が多い。
①第1種販売取扱所
➡指定数量の倍数が、15以下のもの
②第2種販売取扱所
➡指定数量の倍数が、15を超え40以下のもの

コレだけ!!

貯蔵所の分類

容器に収納して貯蔵
屋内（倉庫）‥‥‥‥‥‥‥‥‥‥**①屋内貯蔵所**
屋外（野積み）‥‥‥‥‥‥‥‥‥**②屋外貯蔵所**

タンクに貯蔵
固定タンク‥‥‥‥‥‥‥‥‥‥‥**③屋内タンク貯蔵所**
　　　　　　　　　　　　　　　④屋外タンク貯蔵所
　　　　　　　　　　　　　　　⑤地下タンク貯蔵所
　　　　　　　　　　　　　　　⑥簡易タンク貯蔵所
移動タンク‥‥‥‥‥‥‥‥‥‥‥**⑦移動タンク貯蔵所**

理解度チェック○×問題

Key Point		できたら チェック ☑
製造所	□□ 1	ボイラーで重油等を消費する施設のことを製造所という。
屋内貯蔵所と屋外貯蔵所	□□ 2	屋内貯蔵所とは、屋内の場所において容器に収納した危険物を貯蔵または取り扱う貯蔵所である。
	□□ 3	屋外にあるタンクで危険物を貯蔵または取り扱う貯蔵所のことを屋外貯蔵所という。
	□□ 4	屋外貯蔵所では、灯油は貯蔵できるが、ガソリンは貯蔵できない。
	□□ 5	黄りん、硫黄、ジエチルエーテルは、屋外貯蔵所では貯蔵できない。
タンク貯蔵所	□□ 6	屋内にあるタンクで危険物を貯蔵または取り扱う貯蔵所のことを屋内タンク貯蔵所という。
	□□ 7	移動タンク貯蔵所とは、車両に固定されたタンクにおいて危険物を貯蔵または取り扱う貯蔵所をいう。
	□□ 8	簡易タンク貯蔵所のタンク1基の容量は3,000L以下とされている。
	□□ 9	屋外タンク貯蔵所とは、地盤面下に埋没されているタンクにおいて危険物を貯蔵または取り扱う貯蔵所をいう。
取扱所	□□10	給油取扱所とは、固定給油設備によって自動車等の燃料タンクに直接給油するために危険物を取り扱う取扱所である。
	□□11	第1種販売取扱所とは、店舗において容器入りのままで販売するため、指定数量の15倍以上の危険物を取り扱う取扱所をいう。
	□□12	第2種販売取扱所で取り扱う危険物は、指定数量の倍数が15を超え40以下とされている。
	□□13	配管およびポンプならびにこれらに付属する設備によって、危険物の移送の取扱いを行う施設を移送取扱所という。

解答・解説

1.× 製造所は危険物を製造する施設。設問は一般取扱所の説明。　2.○　3.× これは屋外貯蔵所ではなく屋外タンク貯蔵所。　4.○　5.× 硫黄は貯蔵できる。　6.○　7.○　8.× 3,000Lではなく600L。　9.× これは地下タンク貯蔵所。　10.○　11.× 15倍以上ではなく15倍以下。　12.○　13.○

ここが狙われる！

製造所等の施設の概要について、確実に覚えよう。特に、屋外貯蔵所や販売取扱所などは取り扱える危険物や量が決まっているので、その危険物名や量も覚えておく必要がある。

各種申請と手続き

LINK ▶ ─P172／㋑P96・100・102・104

受験
対策
製造所等の設置または変更許可申請や仮使用、仮貯蔵等の承認申請はよく出題されます。申請者、手続き事項、申請先等、確実に覚えましょう。また、液体危険物タンクは完成検査前検査を受ける必要があることも覚えておきましょう。

1コマ 乙4劇場 ● その36

この2つです。

2 位置・構造・設備の変更

1 設置

いろいろありますが、許可がいるのは、

1 各種申請手続き

　製造所等の設置などの申請手続きには許可申請、承認申請、検査申請、認可申請の4つがあります。届出手続きの場合は届け出るだけでよいのですが、申請手続きの場合は許可や承認を得なければならないので、届出よりも厳しい規制といえます。申請手続きの種類と申請先は次の通りです。

用語

消防長と消防署長
消防長とは市町村に設置される消防本部の長をいう。一方、消防署長は各消防署の長であり、消防長の指揮監督を受けながら消防署を統括している。

予防規程 ●p193

申請	手続き事項	申請先
許可	製造所等の設置	市町村長等
	製造所等の位置・構造・設備の変更	
承認	仮使用	
	仮貯蔵・仮取扱い	消防長・消防署長
検査	完成検査	市町村長等
	完成検査前検査	
	保安検査	
認可	予防規程の作成・変更	

2 製造所等の設置・変更

　製造所等を設置する場合や、製造所等の位置、構造または設備を変更する場合は、**市町村長等に申請し許可**を受けなければなりません。許可書の交付を受けて着工した工事が完了すると、次は市町村長等に**完成検査**を申請します。この検査によって技術上の基準に適合していることが認められると**完成検査済証**が交付され、ようやく使用開始となります。

　ただし液体の危険物を貯蔵するタンク（**液体危険物タンク**）を有する製造所等の場合は、製造所等全体の完成検査を受ける前に、そのタンクの漏れや変形について検査を受けなければなりません。これを**完成検査前検査**といいます。

　以上の手続きを整理すると次のようになります。

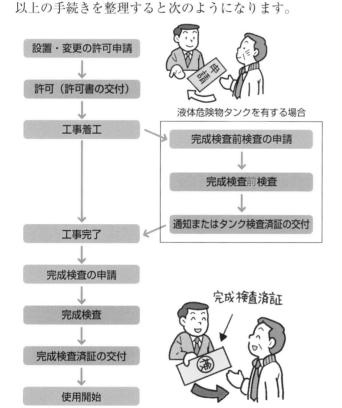

設置・変更の許可申請
↓
許可（許可書の交付）
↓
工事着工 →
液体危険物タンクを有する場合
完成検査前検査の申請
↓
完成検査前検査
↓
通知またはタンク検査済証の交付
↓
工事完了
↓
完成検査の申請
↓
完成検査
↓
完成検査済証の交付
↓
使用開始

完成検査済証

用語

保安検査
大規模な**屋外タンク貯蔵所**と特定の**移送取扱所**について、その構造や設備に不備がないかどうか市町村長等が行う保安の検査のこと。定期保安検査と臨時保安検査とがあり、どちらも**施設の所有者等**が**市町村長等に申請**をして受ける。

プラスワン

許可、承認、検査、認可の申請は、いずれも**製造所等の所有者等**が行う。

重要

許可が出ない限り、着工できない
市町村長等の許可がなければ着工することは認められない。無許可で変更工事に着工した場合は、無許可変更として**設置許可の取消**または**使用停止命令**を受ける。また無許可の設置および変更は罰則の対象にもなる。

3 仮使用、仮貯蔵・仮取扱い

①仮使用

　製造所等の一部変更をするだけなのに、その変更工事が完成検査に合格するまで施設全体が使用できないというのでは困ります。そこで、変更工事に係る部分以外の全部または一部を、市町村長等の承認を受けることで仮に使用することが認められます。この制度を仮使用といいます。

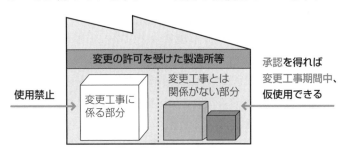

　仮使用は変更工事の場合にだけ認められるものであり、設置工事についてはこのような制度はありません。

②仮貯蔵・仮取扱い

　指定数量以上の危険物については、製造所等以外の場所での貯蔵および取扱いが禁止されています。

　ただし、所轄の消防長または消防署長に申請して承認を受けることにより、10日以内に限り製造所等以外の場所で貯蔵または取り扱うことが認められます。この制度を仮貯蔵・仮取扱いといいます。ほかの申請手続きとは申請先が異なることに注意しましょう。

仮使用、仮貯蔵・仮取扱いだけが承認を申請する手続きです。「仮」がつけば「承認」と覚えましょう。

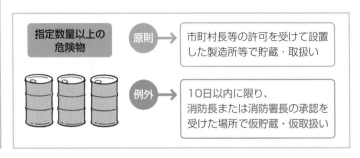

　仮使用と仮貯蔵・仮取扱いはどちらも承認を申請する点で共通しています。ここでは違いを整理しておきましょう。

	仮使用	仮貯蔵・仮取扱い
場　所	使用中の製造所等	製造所等以外の場所
内　容	一部変更工事中、工事と関係のない部分を仮に使用する	指定数量以上の危険物を仮に貯蔵または取り扱う
期　間	変更工事の期間中	10日以内
申請先等	市町村長等が承認	消防長または消防署長が承認

4 各種届出手続き

　消防法上届出が必要とされる手続きには次のようなものがあります。いずれも届出先が**市町村長等**になっています。
①製造所等の譲渡または引渡し
　製造所等の譲渡または引渡しがあったときは、譲受人または引渡しを受けた者は、遅滞なく市町村長等に届け出なければなりません。
②製造所等の用途の廃止
　製造所等の所有者、管理者または占有者は、製造所等の用途を廃止したときは、遅滞なく市町村長等に届け出なければなりません。
③危険物の品名、数量または指定数量の倍数の変更
　製造所等の位置、構造または設備を変更しないで、その製造所等で貯蔵しまたは取り扱う危険物の品名、数量または指定数量の倍数を変更しようとする者は、変更しようとする日の10日前までに市町村長等に届け出なければなりません。位置、構造または設備を変更して、危険物の品名、数量または指定数量の倍数も変更するという場合は、変更の許可申請だけをすれば足ります。
　届出を必要とする手続きとその期限をまとめると、次の通りです。

プラスワン

申請手続きは基本的に市町村長等が申請先であるが、仮貯蔵・仮取扱いについては仮貯蔵・仮取扱いの場所を最もよく把握している所轄消防長または消防署長が承認を行うことになっている。

第3編 危険物に関する法令

用語

製造所等の譲渡または引渡し
譲渡とは売買などにより所有権を移転することをいい、引渡しは賃貸借などにより事実上の支配を移転することをいう。

届出に「10日前」という指定があるのは、品名等の変更の場合だけです。

プラスワン

品名とは法別表第一の品名欄に掲げられている名称なので、たとえばガソリンをアセトンに変更しても品名は同じ第1石油類だから、品名の変更に当たらない。

危険物保安監督者
▶p188

危険物保安統括管理者 ▶p190

重要

申請先・届出先
消防本部と消防署がどちらも設置されている市町村以外の市町村では、都道府県知事が申請先・届出先になる。また、移送取扱所は大規模なパイプライン施設なので、2つ以上の市町村や都道府県にまたがる場合がある。

届出を必要とする手続き	届出期限	届出先
製造所等の譲渡または引渡し	遅滞なく	市町村長等
製造所等の用途の廃止	遅滞なく	
危険物の品名、数量または指定数量の倍数の変更	変更しようとする日の10日前まで	
危険物保安監督者の選任・解任	遅滞なく	
危険物保安統括管理者の選任・解任	遅滞なく	

5 申請先・届出先のまとめ

　申請先、届出先の「市町村長等」には、次の区分に応じ、市町村長のほかに都道府県知事と総務大臣が含まれます。

移送取扱所を除く製造所等	申請先・届出先
消防本部および消防署を設置する市町村	市町村長
上記以外の市町村	都道府県知事
移送取扱所	**申請先・届出先**
消防本部および消防署を設置する1つの市町村の区域に設置される場合	市町村長
上記以外の市町村の区域、または2つ以上の市町村にまたがって設置される場合	都道府県知事
2つ以上の都道府県にまたがって設置される場合	総務大臣

コレだけ!!

申請手続きと届出手続きのポイント

●製造所等の設置・変更 ………………… 市町村長等の許可
　（完成検査・完成検査前検査も市町村長等へ申請）
●変更工事の際の仮使用 ………………… 市町村長等の承認
●仮貯蔵・仮取扱い ……………………… 消防長または消防署長の承認
●危険物の品名等の変更 ………………… 10日前までに
　　　　　　　　　　　　　　　　　　　市町村長等へ届出

理解度チェック○×問題

Key Point		できたら チェック ☑
製造所等の設置・変更	□□ 1	製造所等を設置する場合は、市町村長等の許可を必要とする。
	□□ 2	製造所等の位置を変更する場合、申請すればいつでも工事に着工できる。
完成検査と完成検査前検査	□□ 3	設置工事が完了しても、完成検査を受けて基準に適合していることが認められなければ使用を開始することはできない。
	□□ 4	第4類危険物の屋内貯蔵所を設置する場合、完成検査前検査が必要である。
仮使用	□□ 5	仮使用とは、製造所等の設置許可を受けてから完成検査を受けるまでの間、施設の一部を仮に使用することをいう。
	□□ 6	製造所等の一部変更工事に伴い、工事部分以外の一部または全部を市町村長等の承認を受けて仮に使用することを仮使用という。
仮貯蔵・仮取扱い	□□ 7	灯油2,000Lを製造所等以外の場所で仮貯蔵する場合は、市町村長等の許可が必要である。
	□□ 8	仮貯蔵・仮取扱いは、10日以内に限り認められる。
届出手続き	□□ 9	製造所等の位置、構造または設備を変更しないで、貯蔵する危険物の品名を変更する場合は、市町村長等に許可申請をする。
	□□10	危険物の品名、数量または指定数量の倍数を変更する届出は、変更する日の10日前までにしなければならない。
	□□11	製造所等の譲渡を受けた場合は、遅滞なく市町村長等に届け出なくてはならない。
	□□12	製造所等の用途の廃止の届出は、用途の廃止をする日の10日前までにしなければならない。
	□□13	消防本部および消防署を設置している市町村以外の市町村に製造所等を設置する場合は、都道府県知事に許可申請をする。

解答・解説

1.○　2.× 許可を得るまで着工できない。　3.○　4.× 液体危険物タンクのない施設なので必要ない。　5.× 仮使用は変更工事の際に認められる。　6.○　7.× 消防長または消防署長の承認が必要。　8.○　9.× 許可申請ではなく届出をする。　10.○　11.○　12.× 10日前までではなく、廃止後遅滞なく。　13.○

ここが狙われる！

設置または変更許可申請や仮使用、仮貯蔵等の承認申請について、申請者、手続き事項、申請先等、確実に覚えておこう。

Lesson 5 危険物取扱者制度

LINK ▶ ㊀P180／㋣P106・108・110・112

LINK ▶ ㊀P180／㋣P106・108・110・112

受験対策　危険物取扱者の免状は取り扱える危険物によって甲種、乙種、丙種に区分されています。乙種第４類では第４類危険物のみの取扱い、立会いができます。危険物取扱者等の権限や責務等、また、保安講習について確実に覚えましょう。

1コマ 乙4劇場 • その37

乙種第４類の免状では第４類危険物の取扱いとその立会いができます。

1 危険物取扱者

　危険物取扱者とは、危険物取扱者試験に合格し、都道府県知事から危険物取扱者の免状の交付を受けた者をいいます。免状には甲種、乙種、丙種の３種類があります。

　製造所等での危険物の取扱いは、次のアまたはイの場合に限られます。

> ア　危険物取扱者自身（甲種、乙種、丙種）が行う
> イ　危険物取扱者以外の者が、危険物取扱者（甲種か乙種）の立会いのもとに行う

　つまり、危険物取扱者以外の者だけでは危険物の取扱いはできません。したがって、製造所等には危険物を取り扱うために必ず危険物取扱者を置かなければなりません。

①甲種危険物取扱者

　第１類～第６類のすべての類の危険物について、取扱いおよび立会いができます。

重要

危険物取扱者は国家資格
危険物取扱者の免状はそれを取得した都道府県内だけでなく、全国どこでも有効。

プラスワン

製造所等で危険物取扱者以外の者が危険物の取扱いをする場合は、**指定数量に関係なく、甲種または乙種危険物取扱者の立会いが必要である**。
指定数量 ▶p170

②乙種危険物取扱者

第1類～第6類のうち、免状を取得した類の危険物についてのみ、取扱いおよび立会いができます。

③丙種危険物取扱者

第4類危険物のうち、特定の危険物についてのみ取扱いができます。立会いは一切できません。

		取扱い	立会い
甲	種	すべての類の危険物	すべての類の危険物
乙	種	免状を取得した類の危険物	免状を取得した類の危険物
丙	種	第4類の特定の危険物	できない

2 危険物取扱者免状

①免状の交付と書換え

危険物取扱者免状は、危険物取扱者試験に合格した者に対し都道府県知事が交付します。

免状の交付は、受験した都道府県の知事に申請します。

危険物取扱者免状

| 氏　名 | ○○○○ | | |
| 生年月日 | ○○年○月○日 | | 本籍 東京都 |

種類等	交付年月日	交付番号	交付知事
甲種			
乙種1類			
乙種2類			
乙種3類			
乙種4類	R○.○.○	○○○○	東京
乙種5類			
乙種6類			
丙　種			

印
都道府県知事

免状の表面には、甲種、乙種、丙種の区別や、乙種危険物取扱者の免状を取得した類などが表示される。

写真の書換えは令和○年○月○日まで

免状の記載事項に次のような変更が生じたときは、遅滞なく免状の書換えを申請しなければなりません。

- 氏名、本籍地の属する都道府県などが変わったとき
- 添付されている写真が、撮影から10年経過したとき

免状の書換えは、免状を交付した都道府県知事、または居住地もしくは勤務地を管轄する都道府県知事に申請します。

用語

立会い
資格のない人が危険物を取り扱う際、監督し、指示を与えるために、その場所に居合わせること。

プラスワン

丙種危険物取扱者が取り扱える危険物は以下の通り。
- ガソリン
- 灯油、軽油
- 第3石油類のうち重油、潤滑油、引火点130℃以上のもの
- 第4石油類
- 動植物油類

ゴロ合わせ

丙種危険物取扱者が取り扱える危険物

兵士には
(丙種)

ガス灯軽く
(ガソリン 灯油 軽油)

財産重く
(第3石油類の重油)

潤ラインカの遺産
(潤滑油 引火点130℃以上)

4つどう?
(第4石油類 動植物油類)

②免状の再交付

交付された免状を亡失、滅失、汚損、破損したときは、免状の再交付を申請することができます。

再交付は、免状を交付または書換えをした都道府県知事にのみ申請できます。

免状を亡失して再交付を受けたにもかかわらず、亡失した免状を発見した場合は、再交付を受けた都道府県知事に発見した免状を10日以内に提出しなければなりません。

■免状の各手続きの申請先のまとめ

手続き	申請先
交付	●受験した都道府県の知事
書換え	●免状を交付した都道府県知事 ●居住地の都道府県知事 ●勤務地の都道府県知事
再交付	●免状を交付した都道府県知事 ●書換えをした都道府県知事
亡失した免状を発見したとき	●再交付を受けた都道府県知事

免状に関する手続きの申請先は、すべて都道府県知事になります。

③免状の返納命令と不交付

危険物取扱者が消防法令に違反しているとき、免状を交付した都道府県知事は、その危険物取扱者に免状の返納を命じることができます。

また、都道府県知事は、次のアまたはイに該当する場合には、たとえその者が危険物取扱者試験に合格していても免状の交付を行わないこと（不交付）ができます。

ア　都道府県知事から危険物取扱者免状の返納を命じられ、その日から起算して1年を経過しない者

イ　消防法令に違反して罰金以上の刑に処せられた者で、その執行を終わり、または執行を受けることがなくなった日から起算して2年を経過しない者

3 保安講習

製造所等において危険物の取扱作業に従事している危険物取扱者は、甲種、乙種、丙種を問わず一定の時期に都道府県知事が行う保安講習を受講する義務があります。保安講習はどの都道府県でも受講できます。

保安講習を受講する時期は次の通りです。

①原則

危険物の取扱いに従事することとなった日から1年以内に受講し、その後は受講した日以降における最初の4月1日から3年以内ごとに受講を繰り返す。

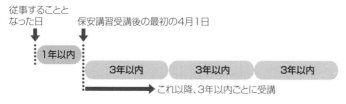

②例外

危険物の取扱いに従事することとなった日の過去2年以内に免状の交付（または保安講習）を受けている場合は、免状の交付（または保安講習）を受けた日以降における最初の4月1日から3年以内に受講し、その後も3年以内ごとに受講を繰り返す。

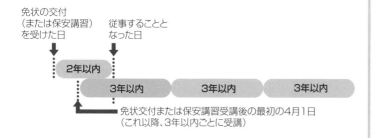

第3編　危険物に関する法令

🔖 用語

保安講習
正式には「危険物の取扱作業の保安に関する講習」といい、危険物の取扱作業に従事している危険物取扱者に受講の義務がある。消防法令に違反した者が受講する講習ではない。

要

受講義務のない者
①危険物取扱者ではあるが、現に危険物の取扱作業に従事していない者。
②危険物の取扱作業に現に従事しているが、危険物取扱者ではない者。

プラスワン

保安講習の受講義務のある危険物取扱者が受講しなかった場合には、免状の返納命令を受けることがある。

プラスワン

4～**6**で学習するように、危険物取扱者以外に、危険物の取扱いに関しては、次の3つの役職がある。

①危険物保安監督者
移動タンク貯蔵所以外の製造所等では選任が必要。最も一般的な役職。

②危険物施設保安員
少し規模の大きな製造所等で選任が必要。

③危険物保安統括管理者
大規模な製造所等で選任が必要。

> 上の3つの役職を選任するのは、製造所等の所有者等です。

プラスワン

危険物の種類や指定数量の大小によって危険物保安監督者の選任の必要がない製造所等もあるが、ここでは選任を**常に必**要とする製造所等と**常に必要**としない製造所等だけを確実に覚えておけば十分である。

予防規程 ●p193

4 危険物保安監督者

①危険物保安監督者とその選任・解任

　危険物保安監督者とは、危険物取扱作業の保安に関する監督業務を行う者をいいます。危険物保安監督者の選任・解任を行うのは、製造所等の所有者、管理者または占有者です。選任・解任を行ったときは、遅滞なく市町村長等に届け出なくてはなりません。

②危険物保安監督者になる資格

　甲種または乙種の危険物取扱者のうち、製造所等において6カ月以上危険物取扱いの実務経験を有する者でなければなりません。乙種の場合は免状を取得した類の保安監督に限られます。丙種危険物取扱者には危険物保安監督者になる資格がありません。

③選任を必要とする製造所等

選任を常に必要とする施設	選任を常に必要としない施設
● 製造所 ● 屋外タンク貯蔵所 ● 給油取扱所 ● 移送取扱所	● 移動タンク貯蔵所のみ

④危険物保安監督者の業務

● 危険物の取扱作業が技術上の基準や予防規程などの保安に関する基準に適合するよう、作業者に対し必要な指示を与えること。

● 火災などの災害が発生した場合には、作業者を指揮して応急の措置を講じるとともに、直ちに消防機関等に連絡すること。

● 危険物施設保安員（●**5**）を置く製造所等では危険物施設保安員に必要な指示を行い、危険物施設保安員を置かない製造所等では危険物保安監督者自らが危険物施設保安員の業務を行うこと。

- 火災などの災害を防止するため、隣接する製造所等その他関連する施設の関係者と連絡を保つこと。

5 危険物施設保安員

①危険物施設保安員とその選任・解任

　危険物施設保安員とは、危険物保安監督者のもとで製造所等の保安業務の補佐を行う者です。選任・解任は製造所等の所有者、管理者または占有者が行いますが、市町村長等への届出は不要です。

②危険物施設保安員になる資格

　資格について定めた規定はありません。**危険物取扱者でない者でも危険物施設保安員になることができます。**

③選任を必要とする製造所等

　危険物施設保安員を選任しなければならない製造所等は次の3つだけです。

製 造 所	指定数量の倍数が100以上のもの
一般取扱所	
移送取扱所	指定数量とは関係なく必要

＊規則により、一部除外される施設もある。

④危険物施設保安員の業務

- 製造所等の構造や設備を技術上の基準に適合するように維持するため、定期点検（●Lesson 6）や臨時点検を実施し、それを記録して保存すること。
- 製造所等の構造や設備に異常を発見した場合は、危険物保安監督者そのほかの関係者に連絡し、適当な措置を講じること。
- 火災が発生したとき、または火災発生の危険性が著しいときは、危険物保安監督者と協力して応急の措置を講じること。
- 製造所等の計測装置、制御装置、安全装置などの機能が適正に保持されるよう保安管理すること。

ゴロ合わせ

危険物保安監督者の選任を常に必要とする施設

監督は
（危険物保安監督者）
いつも
（常に選任）
きゅうりを
（給油取扱所）
つくって
（製造所）
送る
（移送取扱所）
奥方に
（屋外タンク貯蔵所）

※規模が限定されている屋内タンク貯蔵所には義務がない。

プラスワン

危険物施設保安員を置く施設は危険物保安監督者だけを置く施設よりも規模の大きい施設なので、業務を分散することで保安の確保を図っている。

危険物保安監督者が病気や事故等で職務を行うことができない場合は、**職務代行者**が代行します（●p194）。危険物施設保安員ではありません。

6 危険物保安統括管理者

①危険物保安統括管理者とその選任・解任

　危険物保安統括管理者とは、大量の第4類危険物を取り扱う事業所全般の危険物の保安に関する業務を統括管理する者をいいます。選任・解任は同一事業所において製造所等の所有者、管理者、または占有者が行います。選任・解任は遅滞なく市町村長等に届け出なくてはなりません。

②危険物保安統括管理者になる資格

　資格についての規定がないため、**危険物取扱者でない者**でも危険物保安統括管理者になることができます。

③選任を必要とする事業所

　第4類危険物を取り扱う、次のような製造所等を有する事業所です。

製造所	指定数量の3,000倍以上
一般取扱所	
移送取扱所	指定数量以上

＊規則により、一部除外される施設もある。

④危険物保安統括管理者の業務

　製造所等ごとに選任されている危険物保安監督者や危険物施設保安員らと連携し、各製造所等の保安業務を統括的に管理することによって、事業所全体の安全を確保することを業務とします。

重要

危険物保安統括管理者を選任する理由
大量の第4類危険物を取り扱う事業所には、同一事業所の**敷地内に複数の製造所等を有する**大規模なものがある。このような事業所では連携をとった効果的な保安活動が困難なので、**事業所全般の保安業務を統括する**ために危険物保安統括管理者の選任が義務付けられている。

プラスワン

危険物保安統括管理者に危険物取扱者の資格は不要だが、その事業所全体を統括管理できる立場の者を選任する必要がある。

コレだけ!!

	資格	選任・解任の届出	必要な事業所
危険物保安**監督**者	甲種または乙種実務経験6カ月以上	市町村長等	製造所、屋外タンク貯蔵所、給油取扱所、移送取扱所
危険物**施設**保安員	不要	不要	製造所、一般取扱所、移送取扱所
危険物保安**統括**管理者	不要	市町村長等	

理解度チェック○×問題

Key Point	できたら チェック ☑
製造所等での危険物取扱い	□□1　乙種危険物取扱者は製造所等において、免状を取得した類の危険物についてのみ取扱いおよび立会いができる。
	□□2　製造所等においては、危険物取扱者以外の者でも指定数量未満であれば危険物を取り扱える。
	□□3　甲種危険物取扱者の立会いがあれば、危険物取扱者以外の者であってもすべての類の危険物の取扱いができる。
	□□4　丙種危険物取扱者は、第4類のすべての危険物が取り扱える。
危険物取扱者の免状	□□5　免状の記載事項に所定の変更が生じたときは、遅滞なく書換えを申請しなければならない。
	□□6　消防法令に違反した危険物取扱者に対し、市町村長等は免状の返納を命じることができる。
	□□7　免状を破損した場合は免状の再交付を申請することができる。
	□□8　亡失した免状を発見した場合には、これを10日以内に免状の再交付を受けた都道府県知事に提出しなければならない。
保安講習	□□9　丙種危険物取扱者には保安講習の受講義務がない。
	□□10　保安講習は、製造所等で危険物の取扱いに従事することとなった日から原則として1年以内に受講しなければならない。
危険物保安監督者など	□□11　危険物保安監督者は、製造所等での実務経験が6カ月以上ある甲種、乙種または丙種の危険物取扱者の中から選任しなければならない。
	□□12　移動タンク貯蔵所は、危険物保安監督者を選任する必要がない。
	□□13　製造所等の所有者が危険物施設保安員を選任したときは、遅滞なく市町村長等に届け出なければならない。

解答・解説

1.○　2.× 指定数量には関係なく立会いが必要。　3.○　4.× 第4類の特定の危険物のみ。　5.○　6.× 市町村長等ではなく免状を交付した都道府県知事。　7.○　8.○　9.× 丙種危険物取扱者にも受講義務がある。　10.○　11.× 丙種危険物取扱者には資格がない。　12.○　13.× 危険物施設保安員の選任に届出義務はない。

ここが狙われる！

危険物取扱者、危険物保安監督者、危険物施設保安員、危険物保安統括管理者のそれぞれの業務や資格、選任を必要とする事業所等について確実に覚えておくこと。また、危険物取扱者の保安講習についてしっかり理解して覚えよう。

Lesson 6 点検と予防

LINK ▶ ─P188／㋐P114・116

受験対策 定期点検をしなければならない事業所や点検時期や記録の保存期間等は、しっかり確認しておきましょう。予防規程は出題されやすい項目です。予防規程を定めなければならない事業所や関連事項等、確実に覚えましょう。

1コマ 乙4劇場 ● その38

1 定期点検

　製造所等は、常に技術上の基準に適合するよう維持されなければならず、日頃から点検が欠かせません。特に一定の製造所等の所有者、管理者または占有者には製造所等を定期的に点検し、記録を作成して保存することが法令上義務付けられています。これを定期点検といいます。

①定期点検を実施する製造所等

　指定数量の大小に関係なく定期点検を実施しなければならない施設は次の通りです。

- 地下タンク貯蔵所
- 地下タンクを有する製造所
- 地下タンクを有する給油取扱所
- 地下タンクを有する一般取扱所
- 移動タンク貯蔵所
- 移送取扱所

「定期点検は、地下に移動、移送」と覚えましょう。

重要

①指定数量の倍数が一定以上の場合に定期点検を実施する施設
- 10倍以上
  製造所
  一般取扱所
- 100倍以上
  屋外貯蔵所
- 150倍以上
  屋内貯蔵所
- 200倍以上
  屋外タンク貯蔵所

②定期点検を実施しなくてもよい施設
- 屋内タンク貯蔵所
- 簡易タンク貯蔵所
- 販売取扱所

②定期点検の時期と記録の保存期間

　定期点検は、原則として1年に1回以上行い、その点検記録は原則として3年間保存しなければなりません。

③定期点検を行う者

　原則として**危険物取扱者または危険物施設保安員**が行わなければなりません。ただし、**危険物取扱者の立会い**があれば、これ以外の者でも行うことができます。

④定期点検の点検事項

　製造所等の位置、構造および設備が、政令で定める技術上の基準に適合しているかどうかについて点検します。

2 予防規程

　予防規程とは、火災を予防するために製造所等がそれぞれの実情に合わせて作成する自主保安に関する規程です。

①予防規程を作成する製造所等

　指定数量の大小に関係なく予防規程を作成しなければならない施設は、次の2つです。

> 給油取扱所と移送取扱所

　指定数量の倍数が一定以上の場合にのみ予防規程の作成が義務付けられる施設は、**定期点検**の場合（●p192欄外）と同じです。

②予防規程の認可

　製造所等の所有者、管理者または占有者は、予防規程を定め、**市町村長等**の認可を受けなければなりません。予防規程を変更するときも市町村長等の認可が必要です。

　市町村長等は火災の予防に適当でないと認めるときは認可をせず、必要があれば予防規程の変更を命じることができます。

🎲ゴロゴロ合わせ

定期点検実施義務のない施設

奥さん
（屋内タンク貯蔵所）
カンカン
（簡易タンク貯蔵所）
ケーキの（定期点検）
販売（販売取扱所）
なし（義務なし）

※規模が限定されている屋内タンク貯蔵所には義務がない。

🗝用語

点検記録
次の4つの事項を記載したものをいう。
①製造所等の名称
②方法および結果
③点検した年月日
④点検・立会いをした者の氏名

📱プラスワン

地下貯蔵タンクや、地下埋設配管などを有する製造所等では、通常の定期点検のほかに、これらの漏れの有無を確認するための「漏れの点検」が義務付けられている。

🎲ゴロゴロ合わせ

常に予防規程の作成義務がある施設
予防には
（予防規程作成義務）
急いで（移送取扱所）
給料（給油取扱所）

定期点検の実施と予防規程の作成の義務は、製造所等の所有者等にありますが、予防規程の遵守義務は、従業者にもあります。

用語

自衛消防組織
第4類危険物を大量に取り扱う製造所等（危険物保安統括管理者を選任しなければならない事業所）で、その事業所の従業員によって編成される消防隊のこと。自衛消防組織の編成が義務付けられている事業所でも予防規程の作成は必要。

③予防規程の遵守義務者

　製造所等の所有者、管理者、占有者およびその従業者は、予防規程を守らなければならないとされています。

④予防規程に定める主な事項

- 危険物の保安業務を管理する者の職務および組織に関すること。
- 危険物保安監督者が旅行、病気、事故などによって職務を行うことができない場合に、その職務を代行する者に関すること。
- 化学消防自動車の設置など自衛消防組織に関すること。
- 危険物の保安に係る作業に従事する者に対する保安教育に関すること。
- 危険物施設の運転または操作に関すること。
- 危険物の保安のための巡視、点検、検査に関すること。
- 災害その他の非常の場合にとるべき措置に関すること。
- 製造所等の位置、構造および設備を明示した書類および図面の整備に関すること。

予防規程の目的は、製造所等の火災予防なので、次のような事項は定めません。
- 発生した火災のために受けた損害調査に関すること
- 労働災害を予防するためのマニュアル

コレだけ!!

定期点検のポイント

点検の時期	1年に1回以上
記録の保存期間	3年間
点検を行う者	危険物取扱者または危険物施設保安員 （危険物取扱者の立会いがあればこれ以外の者もできる）
必ず実施する施設	地下タンク貯蔵所、移動タンク貯蔵所、移送取扱所、地下タンクを有する製造所・給油取扱所・一般取扱所

理解度チェック○×問題

Key Point		できたら チェック ☑
定期点検	□□ 1	定期点検は、原則として1年に1回以上行わなければならない。
	□□ 2	定期点検の記録は、原則として1年間保存するものと定められている。
	□□ 3	定期点検は、すべての製造所等が実施対象とされている。
	□□ 4	地下タンクを有する給油取扱所は、定期点検の実施対象である。
	□□ 5	定期点検は、原則として、危険物取扱者または危険物施設保安員が行わなければならない。
	□□ 6	危険物施設保安員の立会いを受けた場合は、危険物取扱者以外の者でも定期点検を行うことができる。
	□□ 7	危険物保安統括管理者であれば、定期点検を行う資格がある。
	□□ 8	定期点検は、製造所等の位置、構造および設備が技術上の基準に適合しているかどうかについて行う。
予防規程	□□ 9	製造所は、指定数量の倍数によっては予防規程を定める必要がある。
	□□10	予防規程は、危険物保安監督者が定めなければならない。
	□□11	予防規程を定めたときは、市町村長等の認可を受ける必要がある。
	□□12	予防規程を変更したときは、市町村長等に変更届を出せばよい。
	□□13	製造所等の所有者等や従業者は、危険物取扱者でない者であっても予防規程を守らなければならない。
	□□14	危険物保安監督者が旅行や疾病によって職務を行うことができない場合の職務代行者に関することは、予防規程に定める事項である。
	□□15	自衛消防組織を編成している製造所等では予防規程は不要である。

解答・解説

1.○　2.× 3年間保存。　3.× 実施対象でない製造所等もある。　4.○　5.○　6.× 立会いは危険物取扱者でないといけない。　7.× 危険物取扱者の資格が必要。　8.○　9.○　10.× 危険物保安監督者ではなく製造所等の所有者等。　11.○　12.× 変更の場合も認可が必要。　13.○　14.○　15.× 予防規程は必要である。

ここが狙われる!

第4類危険物を大量に取り扱う大規模な事業所で従業員によって編成される自衛消防組織がある事業所であっても予防規程を作成し、市町村長等の認可を得る必要があるので、確実に覚えておこう。

Lesson 1

保安距離と保有空地

LINK ▶ ⊖P196／㋐P118

LINK ▶ ⊖P196／㋐P118

受験対策 保安距離や保有空地はよく出題される項目です。製造所等にはこれらを必要とするものとそうでないものがあります。保有空地については必要とする製造所等でも指定数量の倍数によって幅が異なることを理解しましょう。

1コマ▶乙4劇場・その39

言葉と一緒にイメージも覚えるといいですよ。たとえば、これが保安距離です。

あ、避難しなくちゃ

保安距離

覚えることがありすぎて、頭から火が出ちゃった！

1 保安距離

　製造所等に火災や爆発が起きたとき、付近の住宅、学校、病院等（保安対象物と呼ぶ）に対して影響が及ばないよう、保安対象物と製造所等との間に確保する一定の距離のことを保安距離といいます。具体的には、保安対象物から製造所等の外壁（またはこれに相当する工作物の外側）までの距離を指します。製造所等には保安距離を必要とするものと必要としないものとがあります。

プラスワン

保安距離を確保することによって延焼の防止だけでなく、住民の避難や円滑な消防活動にも役立つ。

ゴロ合わせ

保安距離
保安には、奥方が造って、
（保安距離が必要なのは、屋外タンク貯蔵所、製造所）
内外貯めて一杯に
（屋内貯蔵所、屋外貯蔵所、一般取扱所）

保安距離を必要とする製造所等	保安距離を必要としない製造所等
● 製造所 ● 屋内貯蔵所 ● 屋外貯蔵所 ● 屋外タンク貯蔵所 ● 一般取扱所	● 屋内タンク貯蔵所 ● 地下タンク貯蔵所 ● 移動タンク貯蔵所 ● 簡易タンク貯蔵所 ● 給油取扱所 ● 販売取扱所 ● 移送取扱所

保安距離は、政令と規則によって保安対象物ごとに次のように定められています。

保安対象物	保安距離
①同一敷地外の一般の住居	10m以上
②学校、病院、劇場、その他多数の人を収容する施設 小学校・中学校・高校・幼稚園等の学校、保育所等の児童福祉施設、老人福祉施設、障害者支援施設、病院、映画館　等	30m以上
③重要文化財等に指定された建造物	50m以上
④高圧ガス、液化石油ガスの施設	20m以上
⑤特別高圧架空電線　使用電圧7,000V超〜35,000V以下	水平距離で3m以上
使用電圧35,000V超	水平距離で5m以上

ただし、①〜③の保安対象物については、不燃材料でつくった防火上有効な塀を設けるなど、市町村長等が安全と認めた場合には、その市町村長等が定めた距離を保安距離とすることができます。

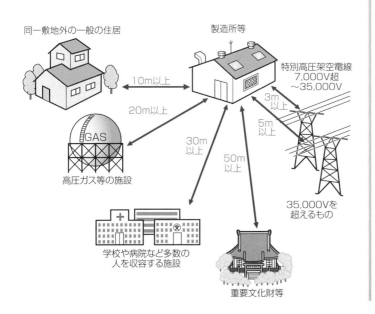

同一敷地外の一般の住居

製造所等

特別高圧架空電線
7,000V超
〜35,000V

10m以上

20m以上

GAS
高圧ガス等の施設

3m
以上

5m
以上

30m
以上

50m
以上

35,000Vを
超えるもの

学校や病院など多数の
人を収容する施設

重要文化財等

プラスワン

●学校、その他多数の人を収容する施設
大学、短期大学、予備校は含まない。

●重要文化財等に指定された建造物
あくまで建造物が重要文化財等である場合。単に文化財を保管している倉庫等は含まない。

●高圧ガス施設等
災害を発生させるおそれのある物の貯蔵または取扱いをする施設を指す。

●特別高圧架空電線
架空電線とは空中にかけ渡す電線のこと。たとえ使用電圧が7,000V超でも地中に埋設している電線は含まない。

ゴロ合わせ
保安距離
保安の距離は、自由に
（保安距離は、10m）
サンゴに
（30m、50m、20m）
サンゴ
（3m、5m）

プラスワン

移送取扱所の保有空地は、他の危険物施設と比べて性質が異なる。

● 学校、病院、防災計画上の避難空地等に対し、一定の水平距離を保つ必要がある。

● 地上設置の移送取扱所は、配管にかかる圧力に応じ、配管の両側に一定の幅の空地を保つ必要がある。

ゴロ合わせ

保有空地
保有とは、
（保有空地は）
保安プラス
（保安距離＋）
外にカンタン
（屋外簡易タンク貯蔵所）
地上で移送
（地上の移送取扱所）

2 保有空地

　保有空地とは、火災時の消防活動および延焼防止のために製造所等の周囲に確保する空地のことをいいます。保有空地内には、物品は一切置けません。

　製造所等には保有空地を必要としないものもあります。また、必要とする製造所等でも、指定数量の倍数や建物の構造等によって確保すべき保有空地の幅が異なります。

保有空地を必要とする製造所等
● 製造所
● 屋内貯蔵所
● 屋外貯蔵所
● 屋外タンク貯蔵所
● 簡易タンク貯蔵所（屋外に設けるもの）
● 一般取扱所
● 移送取扱所（地上に設けるもの）

保安距離が必要な5施設に、屋外に設ける簡易タンク貯蔵所と地上に設ける移送取扱所が加わるだけだね。

たとえば製造所の保有空地の幅は、指定数量の倍数が10以下なら3m以上、10を超える場合は5m以上です。

保有空地

コレだけ!!

保安距離を必要とする施設	保有空地を必要とする施設
製造所	保安距離を必要とする施設
屋内貯蔵所	＋　屋外に設ける
屋外貯蔵所	簡易タンク貯蔵所
屋外タンク貯蔵所	＋　地上に設ける
一般取扱所	移送取扱所

理解度チェック○×問題

Key Point		できたら チェック ☑
保安距離	□□ 1	保安距離とは、製造所等の周囲に確保すべき空地のことをいう。
	□□ 2	重要文化財である建造物は、保安距離が50m以上とされている。
	□□ 3	学校、病院および劇場は、保安距離が20m以上とされている。
	□□ 4	保安距離が10m以上と定められているのは、製造所等の敷地外にある一般の住居である。
	□□ 5	重要文化財の絵画を保管している倉庫は、保安距離を確保しなければならない建築物である。
	□□ 6	使用電圧7,000Vを超える特別高圧架空電線は、保安対象物である。
	□□ 7	大学、短期大学は、保安距離が30m以上とされている。
	□□ 8	保安距離が必要なタンク貯蔵所は、屋外タンク貯蔵所のみである。
	□□ 9	屋内貯蔵所と販売取扱所は、どちらも保安距離が必要である。
保有空地	□□10	保有空地は、火災時の消防活動や延焼防止のために確保される。
	□□11	保有空地を必要とするいずれの製造所等においても、確保すべき保有空地の幅は同一である。
	□□12	指定数量の倍数が10以下の製造所は、保有空地の幅が3m以上とされている。
	□□13	屋外に設ける簡易タンク貯蔵所は、保有空地を必要とする。
	□□14	屋外貯蔵所と屋外タンク貯蔵所は、どちらも保有空地が必要である。
	□□15	製造所、屋内タンク貯蔵所、一般取扱所は、すべて保有空地を必要とする。

解答・解説

1.× 保安距離ではなく、保有空地の説明である。 2.○ 3.× 20mではなく30m以上。 4.○ 5.× 建築物自体が重要文化財等でないといけない。 6.○ 7.× 大学と短期大学は保安対象物に含まれない。 8.○ 9.× 販売取扱所は必要ない。10.○ 11.× 指定数量の倍数や建物の構造等によって異なる。12.○ 13.○ 14.○ 15.× 屋内タンク貯蔵所は必要ない。

ここが狙われる！

保安対象物とその保安距離、保有空地が必要な施設など、確実に覚えること。また、保安対象物の「学校」の中には、大学・短期大学・予備校は含まれないことも確認しよう。

Lesson 2 製 造 所

<figure>LINK ▶ ⊖P200／㊭P120</figure>

受験対策 製造所の建物の構造・設備に関する基準は出題されやすい項目です。また、製造所の基準は他の危険物施設の建物の基準と共通する点が多いため、ここで確実に覚えておくようにしましょう。

1コマ 乙4劇場・その40

軽い金属板で製造所の屋根を拭く?

その「拭く」ではなく、屋根を覆うという意味の「ふく」です。

プラスワン

製造所の保安距離は、p197の基準の通り。保有空地の幅はp279参照。

用語

不燃材料
通常の火災では燃焼しない石、コンクリートなどの不燃性の材料。

耐火構造
鉄筋コンクリート造、レンガ造など、火災による建築物の倒壊や延焼を防止するための構造。

1 位置・構造の基準

　製造所の建物の位置・構造に関する基準のうち、主なものは次の通りです。

保安距離	必要	保有空地	必要
屋根	不燃材料でつくり、金属板等の軽量な不燃材料でふく（建物内で爆発が起きても爆風が上に抜けるようにする）			
壁、柱、床、梁、階段	・不燃材料でつくる ・延焼のおそれのある外壁は、出入口以外の開口部を持たない耐火構造にする			
窓、出入口	・防火設備を設ける（延焼のおそれのある外壁の出入口は、自閉式の特定防火設備） ・ガラスを用いる場合は網入りガラスとする			
床 （液状危険物を取り扱う建物）	・危険物が浸透しない構造とする ・適当な傾斜をつけ、漏れた危険物を一時的に貯留する設備（「ためます」等）を設ける			
地階	設置できない			

2 設備の基準

製造所の建物の設備に関する主な基準は、次の通りです。

採光、換気等	危険物の取扱いに必要な**採光、照明**および**換気**の設備を設ける
排出設備	可燃性の蒸気や微粉が滞留するおそれがある場合は、**屋外の高所**に排出する設備を設ける
温度の測定	危険物を加熱もしくは冷却する設備等には、**温度測定装置**を設ける
圧力計等	危険物を加圧する設備等には、**圧力計**および**安全装置**を設ける
静電気の除去	静電気が発生するおそれのある設備には、**接地**等、有効に静電気を除去する装置を設ける
電気設備	可燃性ガスが滞留するおそれのある場所には、**防爆構造**の電気機器を設置する
避雷設備	指定数量が**10倍**以上の施設に設ける

プラスワン

可燃性蒸気等は空気よりも重いため、低い場所に溜まりやすいことから、屋外の高所に排出する必要がある。

避雷設備は、**製造所、屋内貯蔵所、屋外タンク貯蔵所、一般取扱所**で、指定数量が**10倍**以上の場合に必要です。

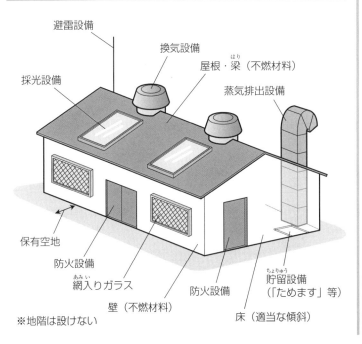

※地階は設けない

3 配管の基準

　製造所に設置される配管の位置、構造および設備に関する主な基準は、次の通りです。

プラスワン

製造所の配管に関する基準は、配管を有する屋外タンク貯蔵所、屋内タンク貯蔵所、地下タンク貯蔵所、一般取扱所にも準用されている。

配管について	● 十分な強度がある ● 最大常用圧力の1.5倍以上の圧力で水圧試験を行っても、漏えい等の異常がない ● 危険物や火災等による熱で、簡単に劣化・変形するおそれがない ● 外面の腐食を防止する
地下に設置する場合	● 配管の接合部分から危険物が漏えいしていないか、点検できるようにする ● 上部の地盤面にかかる重量が配管にかからないよう、保護する
地上に設置する場合	● 地震・風圧・地盤沈下・温度変化による伸縮等に対して、安全な構造の支持物（鉄筋コンクリート造等の耐火性のあるもの）によって支える

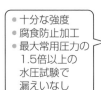

● 十分な強度
● 腐食防止加工
● 最大常用圧力の1.5倍以上の水圧試験で漏えいなし

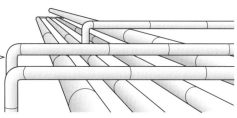

コレだけ‼

製造所の基準のポイント

● **屋根**…………軽量の不燃材料でふく
● **壁等**…………不燃材料でつくる
● **地階**…………設けてはならない
● **貯留設備**……床に貯留設備（「ためます」等）を設ける
● **排出設備**……可燃性蒸気等を屋外の高所に排出
● **配管**…………最大常用圧力の1.5倍以上の水圧試験で漏えいしない

理解度チェック○×問題

Key Point	できたら チェック ☑
製造所の構造の基準	□□ 1 危険物を取り扱う建物の壁、柱、床は不燃材料でつくる。
	□□ 2 屋根は不燃材料でつくり、金属板などの重厚な不燃材料でふく。
	□□ 3 建物の窓や出入口にガラスを用いる場合は、網入りガラスとする。
	□□ 4 製造所には、地階を設けてもよい。
	□□ 5 液状危険物を取り扱う建物では、床に適当な傾斜をつけ、ためますなどの貯留設備は設けてはならない。
製造所の設備の基準	□□ 6 危険物を取り扱うために必要な採光、照明および換気の設備を設ける必要がある。
	□□ 7 可燃性蒸気や微粉については、屋外の低所に排出する設備を設ける。
	□□ 8 危険物を加熱もしくは冷却する設備には、温度測定装置を設ける。
	□□ 9 危険物を加圧する設備には、圧力計および安全装置を設ける。
	□□10 避雷設備は、危険物の指定数量の倍数が100以上の特定の施設に設ける。
	□□11 静電気が発生するおそれのある設備には、蓄積される静電気を有効に除去する装置を設ける。
製造所の配管の基準	□□12 配管は、火災等による熱によって容易に変形するおそれのないものでなければならない。
	□□13 配管は十分な強度を有し、最大常用圧力の2.0倍以上の圧力で水圧試験を行っても漏えい等の異常がないものでなければならない。
	□□14 配管を地下に設置する場合は、地震等に対して安全な構造の支持物によって支持しなければならない。

解答・解説

1.○ 2.× 重厚ではなく軽量の不燃材料。 3.○ 4.× 地階は設置できない。 5.× 貯留設備は設けなければならない。 6.○ 7.× 低所ではなく高所に排出する。 8.○ 9.○ 10.× 100以上ではなく10以上。 11.○ 12.○ 13.× 2.0倍ではなく1.5倍以上。 14.× 地下ではなく地上に設置する場合。

ここが狙われる！

製造所の建物の構造や設備にはさまざまな基準が設けられている。イラストでイメージをつかみながらしっかり覚えること。

Lesson 3

屋内貯蔵所

LINK ▶ ⊖P204

受験
対策
屋内貯蔵所では、指定数量の倍数や、壁・柱・床が耐火構造かどうかで保有空地の幅が変わります。構造や設備の基準をしっかり覚えましょう。

1コマ 乙4劇場・その41

なんでもかんでも排出しているわけではないんですね。

引火点が70℃未満の危険物の貯蔵倉庫では、可燃性蒸気を屋根上に排出します。

1 位置の基準

　屋内貯蔵所とは、屋内で容器に収納した危険物を貯蔵または取り扱う貯蔵所をいいます。保安距離と保有空地、両方必要です。

保安距離	必要
保有空地	必要

プラスワン

屋内貯蔵所の保安距離はp197の基準の通り。保有空地の幅はp279参照。

　危険物の貯蔵または取扱いをする建築物（貯蔵倉庫）の周囲に確保すべき保有空地の幅は、指定数量の倍数や壁・柱・床が耐火構造かどうかによって、０ｍ〜15m以上の幅で定められています。指定数量の倍数や、保有空地の幅の細かい数値を覚える必要はありませんが、倍数や耐火構造かどうかによって、何段階かの幅があることを覚えておきましょう。

2 構造の基準

貯蔵倉庫は、独立した専用の建築物とします。構造に関する主な基準は、次の通りです。

軒 高 (地盤面から軒までの高さ)	6m未満の平屋建
床面積	1,000m²以下
屋 根	● 不燃材料でつくり、金属板などの軽量な不燃材料でふく ● 天井は設けない（建物内で爆発が起きても爆風が上に抜けるようにするため。吹き抜け屋根）
壁、柱、床、梁	● 壁、柱、床は耐火構造、梁は不燃材料でつくる ● 床は地盤面よりも上につくる ● 延焼のおそれのある外壁は、出入口以外の開口部のない壁にする
窓、出入口	● 防火設備を設ける（延焼のおそれのある外壁の出入口は、自閉式の特定防火設備） ● ガラスを用いる場合は網入りガラスとする
床 (液状危険物を取り扱う建物)	● 危険物が浸透しない構造にする ● 適当な傾斜をつけて、貯留設備（「ためます」等）を設ける

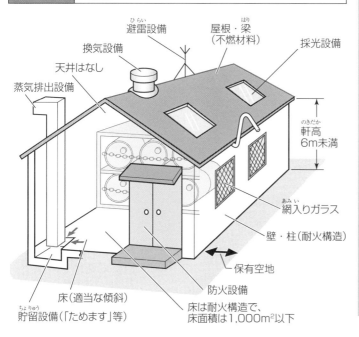

避雷設備
屋根・梁（不燃材料）
換気設備
採光設備
天井はなし
蒸気排出設備
軒高 6m未満
網入りガラス
壁・柱(耐火構造)
保有空地
床（適当な傾斜）
防火設備
貯留設備（「ためます」等）
床は耐火構造で、床面積は1,000m²以下

プラスワン

第2類または第4類危険物のみの貯蔵倉庫で、一定の基準に適合するものは、軒高を20m未満にできる。

製造所の壁や柱、床は不燃材料でつくるけど、屋内貯蔵所では原則、耐火構造にしなくちゃいけないんだね。

プラスワン

次の2種類の貯蔵倉庫は、延焼のおそれのない外壁・柱・床を不燃材料でつくることができる。

● 指定数量の10倍以下の貯蔵倉庫
● 第2類危険物（引火性固体を除く）もしくは第4類危険物（引火点70℃未満のものを除く）のみの貯蔵倉庫

「屋根」と「天井」を間違えないようにしましょう。

第3編
危険物に関する法令

重要

排出設備の設置
ガソリンや灯油等、
引火点70℃未満の
危険物を貯蔵する貯
蔵倉庫は、可燃性蒸
気を屋根上に排出す
る設備が必要。

3 設備の基準

貯蔵倉庫の設備に関する主な基準は、次の通りです。

採光、換気等	危険物の取扱いに必要な採光、照明および換気の設備を設ける
排出設備	引火点70℃未満の危険物の貯蔵倉庫には、内部に滞留した可燃性蒸気を屋根上に排出する設備を設ける
電気設備	可燃性ガスが滞留するおそれのある場所には、防爆構造の電気機器を設置する
避雷設備	指定数量が10倍以上の施設に設ける
架台	● 不燃材料でつくる ● 堅固な基礎に固定する ● 危険物を収納した容器の落下防止措置を講ずる

不燃材料

架台は危険物を
収納した容器が
簡単に落下しないよう、
堅固な基礎にしっかり
固定します。

落下防止用鎖

コレだけ!!

屋内貯蔵所の貯蔵倉庫（原則的な基準）

● 軒高6m未満の平屋建
● 床面積は1,000m²以下
● 壁、柱、床…………耐火構造
● 梁・屋根…………不燃材料
● 天井…………………設けない

引火点70℃未満の
危険物を貯蔵する場合
↓
滞留した可燃性蒸気を
屋根上に排出する設備

理解度チェック○×問題

Key Point	できた ら チェック ☑
屋内貯蔵所の位置の基準	□□ 1　屋内貯蔵所は、保安距離と保有空地をどちらも必要としない。
	□□ 2　屋内貯蔵所の保有空地の幅は、壁、柱および床が耐火構造かどうかによる区分と、指定数量の倍数によって異なる。
貯蔵倉庫の構造の基準	□□ 3　貯蔵倉庫は、独立した専用の建築物とする。
	□□ 4　貯蔵倉庫の床面積は2,000m²以下とされている。
	□□ 5　貯蔵倉庫は、軒高が6m未満の平屋建が原則とされている。
	□□ 6　貯蔵倉庫は、壁、柱、床および屋根を耐火構造とする必要がある。
	□□ 7　延焼のおそれのない外壁、柱および床を不燃材料でつくることのできる貯蔵倉庫もある。
	□□ 8　貯蔵倉庫の屋根は軽量な不燃材料でふき、天井を設ける必要がある。
	□□ 9　貯蔵倉庫の窓および出入口には、防火設備を設けなければならない。
	□□10　灯油の貯蔵倉庫の床には、適当な傾斜をつけて貯留設備を設けなければならない。
貯蔵倉庫の設備の基準	□□11　貯蔵倉庫には、採光、照明および換気の設備は設けなくてよい。
	□□12　可燃性蒸気を屋根上に排出する設備を設けなければならないのは、引火点70℃未満の危険物の貯蔵倉庫である。
	□□13　ガソリンの貯蔵倉庫には、可燃性蒸気を屋根上に排出する設備を設ける必要はない。
	□□14　指定数量の10倍以上の危険物の貯蔵倉庫には、原則として避雷設備を設ける必要がある。

第3編　危険物に関する法令

解答・解説

1.× どちらも必要とする。　2.○　3.○　4.× 2,000m²ではなく1,000m²以下。　5.○　6.× 屋根は不燃材料でつくる。　7.○　8.× 天井は設けない。　9.○　10.○ 灯油は液状の危険物だから。　11.× 設けなければならない。　12.○　13.× ガソリンの引火点は−40℃以下なので、屋根上への排出設備が必要である。　14.○

ここが狙われる！

屋内貯蔵所には軒高や床面積に制限がある。構造や設備の基準を確認して覚えること。

Lesson 4 屋外貯蔵所

LINK ▶ ⊖P208

受験
対策

屋外貯蔵所では、貯蔵できる危険物が限定されています。貯蔵できる危険物の区分と性状をしっかり押さえておきましょう。

1コマ 乙4劇場 その42

野ざらしでも安全を保てる物品しか貯蔵や取扱いしないんですね！

屋外貯蔵所には、屋根や天井はありません！

1 貯蔵・取扱いできる危険物

　屋外貯蔵所とは、屋外において危険物を貯蔵または取り扱う貯蔵所をいいます。危険物を屋外で保管するため、水と反応するもの、自然発火するもの、引火点の低いもの等、危険性の大きい物品は貯蔵することができません。そのため、取り扱える危険物の種類が限定されていることはすでに学習しました。

　屋外貯蔵所で貯蔵または取扱い可能な危険物をもう一度確認しておきましょう。

第４類危険物の中で、屋外で貯蔵または取扱いができないのは、**特殊引火物**と、第１石油類のガソリン、ベンゼン、アセトンといった引火点０℃未満のものでしたよね。

第２類危険物	硫黄類（硫黄または硫黄のみを含有するもの）
	引火性固体（ただし、引火点０℃以上のもの）
第４類危険物	第１石油類（ただし、引火点０℃以上のもの）
	アルコール類
	第２石油類
	第３石油類
	第４石油類
	動植物油類

2 位置の基準

屋外貯蔵所は、製造所や屋内貯蔵所と同様、保安距離と保有空地をどちらも必要とします。

保安距離	必要
保有空地	必要

　保有空地は、危険物を貯蔵または取り扱う場所を区画するために設けた柵などの周囲に確保します。また、その幅は、指定数量の倍数に応じて３ｍ（10倍以下）〜30ｍ（200倍超）以上と定められていますが、保有空地の幅の細かい数値を覚える必要はありません。指定数量の倍数によって何段階かの幅があることを覚えておきましょう。

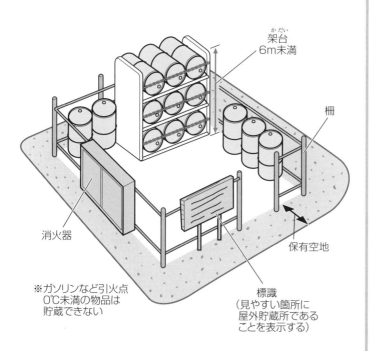

架台
6m未満

柵

消火器

保有空地

※ガソリンなど引火点
0℃未満の物品は
貯蔵できない

標識
（見やすい箇所に
屋外貯蔵所である
ことを表示する）

ゴロゴロ合わせ

屋外貯蔵所に貯蔵
できるもの
黄色いインコ
（硫黄、引火性固体）
おトクな外資
（特殊引火物と引火
点0℃未満の第１石
油類を除いた第４類
危険物）
外で貯め
（屋外貯蔵所に貯蔵
可能）

プラスワン
屋外貯蔵所の保安距
離はp197の基準の
通り。保有空地の幅
はp279参照。

プラスワン
硫黄または硫黄のみ
を含有するものだけ
を貯蔵または取り扱
う場合、保有空地の
幅を減ずることがで
きる緩和措置がある。

第3編
危険物に関する法令

3 構造および設備の基準

　屋外貯蔵所の構造および設備に関する主な基準は、次の通りです。

設置場所	湿潤でない、排水のよい場所
柵	危険物を貯蔵または取り扱う場所の周囲には、柵等を設けて明確に区画する
架台	● 不燃材料でつくり、堅固な地盤面に固定する ● 架台および付属設備の重量、貯蔵する危険物の重量、風や地震の影響等の荷重に対して安全なもの ● 高さは6m未満 ● 危険物を収納した容器が簡単に落下しないようにする
避雷設備	不要

　屋外貯蔵所のうち、塊状の硫黄等のみを地盤面に設けた囲いの内側で貯蔵または取り扱うものについては、上の基準に加えて左のように特別な基準が定められています。

硫黄類は第2類危険物ですが、屋外貯蔵所では出題されやすいので覚えておきましょう。

プラスワン

塊状の硫黄等のみを囲いの内側で貯蔵または取り扱う場合、囲いについての特別な基準は次の通り。
● 不燃材料でつくり、硫黄等が漏れない構造とする。
● 高さは1.5m以下。
● 硫黄等のあふれや飛散を防止するシートを固着する装置を設ける。
● 囲いの内部面積は100m²以下。

コレだけ!!

屋外貯蔵所のポイント
● 貯蔵または取り扱える危険物が限定されている
● 保安距離と保有空地がどちらも必要
● 湿潤でなく排水のよい場所に設置
● 柵などを設けて明確に区画
● 架台は不燃材料で、高さ6m未満とする

屋外貯蔵所に屋根や天井はありません。

理解度チェック〇×問題

Key Point	できたら チェック ☑
屋外貯蔵所で貯蔵・取扱いできる危険物	□□ 1　鉄粉、カリウム、硝酸は、どれも屋外貯蔵所では貯蔵できない。
	□□ 2　エタノールは、屋外貯蔵所では取り扱えない。
	□□ 3　屋外貯蔵所でギヤー油は貯蔵できるが、アセトンは貯蔵できない。
	□□ 4　硫黄、黄りん、ガソリンのうち、屋外貯蔵所で貯蔵できないのはガソリンだけである。
屋外貯蔵所の位置の基準	□□ 5　製造所、屋内貯蔵所、屋外貯蔵所は、どれも保安距離が必要である。
	□□ 6　屋外貯蔵所の保有空地の幅は、貯蔵または取り扱う危険物の種類に応じて定められている。
	□□ 7　塊状の硫黄等のみを囲いの内側で貯蔵する屋外貯蔵所は、その構造や設備について、通常の基準のほかに特別な基準が定められている。
屋外貯蔵所の構造および設備の基準	□□ 8　屋外貯蔵所は、湿潤でなく排水のよい場所に設置する必要がある。
	□□ 9　屋外貯蔵所として危険物を貯蔵または取り扱う場所の周囲には、柵などを設けて明確に区画しなければならない。
	□□10　屋外貯蔵所に設ける架台の高さは1.5m未満とすること。
	□□11　屋外貯蔵所の架台は耐火構造とする必要があり、堅固な地盤面に固定する。
	□□12　架台には危険物を収納した容器が容易に落下しない措置を講じる。
	□□13　屋外貯蔵所の屋根は、金属板などの軽量な不燃材料でふく。
	□□14　指定数量の倍数が10以上の場合は、原則として避雷設備を設ける。
	□□15　塊状の硫黄等のみを囲いの内側で貯蔵する屋外貯蔵所については、通常の基準のほかに特別な基準が定められている。

第3編　危険物に関する法令

解答・解説

1.〇　2.× エタノールは第4類危険物のアルコール類なので取り扱える。　3.〇　4.× 黄りんも貯蔵できない。　5.〇　6.× 危険物の種類ではなく指定数量の倍数に応じて。　7.〇　8.〇　9.〇　10.× 1.5mではなく6m未満。　11.× 耐火構造ではなく不燃材料でよい。　12.〇　13.× 屋外貯蔵所に屋根はない。　14.× 避雷設備は常に不要。　15.〇

ここが狙われる！

第4類危険物では、特殊引火物と、ガソリンやベンゼンなど引火点が0℃未満の第1石油類は屋外貯蔵所では貯蔵できないことを理解すること。

Lesson 5 屋外タンク貯蔵所

LINK ▶ ⊝P214／㋜P122

受験対策　屋外タンク貯蔵所については、構造や設備の他、防油堤の基準について覚えておきましょう。特に、防油堤の容量や高さ、水抜口など、確実に押さえておく必要があります。

1コマ▷乙4劇場●その43

製造所等の中で敷地内距離が登場するのは屋外タンク貯蔵所だけです。

こんなイメージだね…

何重にも対策がとられているんですね。

用語

屋外貯蔵タンク
屋外において危険物を貯蔵または取り扱うタンクのうち、地下貯蔵タンク、簡易貯蔵タンク、移動貯蔵タンクを除いたもの。

敷地内距離
火災時における隣接敷地への延焼防止のため、タンクの側板(がわいた)から敷地境界線まで確保する距離のこと。

1 位置の基準

　屋外タンク貯蔵所とは、屋外にある貯蔵タンク（屋外貯蔵タンク）において危険物を貯蔵または取り扱う貯蔵所です。保安距離と保有空地を必要とします。保有空地の幅は、指定数量の倍数によって３m（500倍以下）〜15m（3,000倍を超え4,000倍以下）以上と定められています。指定数量の倍数によって何段階かの幅があることを覚えておきましょう。

　また、引火点を有する液体危険物を貯蔵または取り扱う場合に限り、敷地内距離の確保が義務付けられています。

　位置についてまとめると、次のようになります。

保安距離	タンク側板から保安対象物までの距離	必要
保有空地	タンク側板の周囲に確保する一定の幅	必要
敷地内距離	タンク側板から敷地境界線までの距離	必要 （引火点を有する液体危険物を貯蔵または取り扱う場合）

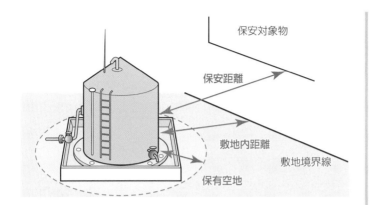

保安対象物

保安距離

敷地内距離

敷地境界線

保有空地

プラスワン

屋外タンク貯蔵所の保安距離はp197の基準の通り。保有空地の幅はp279参照。

2 構造および設備の基準

屋外タンク貯蔵所の構造と設備に関する基準は、次の通りです。

屋外貯蔵タンク	● 原則として厚さ3.2mm以上の鋼板でつくる ● 外面には錆止めの塗装をする ● 配管の材質は、原則、製造所における基準と同様
液体危険物の 屋外貯蔵タンク	● 危険物の量を自動的に表示する装置を設ける ● ガソリンやベンゼン等、静電気による災害のおそれがあるタンク注入口付近には、静電気を有効に除去する接地電極を設ける
圧力タンク	安全装置を設ける
圧力タンク 以外のタンク	通気管を設ける（無弁通気管または大気弁付通気管）
避雷設備	指定数量が10倍以上の施設に設ける

3 防油堤

液体危険物（二硫化炭素を除く）の屋外貯蔵タンクの周囲には、危険物の流出を防止するための防油堤を設ける必要があります。

プラスワン

無弁通気管の場合は雨水の浸入を防止するため、先端を水平より下に45度以上曲げる。

水平より45度以上曲げる

引火防止用の銅網

直径30mm以上

プラスワン

特殊引火物（第4類危険物）の二硫化炭素は水より重く、水に溶けない。屋外貯蔵タンクで貯蔵または取り扱う場合は、厚さ0.2m以上の壁および底を有する水漏れのない鉄筋コンクリートの水槽に入れ、**水没させる**。
p126

①引火点を有する液体危険物の貯蔵タンクの場合、防油堤の容量はタンク容量の110%以上とします。同じ防油堤内に引火点を有する液体危険物の貯蔵タンクが2基以上ある場合は、容量が最大であるタンクの110%以上とします。

屋外貯蔵タンクから漏れた危険物を泡消火剤で覆うなどの措置をとるため、その分の余裕を見て110%としています。

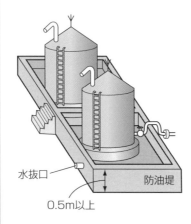

水抜口

防油堤

0.5m以上

例 重油500kL、ガソリン300kLを貯蔵するタンクが同じ防油堤内にある場合、容量が最大なのは重油を貯蔵するタンクなので、この防油堤の容量は、500（kL）×1.1＝550（kL）以上となります。

②防油堤の高さは0.5m以上とします。

③防油堤には、内部の滞水を排出するための水抜口と、これを開閉する弁を設けなければなりません。

④高さ1mを超える防油堤には、おおむね30mごとに堤内に出入りするための階段を設けたり、土砂の盛上げ等を行います。

タンクの容量を合計したものに1.1をかけるのではないのですね。

プラスワン

水抜口の弁は、排水のときにだけ開ける。それ以外は閉じておく。

コレだけ!!

屋外タンク貯蔵所のポイント

● 引火点を有する液体危険物の場合 → 敷地内距離が必要

● 液体危険物（二硫化炭素を除く）の場合 → 防油堤が必要

　このうち引火点を有する液体危険物の場合

　→ 防油堤の容量

　　　＝（最大の）タンク容量の110%以上

理解度チェック○×問題

Key Point		できたら チェック ☑
敷地内距離	□□ 1	引火点を有する液体危険物を貯蔵しまたは取り扱う屋外タンク貯蔵所には、敷地内距離の確保が義務付けられている。
	□□ 2	敷地内距離とは、防油堤の外側から敷地境界線までの距離をいう。
	□□ 3	屋外タンク貯蔵所以外の製造所等には、敷地内距離は必要ない。
	□□ 4	敷地内距離を確保した屋外タンク貯蔵所には保有空地は必要ない。
屋外タンク貯蔵所の構造および設備の基準	□□ 5	屋外貯蔵タンクの外面には、錆止めの塗装をしなければならない。
	□□ 6	屋外貯蔵タンクのうち、圧力タンクには通気管を設け、それ以外のタンクには安全装置を設けなければならない。
	□□ 7	屋外貯蔵タンクのうち、圧力タンク以外のタンクには無弁通気管または大気弁付通気管を設ける。
	□□ 8	液体危険物の屋外貯蔵タンクには、発生する蒸気の濃度を自動的に表示する装置を設ける必要がある。
	□□ 9	指定数量の倍数が10以上の屋外貯蔵タンクには避雷設備を設ける。
防油堤	□□10	防油堤は、引火点を有する液体危険物の屋外貯蔵タンクに設ける。
	□□11	引火点を有する液体危険物の屋外貯蔵タンクの場合は、防油堤の容量をタンク容量の110%以上としなければならない。
	□□12	灯油20kLを貯蔵するタンクと、軽油40kLを貯蔵するタンクが同じ防油堤内にある場合、この防油堤の容量は66kL以上とする。
	□□13	防油堤の高さは0.5m以上とする。
	□□14	防油堤の水抜口の弁は、常に開けておく必要がある。

解答・解説

1.○　2.× 防油堤の外側ではなくタンクの側板から。　3.○　4.× 保有空地も必要。　5.○　6.× 通気管と安全装置が逆。　7.○　8.× 発生する蒸気の濃度ではなく危険物の量。　9.○　10.× 引火点を有しない場合も設ける必要がある。　11.○　12.× 66kLではなく44kL以上。　13.○　14.× 排水のとき以外は閉じる。

ここが狙われる！

引火点を有する液体危険物の屋外貯蔵タンクで、容量100kLのタンクAと容量500kLのタンクBが同一敷地内にある場合、500kLの110%（＝550kL）以上の容量の防油堤をタンクA・Bの周囲に設ける必要があることを理解する。

第2章　製造所等の構造・設備の基準

Lesson 6

屋内タンク貯蔵所・地下タンク貯蔵所

LINK ▶ ㊙P218／㊙P122

受験対策　屋内タンク貯蔵所、地下タンク貯蔵所ともに保有空地および保安距離が不要な施設です。それぞれの構造のほか、地下タンク貯蔵所の設備（通気管や注入口、漏えい検知管の位置など）も覚えましょう。

1コマ 乙4劇場 ● その44

通気管は移動タンク以外の屋外、屋内、地下、簡易の4つのタンク貯蔵所で必要です。

ここにも通気管が登場するんですね。

1 屋内タンク貯蔵所

　屋内タンク貯蔵所とは、屋内にある貯蔵タンク（屋内貯蔵タンク）において危険物を貯蔵または取り扱う貯蔵所をいいます。保安距離および保有空地は必要としません。

保安距離	不要	保有空地	不要

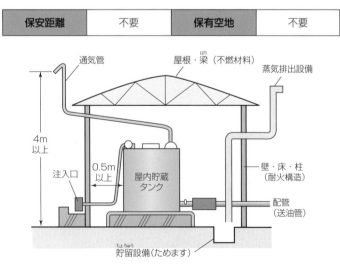

屋内タンク貯蔵所の構造および設備に関する主な基準は、次の通りです。

屋内貯蔵タンクの設置場所	●原則として平屋建のタンク専用室に設置 ●屋内貯蔵タンクとタンク専用室の壁との間、および同一のタンク専用室に2基以上のタンクを設置する場合のタンク相互間には、0.5m以上の間隔が必要
屋内貯蔵タンクの容量	指定数量の40倍以下。第4石油類および動植物油類以外の第4類危険物を貯蔵する場合は20,000L以下（同一のタンク専用室に2基以上の屋内貯蔵タンクを設ける場合、それらの容量の総計がこの制限の範囲内であること）
液体危険物の屋内貯蔵タンク	危険物の量を自動的に表示する装置を設ける
壁、柱、床、梁、屋根	●タンク専用室の壁、柱、床は耐火構造、梁と屋根は不燃材料でつくる
天井	設けない（建物内で爆発が起きても爆風が上に抜けるようにするため。吹き抜け屋根）
窓、出入口	●タンク専用室の窓と出入口には、防火設備を設け、ガラスを用いる場合は網入りガラスとする ●出入口の敷居の高さは0.2m以上とする
床 （液状危険物のタンクをタンク専用室に設置する場合）	●危険物が浸透しない構造にする ●適当な傾斜をつけ、貯留設備（「ためます」等）を設ける
採光・照明・換気・排出設備	屋内貯蔵所の基準を準用
弁、注入口	屋外貯蔵タンクの基準を準用
配管	製造所の基準を準用
圧力タンク	安全装置を設ける（圧力タンク以外のタンクには、無弁通気管を設ける）

2 地下タンク貯蔵所

地下タンク貯蔵所は、地盤面下に埋没されているタンク（地下貯蔵タンク）において危険物を貯蔵または取り扱う貯蔵所です。保安距離および保有空地は必要としません。

保安距離	不要	保有空地	不要

引火点が40℃以上の第4類危険物のみを貯蔵または取り扱う屋内貯蔵タンクのタンク専用室は、平屋建以外の建築物にも設けることができます。

プラスワン

屋内貯蔵タンク本体の構造は、**屋外貯蔵タンクと同じ基準に従う**（●p213）。

屋内貯蔵タンクの外面にも、錆止めの塗装をします。

用語

液体危険物と液状危険物

それぞれ、法律で別のことばとして使い分けられている。「液状」の方が「液体」より広い概念になる。

無弁通気管●p213

プラスワン

地下貯蔵タンクに設ける**通気管**の主な基準は次の通り。

- 無弁通気管は直径30mm以上。先端を水平より45度以上、下に曲げ雨水の浸入を防ぐ。
- 細目の銅網等による引火防止装置を設ける。
- 先端は屋外で地上4m以上の高さ。建築物の窓、出入口等の開口部から1m以上離す。
- 引火点が40℃未満の危険物のタンクに設ける場合は敷地境界線から先端を1.5m以上離す。

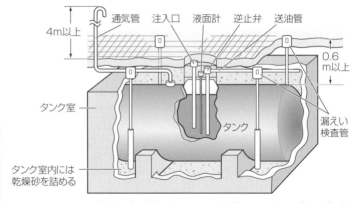

地下タンク貯蔵所の構造および設備に関する主な基準は、次の通りです。

地下貯蔵タンクの設置場所	● 地盤面下に設けられた**タンク室**に設置※ ● 地下貯蔵タンクとタンク室の内側の壁は0.1m以上の間隔を保ち、タンクの周囲に乾燥砂を詰める ● 地下貯蔵タンクの頂部は、0.6m以上地盤面から下になるようにする
液体危険物の地下貯蔵タンク	● 液体危険物の地下貯蔵タンクの注入口は、屋外に設ける ● 液体危険物の地下貯蔵タンクには、**危険物の量を自動的に表示する装置**を設ける
通気管	タンクの頂部に無弁通気管または大気弁付通気管を取り付ける
配管	タンクの頂部に取り付けるほか、製造所の基準を準用
危険物の漏れを検知する設備	地下貯蔵タンクまたはその周囲に、**漏えい検査管**などの危険物の漏れを検知する設備を設ける

※地盤面下に直接埋設できる二重殻タンクや、コンクリートで被覆して地盤面下に埋設する方法もある。

コレだけ‼

屋内タンク貯蔵所	地下タンク貯蔵所
● 屋内貯蔵タンクの容量は、指定数量の40倍以下 ● 第4石油類・動植物油類以外の第4類危険物は20,000L以下 ● タンクが2基以上ある場合は、総計が上記制限の範囲内	● 地下貯蔵タンクとタンク室の内側の壁には0.1m以上の間隔 ● 地下貯蔵タンクの頂部は0.6m以上地盤面より下 ● 通気管はタンクの頂部に設ける ● 漏れを検知する設備を設ける

理解度チェック○×問題

Key Point	できたら チェック ☑
屋内タンク貯蔵所	□□ 1 屋内貯蔵タンクの容量は、指定数量の40倍以下とされている。
	□□ 2 同一のタンク専用室に複数の屋内貯蔵タンクがある場合は、それぞれのタンクの容量が指定数量の40倍以下であればよい。
	□□ 3 第4石油類および動植物油類以外の第4類危険物を貯蔵する場合には、屋内貯蔵タンクの容量は40,000L以下でなければならない。
	□□ 4 屋内貯蔵タンクのタンク専用室は、平屋建以外の建築物に設けてはならない。
	□□ 5 タンク専用室の壁、柱、床は、不燃材料でつくる必要がある。
	□□ 6 液状危険物の屋内貯蔵タンクを設置しているタンク専用室の床は、適当な傾斜をつけ、貯留設備を設けなければならない。
	□□ 7 屋内貯蔵タンクとタンク専用室の壁との間、および同一のタンク専用室に2基以上のタンクを設置する場合のタンク相互間には、0.1m以上の間隔を保つ必要がある。
地下タンク貯蔵所	□□ 8 地下貯蔵タンクとタンク室の内側の壁との間には0.6m以上の間隔を保ち、タンクの周囲に乾燥砂を詰めなければならない。
	□□ 9 液体危険物の地下貯蔵タンクには、危険物の量を自動的に表示する装置が必要である。
	□□10 通気管は、地下貯蔵タンクの頂部に設ける。
	□□11 液体危険物の地下貯蔵タンクの注入口は、タンク室内に設ける。
	□□12 無弁通気管は雨水の浸入を防ぐため、先端を水平より下に45度以上曲げる必要がある。
	□□13 地下貯蔵タンクまたはその周囲には、液体危険物の漏れを検知する設備を設けなければならない。

第3編 危険物に関する法令

解答・解説

1.○ 2.× それぞれではなく総計が40倍以下に制限される。 3.× 40,000Lではなく20,000L以下。 4.× 原則として平屋建だが、貯蔵または取り扱う危険物によって平屋建以外でもよい場合もある。 5.× 不燃材料ではなく耐火構造とする。 6.○ 7.× 0.1mではなく0.5m以上。 8.× 0.6mではなく0.1m以上。 9.○ 10.○ 11.× タンク室内ではなく屋外に設ける。 12.○ 13.○

ここが狙われる！

屋内貯蔵タンクの容量は、指定数量の40倍以下だが、第4類危険物の場合、第4石油類と動植物油類以外は20,000L以下の貯蔵容量となる。

Lesson 7

移動タンク貯蔵所・簡易タンク貯蔵所

LINK ▶ ⊖P222／㋐P120・122

受験対策 移動タンク貯蔵所は出題されやすい項目です。また、簡易タンク貯蔵所は Lesson8の給油取扱所とよく一緒に出題されます。それぞれの構造や設備、貯蔵タンク容量を覚えましょう。

１コマ 乙4劇場 ● その45

移動タンク貯蔵所は一般にタンクローリーと呼ばれています。

あっ、タンクローリーだ！

用語

移動貯蔵タンク
危険物を貯蔵または取り扱う車両に固定されたタンク。

1 移動タンク貯蔵所

　移動タンク貯蔵所とは、車両に固定された移動貯蔵タンクで危険物を貯蔵または取り扱う貯蔵所です。

①位置の基準

　保安距離と保有空地は必要ありませんが、車両を駐車する常置場所については、基準が定められています。まとめると次のようになります。

保安距離		不要
保有空地		不要
常置場所	屋外	防火上安全な場所
	屋内	壁、床、梁および屋根を耐火構造または不燃材料でつくった建物の１階

製造所等の位置の
変更 ▶p179

　常置場所を変更するときは、製造所等の位置の変更に当たるため、市町村長等に申請して許可を受けなければなりません。

②構造の基準

移動タンク貯蔵所の構造の主な基準は、次の通りです。

容量、間仕切	容量は**30,000L以下**とし、**4,000L以下**ごとに完全な**間仕切**を設ける（＝鋼板等の間仕切板で仕切る）
材　料	厚さ**3.2mm以上**の鋼板等でつくる
外　面	錆止めの塗装をする
防波板、安全装置	● 容量が**2,000L以上**のタンク室に、**防波板**を移動方向と平行に**2カ所**設ける ● タンク室それぞれに、**マンホール**、**安全装置**などを設ける
防護枠、側面枠	マンホール、安全装置などが移動貯蔵タンクの上部に突出している場合、損傷を防止するため、それらの周囲に**防護枠**を、移動貯蔵タンクの両側面上部に**側面枠**を設ける

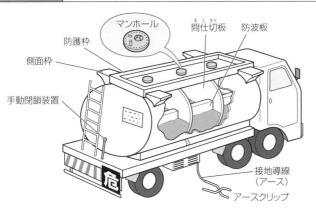

防護枠　　マンホール　間仕切板　防波板
側面枠
手動閉鎖装置
接地導線（アース）
アースクリップ

③設備の基準

移動タンク貯蔵所の設備の主な基準は、次の通りです。

排出口	● 移動貯蔵タンクの下部に排出口を設ける場合、**底弁**を設ける ● 非常時には、直ちに底弁を閉鎖できる**手動閉鎖装置**と自動閉鎖装置を設ける
配　管	● 先端部に弁などを設ける
接地導線	● ガソリン、ベンゼン等、静電気による災害のおそれがある液体危険物の移動貯蔵タンクには**接地導線（アース）**を設ける
表示設備	● 車両の前後の見やすい箇所に「危」と表示する ▶p234

▶p234

用語

タンク室
移動貯蔵タンク内の間仕切りによって仕切られたそれぞれの部分のこと。

ゴロ合わせ

移動タンク貯蔵所の容量
井戸に
サンマがいっぱい
（容量は30,000L以下）
間近に寄ったら
（4,000L以下ごとに間仕切）
ニセモノなみだ
（2,000L以上のタンク室に防波板）

移動貯蔵タンク内がいくつかのタンク室に仕切られていることで、複数の危険物を積み分けることができるんですね。

プラスワン

手動閉鎖装置には、**レバー**を設けなければならない。レバーは長さ**15cm以上**とし、**手前に引き倒す**ことによって手動閉鎖装置を作動させるものである。

2 簡易タンク貯蔵所

　簡易タンク貯蔵所とは、簡易貯蔵タンクにおいて危険物を貯蔵または取り扱う貯蔵所です。

①位置の基準

　簡易タンク貯蔵所の位置に関する基準は、次の通りです。

> 右の簡易貯蔵タンクは手動式給油設備です。ほかに電動式給油設備もあります。

給油管
5m以下

タンク容量
600L以下

保有空地
タンク部分

容器に移動しないように、
地盤面、架台等に固定する

保安距離	不要
保有空地	屋外に設置する場合のみ必要 （簡易貯蔵タンクの周囲に1m以上）

②構造および設備の基準

　簡易タンク貯蔵所の構造および設備に関する主な基準は、次の通りです。

容　量	1基の容量は600L以下
材料、外面	● 厚さ3.2mm以上の鋼板でつくる ● 外面には錆止めのための塗装をする
通気管	無弁通気管を設ける▶欄外参照
簡易貯蔵タンクの数	1つの簡易タンク貯蔵所に設置できる簡易貯蔵タンクは3基以内。同一品質の危険物は1基しか設置できない
間　隔	タンク専用室内に設置する場合、タンクと専用室の壁との間に0.5m以上の間隔を保つ

プラスワン

第4類危険物の簡易貯蔵タンクのうち、圧力タンク以外のタンクには**無弁通気管**を設ける。その先端は**屋外**にあって、**地盤面から1.5mの高さ**とする。

コレだけ!!

移動タンク貯蔵所	簡易タンク貯蔵所
● 容量は30,000L以下 ● 4,000L以下ごとに間仕切 ● 2,000L以上のタンク室に防波板 ● 底弁の手動閉鎖装置は、手前に引き倒すレバー	● 容量は600L以下 ● 設置できるのは3基以内 ● 同一品質の危険物は1基しか設置できない ● 屋外に設置する場合、保有空地の幅は周囲1m以上

理解度チェック○×問題

Key Point		できたら チェック ☑
移動タンク貯蔵所	□□ 1	移動タンク貯蔵所の常置場所を屋内にする場合は、耐火構造または不燃材料でつくった建築物の1階でなければならない。
	□□ 2	移動貯蔵タンクの容量は3,000L以下とされている。
	□□ 3	移動貯蔵タンクの内部には、4,000L以下ごとに間仕切を設ける。
	□□ 4	容量2,000L以下のタンク室には、防波板を設けなければならない。
	□□ 5	移動貯蔵タンクの内面には、錆止めの塗装をしなければならない。
	□□ 6	移動貯蔵タンクの配管には、先端部に弁等を設ける必要がある。
	□□ 7	静電気による災害発生のおそれがある液体危険物の移動貯蔵タンクには、接地導線を設けなければならない。
	□□ 8	排出口の底弁の手動閉鎖装置のレバーは、上へ持ち上げることによって閉鎖装置を作動させるものでなければならない。
簡易タンク貯蔵所	□□ 9	簡易貯蔵タンクの周囲には、常に幅1m以上の保有空地を必要とする。
	□□10	簡易貯蔵タンク1基の容量は、600L以下とされている。
	□□11	1つの簡易タンク貯蔵所に設置できる簡易貯蔵タンクは、3基以内である。
	□□12	1つの簡易タンク貯蔵所には、同一品質の危険物の簡易貯蔵タンクを2基まで設置することができる。
	□□13	簡易貯蔵タンクを専用室内に設置する場合は、タンクと専用室の壁との間に0.5m以上の間隔を保つ必要がある。
	□□14	簡易貯蔵タンクには通気管を設ける必要がない。

第3編　危険物に関する法令

解答・解説

1.○　2.× 3,000Lではなく30,000L以下。　3.○　4.× 2,000L以下ではなく以上。　5.× 内面ではなく外面。　6.○　7.○　8.× 上へ持ち上げるのではなく手前に引き倒す。　9.× 常にではなく屋外に設置する場合のみ。　10.○　11.○　12.× 1基しか設置できない。　13.○　14.× 通気管は必要である。

ここが狙われる！

移動タンク貯蔵所は構造や設備のほかに、第3章の「貯蔵・取扱いの基準」と一緒に出題されることが多い。

給油取扱所・販売取扱所など

LINK ▶ ⊖P226／㋐P122

受験対策 給油取扱所ではセルフ型スタンドや構造・設備等の基準がよく出題されています。特にセルフ型スタンドの特例基準やLesson7で学習した簡易タンク貯蔵所を含めた設備について覚えておく必要があります。

1コマ 乙4劇場・その46

給油目的でやってくる人のための施設だけなんですね。

NG!!

給油取扱所内には飲食店は設置できますが、遊技場は設置できません。

用語

固定給油設備
自動車等の燃料タンクに直接給油するための固定設備。地上に設置される固定式と、天井から吊り下げる懸垂式がある。

プラスワン

給油・注油のためのホースは、全長5m以下で、先端に弁を設ける。また、これらの先端に蓄積される静電気を除去する装置を設けなければならない。

---

1 給油取扱所

　給油取扱所とは、ポンプ機器やホース機器からなる**固定給油設備**で、自動車等の燃料タンクに直接給油するために危険物を取り扱う取扱所です。ガソリンスタンド等の施設、灯油や軽油の容器への詰替えなどを行う取扱所も含みます。

①位置の基準

　給油取扱所は、保安距離、保有空地は必要ありません。しかし、固定給油設備のホース機器の周辺には、給油や自動車等の出入りのために空地を保有しなければなりません。これを**給油空地**といいます。

　また、灯油等を容器に詰め替えるための固定注油設備を設ける場合、固定注油設備のホース機器周辺には**注油空地**を、給油空地以外の場所に保有しなければなりません。

　給油空地と注油空地は、漏れた危険物の浸透を防ぐために**舗装**をし、空地以外の場所に流出しないよう、排水溝や油分離装置等を設けます。

保安距離	不要	保有空地	不要
給油空地	必要（間口10m以上、奥行6m以上）		
注油空地	必要（灯油または軽油を容器に詰替えする固定注油設備を設ける場合）		

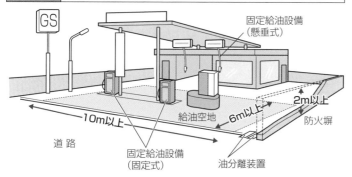

固定給油設備（懸垂式）

給油空地

固定給油設備（固定式）

油分離装置

防火塀

2m以上

6m以上

10m以上

道 路

給油取扱所には、2階建ての駐車場（立体駐車場）はつくることができないんだね。

②構造および設備の基準

　給油取扱所には、業務に必要な建築物以外を設置することはできません。給油に支障があると認められる設備も同様です。設置できる建築物は以下の通りです。

給油取扱所に設置できる建築物
- 給油取扱所の業務を行うための事務所
- 給油または灯油・軽油の詰替えのための作業場
- 給油等のために給油取扱所に出入りする者を対象とした店舗、飲食店または展示場（遊技場は含まない）
- 自動車等の点検・整備・洗浄を行う作業場
- 給油取扱所の所有者、管理者が居住する住居等

　その他、構造および設備の主な基準は、次の通りです。

危険物を取り扱うタンク	固定給油設備もしくは固定注油設備に接続する専用タンクや、容量10,000L以下の廃油タンク等を地盤面下に設置する
壁、柱、床、梁、屋根	耐火構造または不燃材料でつくる
窓・出入口	防火設備を設ける
塀・壁	給油取扱所の周囲に、火災被害の拡大を防ぐため、耐火構造または不燃材料でつくられた高さ2m以上の塀または壁を設ける（自動車等が出入りする側は除く）

防火地域等以外の地域では、固定給油設備もしくは固定注油設備に接続する容量600L以下の簡易タンクを地盤面上に、同一品質の危険物ごとに1基ずつ、最大3基まで設けることができます。

プラスワン

廃油タンクの容量は10,000L以下とされているが、専用タンクには容量の制限がない。構造等については地下タンク貯蔵所の基準を準用する。

プラスワン

屋内給油取扱所に使用する部分の窓および出入口には、**防火設備**を設けなければならない。また、事務所等の窓および出入口にガラスを用いる場合には**網入りガラス**にする必要がある。

プラスワン

建築物の屋内給油取扱所に使用する部分の1階の2方向には**壁を設けないこと**が原則。ただし、一定の措置を講じた場合は、自動車等の出入りする側に面する1方向のみを開放すればよい。

2 屋内給油取扱所

　屋内給油取扱所とは、給油取扱所のうち建築物内に設置するものをいいます。また、キャノピー（給油スペースの上部を覆う屋根）等の面積が、敷地面積から事務所などの建築物の1階床面積を除いた面積の3分の1を超えるものも屋内給油取扱所として扱われます（ただし、当該面積が3分の2までのものであって、かつ、火災の予防上安全であると認められるものは除く）。

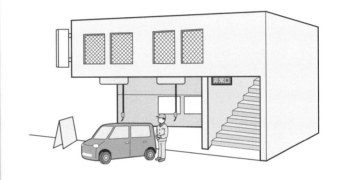

　屋内給油取扱所の位置、構造および設備については一般の給油取扱所の基準（**1**の壁・柱・床等の構造は除く）が準用されるほか、次のように定められています。

屋内給油取扱所内に設置できない建築物	病院や福祉施設等を設置してはならない
壁・柱・床・梁・屋根	耐火構造（ただし、屋内給油取扱所の上部に上階がない場合は屋根を不燃材料でつくることができる）
上部に上階がある場合	危険物の漏えい拡大と、上階への延焼防止のための措置をとる
区　画	屋内給油取扱所に使用する部分とそれ以外とは、開口部のない耐火構造の床または壁で区画する
専用タンク	危険物の過剰な注入を自動的に防止する設備を設ける

3 顧客に自ら給油等をさせる給油取扱所

　顧客に自ら給油等をさせる給油取扱所（セルフ型スタンド）には、給油取扱所および屋内給油取扱所についての基準に加え、次のような特例基準があります。

表　示	給油取扱所に進入する際の見やすい箇所にセルフ型スタンドである旨（むね）を表示
顧客用の固定給油設備および固定注油設備	● 1回の連続した給油（注油）量の上限を設定する ● **燃料タンクの満量時**、ホース先端部に備えた給油（注油）ノズルが**自動的に停止**する ● 直近に、**ホース機器等の使用方法や危険物の品目**を表示。危険物の品目ごとに**異なる彩色**をする ● 周囲の地盤面に、自動車等の停止位置や容器の置き場所を表示する ● 自動車等の衝突を防止するため**ポール**などを設ける
制御卓等	事業所内の**制御卓**（せいぎょたく）または**タブレット端末**（**可搬式制御装置**（かはん））によって、顧客の給油作業等を制御する

4 販売取扱所

　販売取扱所とは、店舗において**容器入りのまま**で販売するために危険物を取り扱う取扱所です。このうち、指定数量の倍数が15以下のものを**第1種販売取扱所**、15を超えて40以下のものを**第2種販売取扱所**といいます。

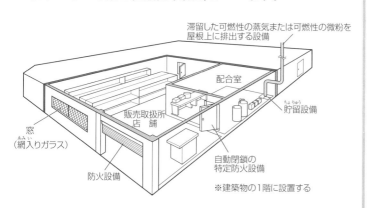

滞留した可燃性の蒸気または可燃性の微粉を屋根上に排出する設備

配合室

貯留（ちょりゅう）設備

販売取扱所　店　舗

窓（網入り（あみい）ガラス）

防火設備

自動閉鎖の特定防火設備

※建築物の1階に設置する

顧客は「顧客用固定給油設備」以外の固定給油設備を使用して顧客自ら給油を行うことはできません。

プラスワン

顧客用固定給油設備の構造の補足は、次の通り。

● 給油ホースの先端部に**手動開閉装置**を備えた給油ノズルを設ける。
● ガソリンと軽油の誤給油を防ぐ構造。
● 地震時に給油を自動停止する構造。
● 給油ホースに著しい力が加わった場合は、安全に分離して危険物が漏えいしない構造。

重要

セルフ型スタンドにおける危険物の品目ごとの異なる彩色

● ハイオクガソリン（ハイオク）
　➡　**黄色**
● レギュラーガソリン（レギュラー）
　➡　**赤色**
● 軽油　➡　**緑色**
● 灯油　➡　**青色**

プラスワン

- 第1種販売取扱所で耐火構造なのは、隔壁と上階の床。第2種販売取扱所では、これに壁・柱・床・梁と、上階がない場合の屋根が加わる。
- 第1種・第2種販売取扱所ともに、窓・出入口には防火設備を設ける（第2種販売取扱所の窓は延焼のおそれのない部分に設置）。

第1種・第2種販売取扱所の共通の主な基準は次の通り。

保安距離	不要	保有空地	不要
設置場所	建築物の1階		
危険物の配合室	・床面積は6m²以上10m²以下 ・床は危険物が浸透しない構造とし、適当な傾斜をつけ貯留設備を設ける ・内部に滞留した可燃性の蒸気や微粉を、屋根上に排出する設備を設ける		

5 その他の取扱所

①移送取扱所 ▶p176

位置や構造・設備に関する基準は石油パイプライン事業法で定められており、震災時のための避難空地や鉄道・道路のトンネル内、河川などには設置することはできません。保安距離は不要です。保有空地は、地上設置の場合必要となります▶p198。

②一般取扱所 ▶p176

位置や構造・設備は製造所の基準を準用しますが、指定数量の倍数等で特例基準が定められている場合もあります。

例 ボイラー等で危険物を消費する一般取扱所（ボイラー、バーナー等で引火点が40℃以上の第4類危険物のみを消費する施設）⇒指定数量30倍未満

コレだけ!!

給油取扱所のポイント
- 給油空地（間口10m以上、奥行6m以上）
- 地下タンク ┬ 専用タンク（容量制限なし）
　　　　　　 └ 廃油タンク（10,000L以下）
- 飲食店は〇、遊技場は×
- セルフ型スタンド：ハイオク（黄）、レギュラー（赤）、軽油（緑）、灯油（青）

販売取扱所
- 容器に入れたまま販売
- 第1種、第2種とも建築物の1階に設置

理解度チェック○×問題

Key Point		できたら チェック ☑
給油取扱所	□□ 1	給油取扱所とは、固定給油設備によって自動車等の燃料タンクに直接給油するために危険物を取り扱う取扱所をいう。
	□□ 2	給油取扱所には、間口10m以上、奥行6m以上の給油空地を必要とする。
	□□ 3	給油取扱所の専用タンクは、地盤面上に設置することができる。
	□□ 4	専用タンクと廃油タンクはどちらも容量10,000L以下とされている。
	□□ 5	給油取扱所の事務所の窓には防火設備を設けなければならない。
	□□ 6	給油取扱所には、給油等のために出入りする者を対象とした遊技場を設置することが認められている。
屋内給油取扱所	□□ 7	病院や学校から屋内給油取扱所までの間には、30m以上の距離を保たなければならない。
	□□ 8	屋内給油取扱所の専用タンクには、危険物の過剰な注入を自動的に防止する設備を設けなければならない。
顧客に自ら給油等をさせる給油取扱所	□□ 9	顧客に自ら給油等をさせる給油取扱所をセルフ型スタンドという。
	□□10	顧客用固定給油設備の給油ノズルは、自動車等の燃料タンクが満量になったとき給油を自動的に停止する構造でなければならない。
	□□11	軽油を取り扱う顧客用固定給油設備に彩色を施す場合、色は青色と定められている。
販売取扱所	□□12	販売取扱所とは、店舗において容器に危険物を注入するため危険物を取り扱う取扱所をいう。
	□□13	第1種販売取扱所は、建築物の2階以上に設置することができる。
	□□14	危険物の配合室は、床面積が6m²以上10m²以下とされている。

解答・解説

1.○　2.○　3.× 地盤面下に埋設しなければならない。 4.× 専用タンクには容量の制限がない。 5.○
6.× 遊技場は設置できない。 7.× 保安距離は不要。 8.○　9.○　10.○　11.× 青色ではなく緑色。
12.× 危険物を注入するのではなく容器のまま販売する。 13.× 第1種、第2種とも1階に設置。 14.○

ここが狙われる！

セルフ型スタンドの基準を確実に覚えること。バーガーショップのような飲食店は設置できるが、ビリヤード場のような遊技場は設置できない等、給油取扱所内に設置できる建築物の用途についても覚えておくこと。

消火設備と警報設備

LINK ▶ ─P230／㋑P126

第１編で学んだ、第１種から第５種までの消火設備を再確認しましょう。所要単位・能力単位の意味や、施設の規模や取り扱う危険物の種類にかかわらず決まった消火設備を設置すればよい製造所等も覚えておきましょう。

1コマ▶ 乙4劇場 ● その47

能力単位

所要単位

所要単位と能力単位…。

所要単位は消火される方（製造所等）の単位、能力単位は消火する方（消火設備）の単位と覚えてください。

1 消火の困難性

第１編ですでに学んだように、消火設備は第１種から第５種までの５つに区分されています（▶p106）。

製造所等の規模や取り扱う危険物、指定数量の倍数等により、製造所等は「著しく消火が困難」「消火が困難」「その他」の３つに区分されます。火災時に有効に消火活動を行うために、製造所等で設置を義務付けられている最小限の消火設備を覚えましょう。

プラスワン

施設の規模や危険物の種類などにかかわらず、**第５種消火設備の設置のみでよい**施設
- 地下タンク貯蔵所
- 簡易タンク貯蔵所
- 移動タンク貯蔵所
- 給油取扱所
- 販売取扱所
　（表のCに該当）

第５種の消火設備は、小型消火器や乾燥砂などだね。

製造所等の区分		消火設備				
		第1種	第2種	第3種	第4種	第5種
A	著しく消火が困難な製造所等	△	△	△	○	○
B	消火が困難な製造所等	─	─	─	○	○
C	A・B以外のその他の製造所等	─	─	─	─	○

○…必ず設置しなければならない
△…いずれか１つを設置しなければならない

製造所等の規模や危険物の種類・倍数にかかわらず、消火設備が定められているものは次の2つです。

- 地下タンク貯蔵所
  - ➡第5種の消火設備を2個以上
- 移動タンク貯蔵所
  - ➡自動車用消火器のうち、3.5kg以上の**粉末消火器**、またはその他の消火器を2個以上（ただし、アルキルアルミニウム等を貯蔵または取り扱うものについては、さらに150L以上の乾燥砂等を設ける）。

2　所要単位と能力単位

①所要単位

所要単位とは、その製造所等にどれくらいの消火能力を持った消火設備が必要かを判断する基準の単位です。

所要単位は次の表に基づいて計算します。

製造所等の構造、危険物		1所要単位当たりの数値
製造所 取扱所	外壁が耐火構造	延べ面積　**100m²**
	それ以外	延べ面積　**50m²**
貯蔵所	外壁が耐火構造	延べ面積　**150m²**
	それ以外	延べ面積　**75m²**
危険物		指定数量の　**10倍**

例　ある給油取扱所の事務所（外壁が耐火構造・延べ面積が320m²）の場合
  ➡上の表より1所要単位当たりの延べ面積は100m²。この事務所の所要単位は、

  320÷100＝3.2単位　　になります。

②能力単位

能力単位とは、所要単位に対応する消火設備の消火能力を示す基準の単位です。それぞれの消火設備が、製造所等においてどれくらいの消火能力を持っているかを示します。

3 警報設備と避難設備

　火災や危険物の流出等、製造所等で事故が発生したとき、早期に従業員等に知らせなければなりません。

　指定数量の10倍以上の危険物を貯蔵または取り扱う製造所等（移動タンク貯蔵所は除く）では、**自動火災報知設備**等の設置が義務付けられています。**警報設備**は、次の5種類です。

指定数量が10倍未満の製造所等は、警報設備は必要ありません。

自動火災報知設備　　消防機関に通報できる電話　　非常ベル装置

サイレンは警報設備には入らないんだね。

拡声装置　　　　　　　　　　　警鐘

　また、特定の給油取扱所では、火災時の避難が簡単ではないため、避難設備の設置も義務付けられています。

- 建築物の2階部分に店舗や飲食店等がある場合
- 一方向だけ開放されている屋内給油取扱所で、敷地外に直接通じる避難口が設けられた事務所等がある場合

　この場合、「非常口」等と記された非常電源付きの電灯（誘導灯）を出入口や通路に設置するよう定められています。

コレだけ!!

- **消火の困難性**…製造所等の規模や取り扱う危険物、指定数量の倍数等により、義務付けられている最小限の消火設備は異なる。
- **所要単位**…その製造所等にどれくらいの消火能力を持った消火設備が必要かを判断する単位。
- **能力単位**…所要単位に対応する消火設備の消火能力を示す単位。

理解度チェック○×問題

Key Point	できたら チェック ☑
消火の困難性 による区分	□□ 1　消火の困難性について、たとえば製造所等は、「著しく消火困難な製造所等」「消火困難な製造所等」「その他の製造所等」の3つに分けられる。
	□□ 2　著しく消火困難な製造所等では、第1種・第2種・第3種のいずれか1つと、第5種の消火設備を設置すればよい。
	□□ 3　地下タンク貯蔵所と移動タンク貯蔵所は、施設の規模などにかかわらず第5種の消火設備だけを設置すればよい施設である。
所要単位と 能力単位	□□ 4　所要単位とは、その製造所等にどれくらいの消火能力を持った消火設備が必要かを判断する基準の単位のことをいう。
	□□ 5　外壁が耐火構造である製造所の建物は、延べ面積50m²を1所要単位とする。
	□□ 6　外壁が耐火構造でない貯蔵所の建物は、延べ面積75m²を1所要単位とする。
	□□ 7　危険物は、指定数量の100倍を1所要単位として計算する。
	□□ 8　能力単位とは、所要単位に対応する消火能力を示す単位のことをいう。
	□□ 9　地下タンク貯蔵所には第5種の消火設備を2個以上設ける。
	□□10　電気設備に対する消火設備は、電気設備のある場所の面積10m²ごとに1個以上設ける。
警報設備と 避難設備	□□11　警報設備には、自動火災報知設備、拡声装置、非常ベル装置、警鐘、サイレン、消防機関に通報できる電話の6種類ある。
	□□12　指定数量の10倍の危険物を貯蔵する移動タンク貯蔵所には、警報設備を設けなければならない。
	□□13　特定の給油取扱所では、避難設備の設置が義務付けられている。

第3編　危険物に関する法令

解答・解説

1.○　2.× 第4種の消火設備も必要。　3.○　4.○　5.× 50m²ではなく100m²を1所要単位とする。
6.○　7.× 100倍ではなく10倍を1所要単位とする。　8.○　9.○　10.× 10m²ではなく100m²。
11.× サイレンを除く、5種類。　12.× 移動タンク貯蔵所に警報設備は不要。　13.○

ここが狙われる！

製造所等の規模や指定数量の倍数等にかかわらず、設置すべき最小限の消火設備が決まっている製造所等は覚えておくこと。

標識・掲示板

LINK ▶ ─P234／㋐P124

受験対策 製造所等には、危険物製造所等であることを示す標識や防火に必要な事項を掲示する掲示板を設ける必要があり、これらの大きさや文字の色、地の色等が決まっています。ガソリンスタンド等で実物を確認しておきましょう。

1コマ 乙4劇場・その48

タンクローリーの標識は大き過ぎてもダメです。

40㎝四方までですね。

---

1 標 識

　製造所等は、見やすい箇所に**危険物の製造所等である旨**を示す標識を設けなければなりません。

　標識は次の①と②に区分されます。

①製造所等（移動タンク貯蔵所を除く）

- 標識➡幅0.3m以上、長さ0.6m以上の板。
- 標識の色➡地は白色、文字は黒色。
- 「危険物給油取扱所」などと名称を表示。

②移動タンク貯蔵所（タンクローリー）

- 標識➡1辺0.3m以上0.4m以下の正方形の板。
- 標識の色➡地は黒色、文字は黄色の反射塗料等で「危」と表示する。
- 車両の前後の見やすい箇所に掲げる。

プラスワン

指定数量以上の危険物を移動タンク貯蔵所以外の車両で運搬（▶Lesson3）する場合にも、その車両の前後の見やすい箇所に「危」と表示した標識を掲げる必要がある。標識は1辺0.3mの正方形に限られ、色は移動タンク貯蔵所の標識と同じである。

← 0.3m以上 →

危険物給油取扱所

0.6m以上

白色の地
黒色の文字

0.3m以上
0.4m以下

危

0.3m以上
0.4m以下

黒色の地
黄色（反射塗料）の文字

2 掲示板

　製造所等には標識の他に、**防火に関し必要な事項**を掲示した掲示板を見やすい箇所に設ける必要があります。掲示板には次の①〜④があります。

● 掲示板➡すべて幅0.3m以上、長さ0.6m以上の板。

①危険物等を表示する掲示板

● 掲示板の色➡地は**白色**、文字は**黒色**。
● 次の事項を表示する。

> ・危険物の**類**
> ・危険物の**品名**
> ・**貯蔵（取扱い）最大数量**
> ・**指定数量の倍数**
> ・**危険物保安監督者の氏名（職名）**
> ※危険物保安監督者名は職名でもよい

白色の地 黒色の文字

②注意事項を表示する掲示板

　貯蔵または取り扱う危険物の性状に応じて、次のような注意事項を表示する掲示板を設ける。

0.3m以上 0.6m以上 **禁水** 青色の地 白色の文字	第1類危険物 第3類危険物	（アルカリ金属の過酸化物またはこれを含有するもの） （禁水性物品、アルキルアルミニウム、アルキルリチウム）
0.3m以上 0.6m以上 **火気注意** 赤色の地 白色の文字	第2類危険物	（引火性固体以外のすべて）
0.3m以上 0.6m以上 **火気厳禁** 赤色の地 白色の文字	第2類危険物 第3類危険物 第4類危険物 第5類危険物	（引火性固体） （自然発火性物品、アルキルアルミニウム、アルキルリチウム）

プラスワン

掲示板および長方形の標識は横長にしてもかまわない。この場合、文字は横書きとする。

プラスワン

危険物保安監督者を表示するのは、選任を必要とする次の4つ。
● 製造所
● 屋外タンク貯蔵所
● 給油取扱所
● 移送取扱所

> 第3類危険物の禁水性物品にはカリウムやナトリウムが、自然発火性物品には黄りんなどが該当します。

第3編　危険物に関する法令

プラスワン

給油取扱所のうち、建築物の2階部分を店舗や飲食店等にしているものについては、火災発生時の避難を円滑にするため、避難設備として「非常口」等と表示された、非常電源付の誘導灯の設置が義務付けられている。
▶p232

③「給油中エンジン停止」の掲示板

給油取扱所に限り、「給油中エンジン停止」と表示した掲示板を設ける。
- 掲示板の色➡地は黄赤色、文字は黒色。

④タンク注入口、ポンプ設備の掲示板

引火点が21℃未満の危険物を貯蔵または取り扱う屋外タンク貯蔵所、屋内タンク貯蔵所、地下タンク貯蔵所のタンク注入口およびポンプ設備には「屋外貯蔵タンク注入口」「屋外貯蔵タンクポンプ設備」等と表示するほか、次の事項を表示した掲示板を設ける。

・危険物の類
・危険物の品名
・注意事項

前ページ②の掲示板と同様、危険物の性状に応じた注意事項を表示する。
- 掲示板の色➡地は白色、文字は黒色。注意事項だけは文字が赤色。

0.3m以上 / 0.6m以上

給油中エンジン停止

黄赤色の地
黒色の文字

0.3m以上 / 0.6m以上

屋外貯蔵タンク注入口
第四類第一石油類
火気厳禁

白色の地
黒色の文字
注意事項は赤色

コレだけ!!

注意事項の掲示板

種　類	貯蔵・取扱いの危険物	覚え方
禁　水	第1類　アルカリ金属の過酸化物 第3類　禁水性物品	水は青い →青色の地
火気注意	第2類（引火性固体以外のもの）	火は赤い →赤色の地
火気厳禁	第2類　引火性固体 第3類　自然発火性物品 第4類、第5類	

理解度チェック○×問題

Key Point		できたら チェック ☑
標　識	□□ 1	標識とは、防火に関する必要な事項を掲示したものをいう。
	□□ 2	製造所等は、危険物の製造所等である旨を示す標識を設けなければならない。
	□□ 3	製造所等のうち、移動タンク貯蔵所だけは標識を設ける必要がない。
	□□ 4	移動タンク貯蔵所を除く製造所等の標識の色は、地が白色で文字が黒色でなければならない。
	□□ 5	移動タンク貯蔵所の標識は、車両の常置場所に掲げる必要がある。
	□□ 6	移動タンク貯蔵所以外で指定数量以上の危険物を運搬する車両にも、黒地に黄色の反射塗料等で「危」と表示した標識が必要である。
掲示板	□□ 7	掲示板は1辺0.3m以上0.4m以下の正方形の板と定められている。
	□□ 8	屋外タンク貯蔵所には、危険物の品名や貯蔵最大数量等のほか、危険物保安監督者の氏名（職名）を表示した掲示板を設ける必要がある。
	□□ 9	地が赤色の掲示板は、「火気厳禁」または「禁水」を示している。
	□□10	第3類危険物の自然発火性物品に応じた注意事項は「火気厳禁」である。
	□□11	第4類危険物を貯蔵する地下タンク貯蔵所は、「火気注意」と表示した掲示板を設ける。
	□□12	第2類危険物の引火性固体に応じた注意事項は「火気厳禁」である。
	□□13	給油取扱所に設ける「給油中エンジン停止」の掲示板は、地が黄赤色で、文字は黒色と定められている。
	□□14	引火点70℃未満の危険物を貯蔵する屋外タンク貯蔵所のタンク注入口には、危険物の品名や注意事項などを表示した掲示板を設ける。

解答・解説

1.× これは標識ではなく掲示板の説明。　2.○　3.× 「危」と表示した標識を設ける。　4.○　5.× 車両の前後の見やすい箇所に掲げる。　6.○　7.× 幅0.3m以上、長さ0.6m以上の板。　8.○　9.× 「禁水」ではなく「火気注意」。　10.○　11.× 「火気注意」ではなく「火気厳禁」。　12.○　13.○　14.× 70℃ではなく21℃未満。

ここが狙われる！

危険物の性状に応じた掲示板があり、引火性液体の第4類危険物は「火気厳禁」。似たような掲示板に「火気注意」があるが、これは引火性固体を除く第2類危険物に用いられる。これらの掲示板も覚えておこう。

貯蔵および取扱いの基準

LINK ▶ ─P238／㊥P128・130

すべての製造所等に共通する技術上の基準は確実に覚えましょう。よく出題されます。また、屋内貯蔵所、屋外貯蔵所および移動タンク貯蔵所での貯蔵および取扱いについて確実に覚えておきましょう。

1コマ 乙4劇場 ● その49

1週1回にしてもらいたい。

危険物のくずやかす類は、1日1回以上掃除します。

1 共通基準

共通基準とは、すべての製造所等に共通する貯蔵または取扱いの基準です。特に重要とされる共通基準は次の通りです。

プラスワン

危険物の品名、数量または指定数量の倍数を変更する場合には、変更する10日前までに市町村長等に届け出なければならず、勝手に変更することは許されない。

①許可や届出のなされた品名以外の危険物、または許可や届出のなされた数量（指定数量の倍数）を超える危険物の貯蔵・取扱いはできない。

②みだりに火気を使用したり、係員以外の者を出入りさせたりしてはいけない。

危険物の種類　第　四　類
危険物の品名　第二石油類（灯油）

灯 油

ガソリン

無届けの危険物の取扱いはダメ。

③常に**整理および清掃**を行い、みだりに空箱などの**不必要な物件を置かない**。

④貯留設備または油分離装置に溜まった危険物は、あふれないように**随時汲み上げる**。

⑤危険物のくず、かす等は、**1日に1回以上**、その危険物の性質に応じて安全な場所・方法で処理する。

⑥危険物の貯蔵または取扱いをする建築物その他の工作物や設備は、その危険物の性質に応じて、有効な**遮光**または**は換気**を行う。

⑦危険物が残存し、または残存しているおそれのある設備や機械器具、容器などを修理する場合には、**安全な場所で危険物を完全に除去した後に行う**。

⑧危険物を保護液中に保存する場合は、危険物が保護液から**露出しないように**する。

2 貯蔵の基準

①同時貯蔵の禁止

● 危険物の貯蔵所では、**危険物以外の物品の貯蔵は原則禁止**。

➡ ただし、**屋内貯蔵所と屋外貯蔵所**では、一定の危険物と危険物以外の物品を相互に**1m以上の間隔**を置いて貯蔵する場合は、例外として同時貯蔵が認められる。

● **類を異にする危険物**も、同一の貯蔵所で同時に貯蔵するのは原則禁止。

➡ ただし、**屋内貯蔵所と屋外貯蔵所**では、一定の危険物につき、**1m以上の間隔**を置いて類ごとに取りまとめて貯蔵する場合は、例外として同時貯蔵が認められる。

②屋内貯蔵所・屋外貯蔵所の貯蔵の基準

● 屋内貯蔵所と屋外貯蔵所では、原則として、危険物を容器に収納して貯蔵する。

● 屋内貯蔵所では、容器に収納して貯蔵する危険物の温度が**55℃を超えない**ようにする。

プラスワン

危険物があふれ出して下水道に流れ込むと火災予防上危険なので、必要に応じて危険物を汲み上げなければならない。

プラスワン

危険物と危険物以外の物品の同時貯蔵は次の施設でも例外的に認められる場合がある。

● 屋外タンク貯蔵所
● 屋内タンク貯蔵所
● 地下タンク貯蔵所
● 移動タンク貯蔵所

危険物以外の物品も、類を異にする危険物も、同時貯蔵の条件は「1m以上の間隔」です。

第3編　危険物に関する法令

- 屋内貯蔵所と屋外貯蔵所では、危険物を収納した容器を積み重ねる場合、原則として高さ3mを超えてはいけない。

- 屋外貯蔵所では、危険物を収納した容器を架台で貯蔵する場合、高さ6mを超えてはいけない。

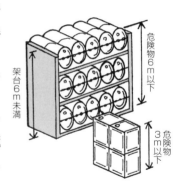

③タンク貯蔵所の貯蔵の基準

- 屋外貯蔵タンク、屋内貯蔵タンク、地下貯蔵タンクまたは簡易貯蔵タンクの計量口は、危険物を計量するとき以外は閉鎖する。また、屋外貯蔵タンク、屋内貯蔵タンクまたは地下貯蔵タンクの元弁および注入口の弁またはふたは、危険物を出し入れするとき以外は閉鎖する。

- 屋外貯蔵タンクの周囲に設ける防油堤の水抜口は、通常は閉鎖しておき、防油堤の内部に滞油または滞水したときに遅滞なく排出する。

用語

タンクの元弁
液体の危険物を移送する配管に設けられた弁のうち、タンクの直近にあるものをいう。

重要

危険物の貯蔵タンクなどに取り付けられる通気管は、タンク内の圧力の変動を避けるためのもの。だから、通気管だけは、基本的に常に開放しておく。

④移動タンク貯蔵所の貯蔵の基準

- 移動タンク貯蔵所（タンクローリー）は、危険物の移送のために移動する車両なので、路上での立入検査等に対応するため、次の書類を常に車両に備え付けておく。

1）完成検査済証
2）定期点検記録
3）譲渡・引渡しの届出書
4）品名、数量または指定数
　　量の倍数の変更届出書

- 移動貯蔵タンクには、取り扱う危険物の類、品名および最大数量を表示する。
- 移動貯蔵タンクの底弁（そこべん）は、使用時以外は完全に閉鎖する。

3 取扱いの基準

①廃棄の技術上の基準

　危険物の取扱いのうち製造、詰替え（つめ）、消費、廃棄については、特別な技術上の基準が定められています。特に重要な廃棄に関する基準は次の通りです。

- 危険物は、海中または水中に投下したり流出させたりしてはいけない。
- 焼却する場合は、安全な場所で、燃焼や爆発による危害を他に及ぼすおそれのない方法で行い、必ず見張人をつける。
- 埋没する場合は、危険物の性質に応じて安全な場所で行う。

②給油取扱所の取扱いの基準

- 給油するときは、必ず自動車等のエンジンを停止させる。
- 固定給油設備（計量機）を使用して自動車等に直接給油する。手動ポンプ等を使って容器から給油するようなことは認められない。
- 自動車等の一部または全部が給油空地からはみ出したままで給油してはいけない。
- 給油取扱所の専用タンクや簡易タンクに危険物を注入す

プラスワン

詰替えの技術上の基準は次の通り。

- 危険物を容器に詰め替える場合は、所定の容器に収納し、防火上安全な場所で行う。

プラスワン

他に危害や損害を及ぼす危険がない、または災害の発生防止のための適当な措置を講じたときは、海中や水中への廃棄も許される。

「給油中エンジン停止」という掲示板も必要なんですよね！

プラスワン

給油取扱所において、ガソリンを容器に詰め替えて販売することはできるが、その際、次の取扱いが求められる。
①消防法令で定められた容器を使用する
②購入者の身分確認
③使用目的の確認
④販売記録の作成

プラスワン

引火点40℃以上の第4類危険物を移動貯蔵タンクから容器に詰め替える場合は注入ホースの先端に**手動開閉装置**がついた注入ノズルを用いて、**安全な注油速度**で行わなければならない。

る場合は、そのタンクに接続している固定給油設備または固定注油設備の使用を中止する。

- 自動車等の洗浄を行う場合には、引火点を有する液体洗剤は使用不可。

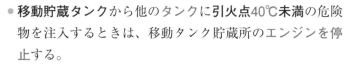

タンクへ危険物を注入中は給油できません。

③**移動タンク貯蔵所の取扱いの基準**

- **移動貯蔵タンク**から他のタンクに**引火点40℃未満**の危険物を注入するときは、移動タンク貯蔵所のエンジンを停止する。

- **移動貯蔵タンク**から液体危険物を容器に詰め替えることは原則不可。ただし、**引火点40℃以上**の第4類危険物に限り、一定の方法に従えば詰替えが可能になる。

重油は引火点40℃以上の第4類危険物だから、詰替え可能ですね。

コレだけ!!

貯蔵・取扱いの基準	
危険物のくず等の廃棄	1日に1回以上
貯留設備等に溜まった危険物	随時汲み上げ
機械器具等の修理	危険物除去後に行う
類を異にする危険物の同時貯蔵	原則禁止
タンクの計量口	閉鎖
防油堤の水抜口	

理解度チェック○×問題

Key Point	できたら チェック ☑
共通基準	□□ 1　製造所等では、許可された危険物と同じ類であれば、品名については随時変更することができる。
	□□ 2　設備等を修理するときは、残存する危険物を完全に除去してから行う。
	□□ 3　危険物のくず等は、1週間に1回以上、安全な場所・方法で処理する。
	□□ 4　危険物を貯蔵する建物では、危険物の性質に応じて有効な遮光または換気を行う必要がある。
	□□ 5　油分離装置に溜まった危険物は、下水道に流して処理する。
貯蔵の基準	□□ 6　貯蔵所には、原則として危険物以外の物品を貯蔵してはならない。
	□□ 7　類を異にする危険物は、原則として同一の貯蔵所では貯蔵できない。
	□□ 8　屋内貯蔵所では、容器に収納して貯蔵する危険物の温度が40℃を超えないよう必要な措置を講じなければならない。
	□□ 9　地下貯蔵タンクの計量口は、計量するとき以外は閉鎖しておく。
	□□10　屋外貯蔵タンクの防油堤は、雨水が滞水しないように水抜口を常に開放しておく。
	□□11　移動タンク貯蔵所に、危険物の品名変更届出書を備え付けておく。
取扱いの基準	□□12　危険物の廃棄を焼却の方法で行う場合、周囲に危害を及ぼすおそれがなければ見張人をつける必要はない。
	□□13　給油取扱所で自動車を洗浄するときは、引火点を有する液体洗剤を使用してはならない。
	□□14　給油取扱所で給油するとき、自動車のエンジンを停止する必要があるのは、引火点40℃未満の危険物を給油するときだけである。

解答・解説

1.× 品名の変更には届出が必要。　2.○　3.× 1日に1回以上である。　4.○　5.× あふれないように随時汲み上げる。　6.○　7.○　8.× 40℃ではなく55℃。　9.○　10.× 排出時以外は閉鎖しておく。　11.○　12.× 見張人は常に必要とされる。13.○　14.× 引火点にかかわらずエンジンを停止しなければならない。

ここが狙われる！

すべての製造所等に共通する技術上の基準はもちろん、廃棄の技術上の基準について確実に覚えておくこと。また、移動タンク貯蔵所は出題されやすいので確実に覚えておこう。

運搬および移送の基準

LINK ▶ ⊖P246／㋜P132・134

受験対策 移送に関する基準は移動タンク貯蔵所の貯蔵、取扱基準と一緒に出題されることが多いので、確実に理解しておきましょう。特に、積載方法や同一車両で積載、運搬する場合の混載禁止の危険物は必ず覚えましょう。

1コマ 乙4劇場・その50

「移送」は違います。

「運搬」と……

重要

危険物の貯蔵・取扱いと運搬
危険物の貯蔵・取扱いが消防法による規制を受けるのは危険物が指定数量以上の場合であって、指定数量未満の場合は各市町村の条例によって規制される。これに対し、危険物の運搬は指定数量とは関係なく消防法による規制を受ける。移動タンク貯蔵所による移送は危険物の貯蔵・取扱いであって運搬ではない。

1 運搬の基準

　危険物の運搬とは、タンクローリー等の専門車両ではなく、トラックなどの車両によって危険物を輸送することをいいます。移動タンク貯蔵所による移送（▶**2**）は運搬に含まれません。運搬は危険物が指定数量未満の場合でも消防法による規制を受けます。

　運搬についての基準は運搬容器、積載方法および運搬方法に分けて規定されています。

①**運搬容器**

● 運搬容器の構造は堅固で容易に破損するおそれがなく、容器の口から危険物が漏れないものにする。

● 運搬容器の材質は鋼板、ア

ルミニウム板、ガラスなど規則で定められたものに限る。

②積載方法

- 危険物は原則として運搬容器に収納して積載する。
- 収納するときは、温度変化等により危険物が漏れないように運搬容器を密封する。

固体の危険物は、内容積の95％**以下**の収納率とする。
液体の危険物は98％**以下**の収納率で、55℃の温度でも漏れないように空間容積を十分にとる。

- 運搬容器の外部には、次の事項を表示する。

1）危険物の品名、危険等級、化学名。第4類危険物の水溶性のものには「水溶性」と表示
2）危険物の数量
3）収納する危険物に応じた注意事項

危険物の類別等		注意事項
第1類危険物	ほとんどすべて（一部例外）	火気・衝撃注意、可燃物接触注意
第2類危険物	引火性固体以外（一部例外）	火気注意
	引火性固体のみ	火気厳禁
第3類危険物	自然発火性物品	空気接触厳禁、火気厳禁
	禁水性物品	禁水
第4類危険物	すべて	火気厳禁
第5類危険物	すべて	火気厳禁、衝撃注意
第6類危険物	すべて	可燃物接触注意

- 運搬容器が落下、転倒、破損しないように積載する。
- 運搬容器は、収納口を上方に向けて積載する。
- 運搬容器を積み重ねる場合は、高さ3m**以下**とする。

プラスワン

危険物を収納する運搬容器は、収納する危険物と危険な反応を起こさないなど、危険物の性質に適応した材質でなければならない。

用語

危険等級
危険物を危険性の程度に応じて区分した3段階の等級のこと。たとえば、第4類危険物は次のように区分されている。
危険等級Ⅰ
　特殊引火物
危険等級Ⅱ
　第1石油類
　アルコール類
危険等級Ⅲ
　上記以外のもの

- 特定の危険物については、その性質に応じた次のような措置を必要とする。

特定の危険物	必要な措置
第1類危険物、第3類危険物の自然発火性物品、第4類危険物の特殊引火物、第5類危険物、第6類危険物	日光の直射を避けるため遮光性の被覆で覆う
第1類危険物のアルカリ金属の過酸化物、第2類危険物の鉄粉・金属粉・マグネシウム、第3類危険物の禁水性物品	雨水の浸透を防ぐため防水性の被覆で覆う
第5類危険物の55℃以下の温度で分解するおそれのあるもの	保冷コンテナに収納するなど、適正な温度管理をする

- 類を異にする危険物を同一車両に積載することは、原則として禁じられている（混載禁止）。ただし、次の表の○印の危険物については混載が認められる。

危険物の類	第1類	第2類	第3類	第4類	第5類	第6類
第1類		×	×	×	×	○
第2類	×		×	○	○	×
第3類	×	×		○	×	×
第4類	×	○	○		○	×
第5類	×	○	×	○		×
第6類	○	×	×	×	×	

　また、指定数量の10分の1以下の危険物は、この表とは関係なく、類を異にする危険物であっても混載可能。

③運搬方法

- 危険物を収納した運搬容器に著しい摩擦や動揺が起きないようにする。
- 運搬中に危険物が著しく漏れるなど災害が発生するおそれのある場合は、応急の措置を講じるとともに、最寄りの消防機関等に通報する。

プラスワン

危険物は、類を異にする危険物だけでなく高圧ガスとの混載も禁止されている。ただし、内容積120L未満の容器に充てんされた不活性ガスなどは例外として混載が認められる。

重要

類を異にしても混載できる危険物
足して7になる組合せは混載可能。
その他、2類・4類・5類はそれぞれ混載可能。

1類	6類
2類	5類　4類
3類	4類
4類	3類　2類　5類
5類	2類　4類
6類	1類

ゴロ合わせ

ラッキーセブンは
（足して7）
ツ　ヨ　イ
（2類）（4類）（5類）

● 指定数量以上の危険物を運搬する場合には、次の基準が適用される。

1）「危」と表示した標識を車両の前後の見やすい箇所に掲げる。

2）積替え、休憩、故障等のために車両を一時停止させるときは安全な場所を選び、運搬する危険物の保安に注意する。

3）運搬する危険物に適応する消火設備を備える。

指定数量以上の運搬	標識・消火設備の設置義務あり
指定数量未満の運搬	標識・消火設備の設置義務なし

● 危険物の運搬を行う場合、危険物取扱者の車両への乗車は不要。

2 移送の基準

移送とは、移動タンク貯蔵所によって危険物を輸送することをいいます。移送に関する基準は次の通りです。

①危険物を移送する移動タンク貯蔵所には、その危険物の取扱いができる資格を持った**危険物取扱者を乗車**させる。

②移送する移動タンク貯蔵所に乗車する危険物取扱者は、**危険物取扱者免状を携帯**する。

③危険物を移送する者は、**移送開始前に移動貯蔵タンクの底弁、マンホールおよび注入口のふた、消火器等の点検**を十分に行う。

プラスワン

移送の際に車両に備え付けておく書類には、次のものがある。
- **完成検査済証**
- **定期点検記録**
- 譲渡・引渡届出書
- 品名等変更届出書

これらも**写し**の備付けでは**だめ**である。

④下記のように、長時間にわたるおそれのある移送の場合は、2人以上の運転要員が必要。

> 連続運転時間が4時間を超える移送
> または1日当たり9時間を超える移送

がこれに当たる。

⑤アルキルアルミニウム等を移送する場合には、移送経路等を記載した書面を関係消防機関に送付し、その書面の写しを携帯する。しかし、それ以外の移送の場合は、移送経路等を記載した書面を消防機関に送付する等の手続きは不要。

一時停止をする場合と、災害が発生するおそれのある場合の基準は、運搬の基準と同じです。

コレだけ!!

運　搬	移　送
● 指定数量未満でも消防法の規制 ● 容器に表示（品名、危険等級、化学名、数量、注意事項） ● 類を異にする危険物の混載禁止（第4類危険物は、第2類・第3類・第5類危険物と混載可能） ● 指定数量以上の場合だけ標識、消火設備の設置	● 危険物の貯蔵・取扱いに該当 ● 危険物取扱者の乗車 ● 危険物取扱者免状の携帯 ● 書類の備付け 　完成検査済証、定期点検記録、譲渡・引渡届出書、品名・数量等の変更届出書

理解度チェック○×問題

Key Point		できたら チェック ☑
危険物の運搬	□□ 1	危険物の運搬とは車両によって危険物を輸送することをいい、移動タンク貯蔵所による移送も運搬に含まれる。
	□□ 2	運搬は、危険物が指定数量未満でも消防法による規制を受ける。
積載方法	□□ 3	危険物を運搬容器に収納するときは、温度変化等によって漏れないよう密封しなければならない。
	□□ 4	液体の危険物は、運搬容器の内容積の95%以下の収納率で、55℃の温度でも漏れないよう十分な空間容積を有して収納する必要がある。
	□□ 5	運搬容器の外部には危険物の品名、危険等級、数量、注意事項等を表示して積載しなければならない。
	□□ 6	第4類と第1類危険物は、指定数量の10分の1を超えると混載できない。
	□□ 7	運搬容器は、収納口を上方または横に向けて車両に積載する。
運搬方法	□□ 8	指定数量以上の危険物を運搬する場合には、「危」と表示した標識を掲げる他、消火設備を備える必要がある。
	□□ 9	指定数量以上の危険物の運搬は、危険物取扱者が行わなければならない。
危険物の移送	□□10	移動タンク貯蔵所による危険物の移送の場合は、その危険物を取り扱うことのできる危険物取扱者が車両に乗車しなければならない。
	□□11	危険物を移送する危険物取扱者は、免状を携帯する必要がある。
	□□12	移動タンク貯蔵所には完成検査済証等の写しを備え付ければよい。
	□□13	移送をする場合は、移送経路等を記載した書面を関係消防機関に送付する必要がある。

解答・解説

1.× 移送は運搬には含まれない。　2.○　3.○　4.× 95%ではなく98%以下。　5.○　6.○ 第4類危険物は、足して「7」になる第3類か、第2類、第5類危険物以外とは混載不可。　7.× 横積みはできない。
8.○　9.× 危険物の運搬は危険物取扱者でない者でもできる。指定数量とは無関係。　10.○　11.○
12.× 写しの備付けは認められない。　13.× アルキルアルミニウム等の移送以外では必要ない。

ここが狙われる！

移動タンク貯蔵所による危険物の移送基準やアルキルアルミニウム等を移送する場合の移送基準を確実に覚えておこう。出題されやすい。

措置命令

LINK ▶ ⊖P252／㋫P136

受験対策 所有者等の義務違反に対する措置命令や許可の取消しや使用停止命令等について すべて覚えましょう。事故時の措置や立入検査、走行中の移動タンク貯蔵所 の停止の要件も覚えておきましょう。

1コマ 乙4劇場・その51

無許可で設備を変更すると、設置許可の取消しもあります。

🖋 **用語**

製造所等の所有者等 「所有者等」とは、 製造所等の所有者、 管理者および占有者 の総称である。

「基準遵守」とは、 「基準にきちんと 従い、それをしっ かり守ること」で す。危険物を扱う 人にとってはとて も大切な態度です ね。

1 義務違反等に対する措置命令

　市町村長等は、製造所等の所有者等に対して一定の措置 そ ち を命じることができます。このような命令を措置命令とい います。次の①〜④はすべて所有者等の法令上の義務違反 に対する措置命令です。

①貯蔵・取扱いの基準遵守命令

　製造所等には法令の定める技術上の基準に従った危険物 の貯蔵・取扱いが必要とされる。そのため、これに違反し ている場合は、技術上の基準に従った貯蔵または取扱いを 命令することができる。これを基準遵守命令という。 じゅんしゅ

②危険物施設の基準適合命令

　製造所等の位置、構造および設備は、法令の定める技術 上の基準に適合するように維持されなければならない。そ のため、これに違反している場合は、製造所等の修理、改 造または移転を命令することができる。これを基準適合命 令という。

③危険物保安監督者等の解任命令

　危険物保安監督者や危険物保安統括管理者が消防法令に違反したとき、またはこれらの者にその業務を行わせることが公共の安全の維持や災害の発生防止に支障を及ぼすおそれがある場合は、これらの役職者の解任を命令することができる。

④応急措置命令

　製造所等において危険物の流出その他の事故が発生したときには、引き続く危険物の流出および拡散の防止、流出した危険物の除去等、災害発生防止のための応急措置を講じる必要がある。そのため、応急措置を講じていない場合は、応急措置を命令することができる。

現場付近の人に消火作業をさせることは応急措置に含まれません。

　所有者等の法令上の義務違反に対する命令のほか、次の⑤⑥のような措置命令もあります。

⑤予防規程の変更命令

　一定の製造所等では予防規程を定めて市町村長等の認可を受ける必要がある。市町村長等は火災予防のために必要がある場合、予防規程の変更を命令することができる。

⑥無許可貯蔵等の危険物に対する措置命令

　製造所等の設置許可または仮貯蔵・仮取扱いの承認なしで指定数量以上の危険物を貯蔵または取り扱っている者に対しても、市町村長等は、危険物の除去等、災害防止のために必要な措置を命令することができる。

第3編　危険物に関する法令

プラスワン

製造所等で危険物の流出事故等が発生しているのを発見した者は、消防機関等に直ちに通報しなければならない。ただし、虚偽の通報をすると刑罰が科せられる。

市町村長等の措置命令に従わないと、どうなるんですか？

施設の使用停止命令や設置許可の取消し対象となることがあります。詳しくは次ページで学習します。

許可の取消し
製造所等の設置許可が取り消されると、それ以後はその製造所等で危険物の貯蔵や取扱いができなくなる。

使用停止命令
使用停止命令を受けると、**一定の期間**は製造所等の使用ができなくなるが、その**期間を過ぎると使用を再開できる。**

設置許可の取消しを含む事項は**施設的な面での違反**、使用停止命令のみの対象事項は**人的な面での違反**というふうに考えると理解しやすくなりますよ。

2 許可の取消し、使用停止命令等

①許可の取消しまたは使用停止命令の対象事項

次の5つの事項のいずれかに該当する場合、市町村長等は製造所等の設置許可の取消しか、または期間を定めて施設の使用停止を命令することができます。

■許可の取消し、使用停止命令の対象となる事項

	施設的な面での違反
無許可変更 　許可を受けずに製造所等の位置、構造または設備を変更した	
完成検査前使用 　完成検査または仮使用の承認なしに製造所等を使用した	
基準適合命令違反 　製造所等の修理、改造、移転命令に違反した	
保安検査未実施 　実施すべき屋外タンク貯蔵所または移送取扱所が、保安検査を受けない	
定期点検未実施等 　実施すべき製造所等が、定期点検を実施しないか、または実施しても点検記録の作成・保存をしない	

②使用停止命令のみの対象事項

次の4つの事項のいずれかに該当する場合、市町村長等は施設の使用停止を命令することができます。

■使用停止命令のみの対象となる事項

	人的な面での違反
基準遵守命令違反 　貯蔵・取扱いの基準遵守命令に違反した	
危険物保安統括管理者未選任等 　選任すべき製造所等が、**危険物保安統括管理者**を選任しない、または選任してもその者に必要な業務をさせていない	
危険物保安監督者未選任等 　選任すべき製造所等が、**危険物保安監督者**を選任しない、または選任してもその者に必要な業務をさせていない	
危険物保安監督者等の解任命令違反 　**危険物保安監督者**、**危険物保安統括管理者**の解任命令に違反した	

3 その他の命令

①緊急使用停止命令

市町村長等は、公共の安全維持または災害の発生防止のため緊急の必要があるときは、所有者等に対し、施設の一時使用停止または使用制限を命令することができます。

②資料提出命令・立入検査

市町村長等は、火災防止のため必要があると認めるときは、指定数量以上の危険物を貯蔵または取り扱っているすべての場所の所有者等に対し、資料の提出を命じたり、消防職員に立入検査をさせたりすることができます。危険物の流出等の事故が発生し火災発生のおそれがある場合にも、原因調査のために同様の**資料提出命令・立入検査**ができます。

③移動タンク貯蔵所の停止

消防吏員または**警察官**は、危険物の移送に伴う火災の防止のため特に必要があると認める場合は、走行中の移動タンク貯蔵所を停止させ、乗車している危険物取扱者に対して危険物取扱者免状の提示を求めることができます。

プラスワン

危険物取扱者が消防法令に違反している場合、免状を交付した都道府県知事は、**免状の返納**を命じることができる。

プラスワン

消防法令に対する重大な違反行為には刑罰が科せられる。たとえば製造所等の無許可の設置・変更、完成検査前使用等は**6カ月以下の懲役または50万円以下の罰金**とされている。

用語

消防吏員
消防吏員とは、消防職員のうち、制服を着用して消火・救急等の業務に従事する者をいう。

第3編　危険物に関する法令

コレだけ!!

許可の取消し＋使用停止命令	使用停止命令のみ
● 無許可変更	● 基準遵守命令違反
● 完成検査前使用	● 危険物保安統括管理者未選任等
● 基準適合命令違反	● 危険物保安監督者未選任等
● 保安検査未実施	● 解任命令違反
● 定期点検未実施等	

まず、右側の4つを確実に覚えましょう。

理解度チェック○×問題

Key Point		できたら チェック ☑
措置命令	□□ 1	製造所等の位置、構造および設備が技術上の基準に適合していない場合、市町村長等は修理、改造または移転を命じることができる。
	□□ 2	危険物保安監督者が法令に違反した場合、市町村長等は保安講習の受講を命じることができる。
	□□ 3	危険物保安監督者の解任命令は、都道府県知事が発令する。
	□□ 4	危険物流出事故が発生した場合、所有者等は直ちに応急措置を講じる義務がある。
許可取消し・使用停止命令	□□ 5	製造所等の位置、構造および設備を無許可で変更すると、設置許可の取消しまたは使用停止命令の対象となる。
	□□ 6	完成検査または仮使用の承認を受けずに製造所等を使用した場合、使用停止命令の対象となるが、設置許可が取り消されることはない。
	□□ 7	製造所等の修理、改造または移転命令に従わなかった場合は、設置許可の取消しまたは使用停止命令の対象となる。
	□□ 8	定期点検を義務付けられている製造所等における定期点検の未実施は、使用停止命令の対象ではない。
	□□ 9	貯蔵・取扱いの基準遵守命令違反は、設置許可取消しの対象である。
	□□10	危険物保安監督者の選任義務がある製造所等が危険物保安監督者を選任しない場合は、使用停止命令の対象となる。
その他の命令	□□11	危険物取扱者免状の返納命令は、都道府県知事が発令する。
	□□12	走行中の移動タンク貯蔵所の停止を命じることができるのは、消防吏員または消防署長であると定められている。
	□□13	市町村長等は、製造所等の緊急使用停止命令を出すことができる。

解答・解説

1.○　2.× 保安講習の受講ではなく所有者等に解任を命じる。　3.× 都道府県知事ではなく市町村長等。
4.○　5.○　6.× 設置許可取消しの対象でもある。　7.○　8.× 設置許可の取消しまたは使用停止命令の対象となる。　9.× 使用停止命令のみの対象。　10.○　11.○　12.× 消防署長ではなく警察官。　13.○

ここが狙われる！

市町村長等が製造所等の使用停止命令を発令できる事由をすべて覚えること。また、事故時の措置や立入検査、走行中の移動タンク貯蔵所の停止なども出題されやすいので確実に覚えておこう。

特別講座 事故事例とその対策

LINK ▶ ⊖P238／㋐P128・130

受験対策 試験では、危険物の取扱いの際に生じやすい具体的な事故の事例を示し、その対策として誤っているものを選択肢から選ぶ問題が出題されています。ここでは典型的な事例とこれに対する適切な対策についてまとめておきましょう。

事故事例1

事故事例	荷卸しとして移動貯蔵タンクから地下貯蔵タンクにガソリンを注入する際、作業者が誤ってほかの満液タンクの注入口に注油ホースを結合したため、満液タンクの計量口からガソリンが噴出した
対策	①荷卸しは、受入れ側・荷卸し側の双方立会いのもとで行う ②注入開始前に移動貯蔵タンクの油量（荷卸量）と地下貯蔵タンクの油量（残油量）を確認する ③注油ホースを結合する注入口に誤りがないか確認する ④地下貯蔵タンクの計量口は、（計量するとき以外は）閉鎖しておく
注意	計量口について、「注入中は開放し、常時ガソリンの注入量を確認できるようにする」というのは誤り

事故事例2

事故事例	移動タンク貯蔵所の運転手が、地下貯蔵タンク（容量1,500L）に軽油を1,000L注入しようとして、誤って1,500L注入したため、通気管から軽油が流出した
対策	①発注伝票によって注入する量を確認する ②注入開始前に受入れ側のタンクの油量（残油量）を確認する ③過剰注入防止用警報装置の維持管理を日頃から徹底し、注入前には使用時点検を実施する ④危険物の注入状態を常時監視する
注意	地下貯蔵タンクに設ける通気管は、タンク内の圧力を一定に保つため、開放状態にしておく必要がある。したがって、「注入するときは通気管を閉鎖しておく」というのは誤り（規則では、可燃性の蒸気を回収するための弁を通気管に設ける場合には、当該通気管の弁は「地下貯蔵タンクに危険物を注入する場合を除き常時開放している構造」とするよう定めているので、可燃性蒸気を回収する設備を設けていない通気管は、注入中でも開放しておく必要がある）

重要

タンクの計量口
政令では「屋外貯蔵タンク、屋内貯蔵タンク、地下貯蔵タンク又は簡易貯蔵タンクの計量口は、計量するとき以外は閉鎖しておくこと」と定めている。 ▶p240

地下貯蔵タンクに設ける通気管について ▶p218

事故事例3

事故事例	給油取扱所が数日間休業した後、始業前にガソリンを貯蔵する地下専用タンクを点検したところ、漏えい検知管から多量のタール状の物質が検出された
対策	腐敗によってタンク底部に穴が開き、ガソリンが漏れてタンク外面保護用のアスファルトが溶けたことが原因と考えられる ①始業時と終業時に油量の確認を行い、異常の有無を確認する ②一定期間ごとに気密試験による点検を実施する ③耐用年数を超えている施設については、点検の時期を早めるなどして、異常の早期発見に努める
注意	固定給油設備からの危険物の流出対策として、「固定給油設備の下部ピットは、漏油しても地下に浸透しないように内部をアスファルトで被覆する」というのは誤り。アスファルトはガソリンや軽油に溶けるので、漏れた油が地中に浸み込んでいくおそれがある

事故事例4

事故事例	給油取扱所の従業員が、ポリエチレン容器を持って灯油を買いに来た客に誤って自動車ガソリンを売ってしまい、客が石油ストーブにこれを使用したため、異常燃焼を起こして火災が発生した
対策	①自動車ガソリンを灯油と誤って販売する事例は、アルバイトなど不慣れな従業員が対応するときに多く発生しているので、従業員の保安教育を徹底する ②ポリエチレンやプラスチックの容器は、ガソリンの運搬容器として使用してはならないことを、全従業員に徹底する ③容器に注入する前に、購入する油の種類を客にもう一度確認する ④自動車ガソリンはオレンジ色に着色されており（●p131）、灯油は無色またはやや黄色なので（●p141）、油の色をよく確認する ⑤灯油の小分けであっても、危険物取扱者が行うか、または立ち会う
注意	「灯油は淡褐色なので、油の色が淡褐色であることを確認してから容器に注入する」というのは誤り。灯油は、無色またはやや黄色である。なお、軽油は淡黄色または淡褐色である（●p141）

用語

漏えい検知管
タンクからの危険物の漏えいを検知するために設置する管。漏えい検査管ともいう。●p218

ガソリンは常温でも静電気火花などのわずかな火種で引火する危険性があります。
●p131

ポリエチレン容器は電気を通さないので、ガソリンに溜まった静電気を逃がすことができず、放電して火災を引き起こすおそれがあります。

事故事例5

事故事例	給油取扱所で、自動車の燃料タンクから金属漏斗(ろうと)を使用してガソリンをポリエチレン容器に抜き取っていた際、発生した静電気(せいでんき)火花がガソリンに引火して火災となり、作業者が火傷を負った
対策	①静電気が逃げやすいように散水してから作業を行う。特に湿度の低い時期は静電気が発生しやすいので注意する ②ガソリンの容器は、ポリエチレン製ではなく金属製のものを使用し、かつ接地(アース)を施す ③指定された流速でガソリンを注入し、静電気の帯電を少なくする ④危険物の取扱作業は、通風と換気のよい場所で行う ⑤少量の危険物の抜取り作業であっても、危険物取扱者が自ら行うか、または立ち会う
注意	液体が管の内部を流れるときは静電気が発生しやすく、液体の流速に比例して静電気の発生量が増加する。したがって、「燃料タンクを加圧してガソリンの流速を速め、抜取りを短時間で終わらせる」というのは誤り。指定された注入速度を守る必要がある

静電気が発生しやすい条件について
▶p39

事故事例6

事故事例	セルフ型スタンドで、顧客が給油を行おうとして車両の給油口を緩(ゆる)めた際、噴出(ふんしゅつ)したガソリンの蒸気に静電気火花が引火して火災が起こった
対策	①顧客用固定給油設備のホースおよびノズルの導電性をよくする ②車両の給油口を開ける前に、静電気除去シートまたは車両の給油口のふたなど金属部分に触れて、静電気を除去する ③顧客の見やすい所に、人体等に帯電している静電気除去が必要である旨を表示する ④従業員は、帯電防止服や帯電防止靴など、導電性の高い衣服や靴を着用する ⑤適時地盤面に散水を行い、人体等に帯電した静電気を逃がしやすくする
注意	「ガソリン蒸気に静電気放電しないよう、給油口を開ける前は金属に触れないようにする」というのは誤り。むしろ金属部分に触れることによって静電気を除去することができる 「従業員は、絶縁性の高い衣服や靴を着用するようにする」というのも誤り。絶縁性が高いと静電気が蓄積しやすくなってしまうので、導電性の高いものを着用する必要がある

静電気災害の防止について
▶p39～40

事故事例7

事故事例	移動タンク貯蔵所（タンクローリー）が交通事故を起こし、移動貯蔵タンクからガソリンが流出して火災のおそれを生じている
対策	①ガソリンは水に溶けず、水の表面に広がっていくので、**土のう**等でせき止めて排水溝や下水道への流入を防ぐ ②ガソリンの引火点は常温（20℃）より低いので、周囲での火気の使用を制限する ③ガソリンの蒸気は空気より重く、周囲のくぼみや排水溝などの低所に溜まりやすいことに留意する ④移動貯蔵タンク内に残っているガソリンを抜き取る際は、**防爆型**のポンプを使用する ⑤火災の際には、**窒息消火**（泡、粉末、二酸化炭素、ハロゲン化物）を行う
注意	火災になった場合、「窒息消火は困難なので、冷却効果の高い消火剤を準備する」というのは誤り。冷却効果の高い消火剤とは、水消火剤を指すが、ガソリンの火災は油火災なので、水や強化液（棒状放射）は不適切である

事故事例8

事故事例	製造所から河川の水面に、ガソリン（非水溶性の引火性液体）が流出し、火災のおそれを生じている
対策	①河川に引火性液体が流出したことを、消防機関に通報し、その付近や下流域の住民、船舶等に知らせ、火気使用の禁止等の協力を呼びかける ②流出した液体の周囲に**オイルフェンス**を張りめぐらし、引火性液体の拡大と流動を防ぐとともに、回収装置で回収する ③河川に油吸着材を大量に投入し、引火性液体を吸着させた上で回収する。この作業を繰り返し行う ④引火性液体のさらなる流出を防止するとともに、火災発生に備えて消火作業の準備をする
注意	「流出した引火性液体を、堤防の近くからオイルフェンスで河川の中央部分に誘導し、監視しながら揮発成分を蒸発させる」というのは誤り。揮発成分を蒸発させることで**可燃性の蒸気**が発生し、火災を招く危険がある。界面活性剤などの化学処理剤は二次公害を引き起こす可能性があるので避ける

第4類危険物に共通する特性
◯p116〜
第4類危険物に共通する火災予防方法
◯p120〜
第4類危険物に共通する消火方法
◯p122

用語

オイルフェンス
河川や海に漏れた油が広がらないよう、水面に一時的に設ける浮遊体。

油吸着材の素材には化せん系、炭素系、木質系などがあります。形状としてはマット状のものが広く使用されています。

予想 模擬試験

解答／解説

巻末の別冊子「予想模擬試験」を解き終えたら、この「解答／解説」編で採点と解説の確認を行いましょう。

正解・不正解にかかわらず、しっかりと解説を確認しましょう。

なお、テキストの参照ページを記載してありますので、特に解けなかった問題は、テキストに戻って復習を行うことも大切です。

※模試の問題、解答カードは、巻末の別冊子に収録されていますので、取り外してご利用ください。

予想模擬試験〈第1回〉解答一覧

危険物に関する法令		基礎的な物理学 および基礎的な化学		危険物の性質ならびに その火災予防 および消火の方法	
問題1	(1)	問題16	(2)	問題26	(5)
問題2	(4)	問題17	(2)	問題27	(2)
問題3	(3)	問題18	(3)	問題28	(4)
問題4	(1)	問題19	(5)	問題29	(3)
問題5	(3)	問題20	(3)	問題30	(3)
問題6	(2)	問題21	(3)	問題31	(5)
問題7	(4)	問題22	(2)	問題32	(2)
問題8	(3)	問題23	(2)	問題33	(4)
問題9	(1)	問題24	(4)	問題34	(1)
問題10	(3)	問題25	(3)	問題35	(3)
問題11	(2)				
問題12	(3)				
問題13	(5)				
問題14	(5)				
問題15	(4)				

☆得点を計算してみましょう。

挑戦 した日	危険物に関する法令	基礎的な物理学 および基礎的な化学	危険物の性質ならびに その火災予防 および消火の方法	計
1回目 ／	／15	／10	／10	／35
2回目 ／	／15	／10	／10	／35

※各科目60%以上の正解率が合格基準です。

予想模擬試験〈第1回〉解答・解説

※問題を解くために参考となるページを「⤴」の後に記してあります。

■危険物に関する法令■

問題1　解答　(1)　⤴P117, P119
〔解説〕　(2)軽油は、第2石油類です。そのほかの記述は正しいです。
　　　　　(3)ベンゼンは、第1石油類です。そのほかの記述は正しいです。
　　　　　(4)トルエンは、第1石油類です。そのほかの記述は正しいです。
　　　　　(5)クレオソート油は、重油と同じ第3石油類です。そのほかの記述は正しいです。

問題2　解答　(4)　⤴P171
〔解説〕　(4)第2石油類の指定数量の1,000Lは、非水溶性の数値です。しかし、酢酸は、第2石油類の水溶性の危険物なので、1,000Lの2倍の2,000Lになります。
　　　　　アセトンもグリセリンも水溶性の危険物です。この3つが水溶性であること、だから指定数量が2倍になることを、この機会にしっかり再確認しておきましょう。

問題3　解答　(3)　⤴P180
〔解説〕　(1)(4)仮使用とは、製造所等の一部変更工事の際、工事と関係のない部分の全部または一部を使用する制度です。したがって、(1)設置工事や、(4)全面的な変更工事の際は認められません。
　　　　　(2)完成検査前の工事期間中に認められるものなので、完成検査で不合格になった部分の仮使用等はありません。
　　　　　(5)仮使用を承認するのは市町村長等です。所轄消防長や消防署長の承認が必要なのは、仮貯蔵・仮取扱いの場合だけです。ここは押さえておきましょう。

問題4　解答　(1)　⤴P180
〔解説〕　仮貯蔵・仮取扱いとは、所轄の消防長または消防署長に申請して承認を受けることにより、10日以内に限り、指定数量以上の危険物を製造所等以外の場所で貯蔵または取り扱うことを認める制度です。

問題5　解答　(3)　⤴P184, P185
〔解説〕　丙種危険物取扱者が取り扱えるのは、第4類危険物のガソリン、灯油、軽油、第3石油類では重油と潤滑油および引火点130℃以上のもの、第4石油類、動植物油類に限られます。第4類危険物のすべてではありません。

第1回

問題6 　解答　(2) 　　　　　　　　　　　　　　　　　　　　　　　　　　🔖P185, P186

〔解説〕　AとCが正しい記述です。

　　　B　申請先は勤務地を管轄する都道府県知事でもかまいません。

　　　D　発見した免状の提出期間は10日以内です。

　　　E　免状返納命令を出すのは、免状を交付した都道府県知事です。Eはまちがえや
　　　　　すい点です。気をつけましょう。

問題7 　解答　(4) 　　　　　　　　　　　　　　　　　　　　　　　　　🔖P188～P190

〔解説〕　危険物施設保安員は、危険物保安監督者のもとで危険物保安監督者の補佐を行いま
　　　　す。ですから、危険物保安監督者が置かれていないのに、危険物施設保安員だけが
　　　　置かれているということはありません。なお、(1)(5)危険物保安統括管理者と危険物
　　　　施設保安員は、危険物取扱者でなくてもなることができます。

問題8 　解答　(3) 　　　　　　　　　　　　　　　　　　　　　　　　　　　🔖P192

〔解説〕　A・B・Eが定期点検の実施を義務付けられている施設です。

　　　　指定数量の大小に関係なく定期点検の実施義務がある施設は、「地下に移動、移送」
　　　　と覚えましょう。地下＝地下タンク貯蔵所、地下タンクを有する製造所・給油取引所・
　　　　一般取扱所、移動＝移動タンク貯蔵所、移送＝移送取扱所。また、地下貯蔵タンク
　　　　のない製造所のように指定数量の倍数が一定以上の場合にだけ義務付けられる施設
　　　　もあります。

問題9 　解答　(1) 　　　　　　　　　　　　　　　　　　　　　　　　　🔖P200, P201

〔解説〕　製造所などで危険物を取り扱う建築物の屋根は耐火構造ではなく、不燃材料でつく
　　　　るのが原則であり、金属板等の軽量な不燃材料でふくこととされています。これは、
　　　　建物内で爆発が起きたとしても爆風が上に抜けるようにするためです。

問題10 　解答　(3) 　　　　　　　　　　　　　　　　　　　　　　　　　　🔖P214

〔解説〕　同一の防油堤内に引火点を有する液体危険物の貯蔵タンクが2基以上ある場合、防
　　　　油堤の容量は、容量が最大である貯蔵タンクの110％以上としなければなりません。
　　　　本問では600kL貯蔵の重油タンクが最大なので、防油堤の容量は600（kL）×1.1＝
　　　　660（kL）以上となります。

問題11 　解答　(2) 　　　　　　　　　　　　　　　　　　　　　　　　　🔖P230, P231

〔解説〕　消火設備の所要単位を求める場合、危険物については指定数量の10倍を1所要単位
　　　　として計算します。所要単位とは、その製造所等にどれくらいの消火能力を持った
　　　　消火設備が必要であるかを判断するときの基準となる単位です。

問題12 　解答　(3) 　　　　　　　　　　　　　　　　　　　　　　　　　　🔖P240

〔解説〕　(3)危険物の貯蔵タンクなどに取り付けられた通気管は、温度によって蒸気圧が変わ
　　　　ることでタンク内の圧力が変動することを避けるためのものです。ですから、基
　　　　本的に常に開放しておきます。

　　　　通気管以外の、元弁、計量口、底弁、水抜口は、通常は閉鎖しておきます。

問題13　解答 (5)　　　　　　　　　　　　　　　　　　↪P244〜P247

〔解説〕(1)危険物の運搬容器の外部には、①危険物の品名、危険等級、化学名、水溶性の場合は「水溶性」、②危険物の数量、③注意事項を表示しなければなりません。「危険物に応じた消火方法」については規定がありません。ちなみに、容器の材質を表示するという規定もありません。

(2)高さの制限は３ｍ以下です。

(3)足して７になる組合せは混載可能ですから、第３類の危険物と第４類の危険物は混載可能です。２類・４類・５類もそれぞれ混載可能です。

(4)危険物の移送と異なり、運搬には、特別の資格は不要です。

問題14　解答 (5)　　　　　　　　　　　　　　　　↪P220, P247, P248

〔解説〕休憩や故障等のために一時停止するときは、安全な場所に停車すればよく、消防機関等の承認を受けた場所である必要はありません。これは移動タンク貯蔵所以外の車両による運搬の場合でも同様です。

問題15　解答 (4)　　　　　　　　　　　　　　　　　　　　↪P252

〔解説〕受講義務のある危険物取扱者が保安講習を受けなかった場合は、免状を交付した都道府県知事から免状の返納命令を受けることはありますが、製造所等の使用停止命令の事由ではありません。なお、(3)の無許可変更と(5)の完成検査前使用は、設置許可取消しの事由でもあります。

■基礎的な物理学および基礎的な化学■

問題16　解答 (2)　　　　　　　　　　　　　　　　　↪P14, P17, P43

〔解説〕(2)は風解の説明文です。潮解とは、固体の物質が空気中の水分を吸収し、湿って溶解する現象をいいます。なお、(5)の純物質とは純粋な物質のことをいい、１種類の元素からなる単体と、２種類以上の元素からなる化合物とがあります。

問題17　解答 (2)　　　　　　　　　　　　　　　　　　　↪P37, P38

〔解説〕ＡとＣが誤りです。

Ａ　電子は負（−）の電気を持っているので、電子を失ったほうは（−）の電気が減った分だけ正（＋）に帯電した状態となります。一方、電子が過剰となったほうは負（−）に帯電した状態となります。

Ｃ　導体に帯電体を近づけると、導体の帯電体に近い側には帯電体と異種の電荷が現れるため（静電誘導）、導体と帯電体は引き合います。なお、帯電体から遠い側には帯電体と同種の電荷が現れます。

問題18　解答 (3)　　　　　　　　　　　　　　　　　↪P14, P42, P43

〔解説〕(1)と(3)の燃焼および(5)の鉄が錆びる現象は、いずれも物質が酸素と化合する酸化という化学変化です。これに対し、(2)固体が直接気体に変化する昇華という状態変化、(4)溶質が溶媒に溶け均一な液体になる溶解という現象は、どちらも物理変化です。

問題19 解答 (5)　　　　　　　　　　　　　　　　　　　　　　　　⏎P94

〔解説〕自然「発火」の解説なので、当然、（B）は「発火点」になり、正解は、(2)か(5)に絞り込めます。（A）は、(2)が「酸化」、(5)が「発熱」ですが、（A）に続く「長時間、熱が蓄積し」という文章につながるのは、(5)の「発熱」です。たとえば動植物油は酸化熱で発熱するので、「酸化」による「発熱」によって、熱が蓄積します。（C）の(2)「第4石油類」、(5)「動植物油」に注目した場合、動植物油（特に乾性油）が自然発火しやすいということを覚えていないと、絞り込みは難しくなります。この機会にしっかり覚えておきましょう。

問題20 解答 (3)　　　　　　　　　　　　　　　　　　　　　　　　⏎P56

〔解説〕一酸化炭素COの分子量 = 12 + 16 = 28

つまり、1 mol当たり28 gなので、

11.2 gの一酸化炭素は、11.2 ÷ 28 = 0.4molです。

次に、一酸化炭素COが完全燃焼するときの化学反応式は、

$2CO + O_2 \rightarrow 2CO_2$

この式を見ると、一酸化炭素2molに対して酸素1molが反応しています。

つまり、比が2：1なので、0.4molの一酸化炭素に対して酸素は0.2mol反応することがわかります。

標準状態1 molの気体の体積は、気体の種類にかかわらず22.4Lなので、

酸素0.2molならば、22.4L × 0.2 = 4.48L

したがって、一酸化炭素11.2 gが完全燃焼するときの酸素量は、4.48Lとなります。

問題21 解答 (3)　　　　　　　　　　　　　　　　　　　　　　　　⏎P87

〔解説〕一酸化炭素は炭素の不完全燃焼で生じる物質であり、まだ十分な酸素と結びついていないため燃焼（酸化）します（可燃物）。一方、二酸化炭素は炭素が完全燃焼して生じる物質であり、これ以上燃焼しません（不燃物）。なお、(4)の酸素供給源には、空気中の酸素のほか、可燃物自体に含まれている酸素や、酸化剤に含まれている酸素等もあります。

問題22 解答 (2)　　　　　　　　　　　　　　　　　　　　　　　　⏎P96

〔解説〕(2)粉じん爆発は不完全燃焼になりやすいです。特に有機化合物の粉じん爆発は不完全燃焼になりやすく、一酸化炭素を発生させて中毒を起こす危険性もあります。

問題23 解答 (2)　　　　　　　　　　　　　　　　　　　　　　　　⏎P90, 91

〔解説〕この問題の条件からわかるのは、「液温40℃で引火しているので、引火点が40℃よりも高いことはない（引火点は、燃焼条件を満たす最低の液温）」ということと、引火点が40℃より低い場合は、燃焼範囲の下限値は、当然8 vol%よりも低くなる」ということです。これらの条件を満たすのは、(2)です。

問題24 解答 (4) ⮑P85, P90, P99～P101

〔解説〕 除去消火は、燃焼の３要素の中の１つである可燃物を取り除くことによって消火する方法です。これに対し、酸素の供給を断つことによって消火するのが窒息消火、熱源から熱を奪うことで消火する方法が冷却消火です。物質が燃焼するには燃焼の３要素が同時に存在する必要があるため、(2)のように、燃焼の３要素のうちどれか１つを取り除くことで燃焼を中止させることができます。

問題25 解答 (3) ⮑P101～P103

〔解説〕 強化液消火剤は炭酸カリウムを水に溶かした水溶液であり、これにより凝固点降下が起こり、凝固点は－25℃以下となっています。このため、寒冷地でも使用することができます。なお、(2)の粉末消火剤は、粉末の粒子サイズ（粒径）を小さくし、単位質量当たりの表面積を増すことによって、窒息効果と抑制効果を高めています。

■危険物の性質ならびにその火災予防および消火の方法■

問題26 解答 (5) ⮑P44, P112～P114

〔解説〕 (1)自己反応性物質で第５類危険物です。
(2)第３類危険物の禁水性の物質です。
(3)第１類と第６類危険物の酸化性物質が該当します。
(4)たとえば金属粉は第２類危険物ですが、金属板は危険物に指定されていません。
(5)危険物には、ガソリンや灯油、重油等の混合物も多く含まれています。

問題27 解答 (2) ⮑P116, P118～P120

〔解説〕 第４類危険物はほとんどが発火点200℃以上であり、一般には発火の危険性は少ないといえます。発火点90℃の二硫化炭素等、特殊引火物の中には発火点の低いものがありますが、それは例外的なものです。

問題28 解答 (4) ⮑P39, P40

〔解説〕 (4)危険物にかかわる道具や設備を絶縁状態にすることは、絶対に避ける必要があります。絶縁状態にすれば静電気が外から入ってこないようなイメージを持つ人もいるようですが、静電気は、道具や設備の内部で発生するので、外に逃がすことが大切です。道具や設備を絶縁状態にすれば、静電気の逃げ道がなくなるので、大変危険です。静電気対策として、危険物にかかわる道具や設備を絶縁状態にするという選択肢がよく出題されていますがそれは誤りです。間違えないようにしてください。

問題29 解答 (3) ⮑P122

〔解説〕 (3)二酸化炭素消火剤も、(1)泡消火剤、(2)ハロゲン化物消火剤、(4)粉末消火剤と同様に、第４類の危険物の火災の消火剤として有効です。
(5)水による消火や強化液の棒状放射だけが不適切です。「強化液の棒状放射」についてはよく問われますから、間違えないようにしましょう。

問題30　解答　(3)　　　　　　　　　　　　　　　　P124～P126

〔解説〕第4類危険物の特殊引火物とは、1気圧において、発火点が100℃以下のもの、または引火点が−20℃以下であって沸点40℃以下の引火性液体をいいます。(3)二硫化炭素の発火点は90℃です。この数値は確実に覚えておきましょう。また、(5)アセトアルデヒドや酸化プロピレンを貯蔵する場合は不活性ガスを封入します。

問題31　解答　(5)　　　　　　　　　　　　　　　P125, P130, P131

〔解説〕(1)第4類危険物の第1石油類のガソリンの引火点は−40℃以下です。

(2)電気の不良導体なので静電気を蓄積しやすい性質です。

(3)ガソリンの発火点は約300℃、二硫化炭素は90℃です。

(4)ガソリンの燃焼範囲は1.4～7.6vol%、ジエチルエーテルは1.9～36vol%です。

問題32　解答　(2)　　　　　　　　　　　　　　　　P136, P137

〔解説〕引火点はメタノールが11℃、エタノールが13℃であり、どちらも常温より高くありません。なお、(3)沸点はメタノールが64℃、エタノールは78℃です。

問題33　解答　(4)　　　　　　　　　　　　　　　　P140, P141

〔解説〕A、B、Eが正しい記述です。

　C　灯油と軽油の発火点はどちらも220℃です。ガソリンの発火点（約300℃）よりも低いということを覚えておきましょう。

　D　灯油の比重は0.8程度、軽油の比重は0.85程度なので、どちらも水より軽い液体です。

問題34　解答　(1)　　　　　　　　　　　　　　　　P154, P155

〔解説〕乾性油のようによう素価が大きいものほど不飽和度が高く、空気中の酸素と酸化反応が起こりやすくなります。この酸化反応によって固化が進みます。また酸化反応によって発生する酸化熱が蓄積し発火点に達すると、自然発火が起こります。

問題35　解答　(3)　　　　　　　　　　　　　　　P119, P130～P152

〔解説〕(1)ギヤー油（引火点220℃・第4石油類）とエタノール（引火点13℃・アルコール類）が逆です。

(2)重油（引火点60～150℃・第3石油類）と軽油（引火点45℃以上・第2石油類）が逆です。

(4)トルエン（引火点4℃・第1石油類）→酢酸（引火点39℃・第2石油類）→シリンダー油（引火点250℃・第4石油類）の順です。

(5)キシレン（引火点33℃・第2石油類）とアセトン（引火点−20℃・第1石油類）が逆です。

予想模擬試験〈第2回〉解答一覧

危険物に関する法令		基礎的な物理学および基礎的な化学		危険物の性質ならびにその火災予防および消火の方法	
問題1	(4)	問題16	(4)	問題26	(2)
問題2	(1)	問題17	(5)	問題27	(4)
問題3	(3)	問題18	(5)	問題28	(3)
問題4	(5)	問題19	(4)	問題29	(4)
問題5	(3)	問題20	(4)	問題30	(1)
問題6	(4)	問題21	(3)	問題31	(1)
問題7	(2)	問題22	(1)	問題32	(5)
問題8	(5)	問題23	(3)	問題33	(2)
問題9	(3)	問題24	(1)	問題34	(4)
問題10	(4)	問題25	(5)	問題35	(5)
問題11	(5)				
問題12	(2)				
問題13	(5)				
問題14	(3)				
問題15	(2)				

第2回

☆得点を計算してみましょう。

挑戦した日	危険物に関する法令	基礎的な物理学および基礎的な化学	危険物の性質ならびにその火災予防および消火の方法	計
1回目 /	/15	/10	/10	/35
2回目 /	/15	/10	/10	/35

※各科目60%以上の正解率が合格基準です。

■危険物に関する法令■

問題1 　**解答**　(4)　　　　　　　　　　　　　　　　　　　　⤶P168
〔解説〕第2石油類は、1気圧において引火点21℃以上70℃未満のものをいいます。なお、第3石油類の引火点は70℃以上200℃未満、第4石油類は200℃以上250℃未満です。

問題2 　**解答**　(1)　　　　　　　　⤶P204, P216, P217, P220, P224, P228
〔解説〕屋内貯蔵所は屋内タンクではなく、容器に収納した危険物を屋内において貯蔵または取り扱う貯蔵所です。これに対し、屋内貯蔵タンクにおいて危険物を貯蔵または取り扱うのは、屋内タンク貯蔵所です。

問題3 　**解答**　(3)　　　　　　　　　　　　　　⤶P180, P185, P186, P188
〔解説〕(1)遅滞なく申請する必要があります。
　　　　(2)仮使用は一部変更工事の期間中認められます。
　　　　(4)危険物取扱者免状の再交付申請には期間制限がありません。なお、亡失した免状を発見した場合は10日以内に提出するものとされています。
　　　　(5)遅滞なく届け出る必要があります。また、危険物の品名、数量、指定数量の倍数の変更は10日前までに届け出る必要があります。

問題4 　**解答**　(5)　　　　　　　　　　　　　　　　　　　⤶P184, P185
〔解説〕(1)(4)危険物取扱者以外の者が危険物を取り扱う場合は、指定数量未満であっても、甲種または乙種危険物取扱者の立会いが必要です。
　　　　(2)丙種危険物取扱者は立会いが一切できません。
　　　　(3)甲種危険物取扱者が立ち会えば、危険物取扱者以外の者もすべての類の危険物を取り扱うことができます。

問題5 　**解答**　(3)　　　　　　　　　　　　　　　　　　　　　　⤶P188
〔解説〕危険物保安監督者は、危険物取扱作業の保安に関する業務を行います。(1)製造所、(2)移送取扱所、(4)屋外タンク貯蔵所、(5)給油取扱所は、危険物保安監督者を常に選任し、市町村長等に届出をしなければならない施設です。

問題6 　**解答**　(4)　　　　　　　　　　　　　　　　　　　⤶P185, P186
〔解説〕(4)免状の返納を命じられた者が、免状の交付を受けられるのは、返納の日から起算して1年を経過したときです。2年の経過が必要なのは、消防法令に違反して、罰金以上の刑に処せられた者の場合です。

問題7 **解答** (2) → P193, P194

〔解説〕製造所と屋内貯蔵所は、指定数量が一定以上の場合に予防規程の作成が義務付けられます。このほか、屋外貯蔵所、屋外タンク貯蔵所および一般取扱所も同様です。これに対し、指定数量の大小に関係なく常に作成が義務付けられているのは、給油取扱所と移送取扱所の2つです。

問題8 **解答** (5) → P192, P193

〔解説〕(1)定期点検は原則として1年に1回以上行います。
(2)丙種危険物取扱者も、定期点検の立会いは行えます。
(3)記録は原則として3年間保存しなければなりません。
(4)危険物取扱者または危険物施設保安員が行うものとされており、危険物取扱者や危険物施設保安員以外の者が行うときは危険物取扱者の立会いが必要です。

問題9 **解答** (3) → P197

〔解説〕(1)同一敷地外の一般の住居から10mです。
(2)劇場からは30mです。収容人員は関係ありません。
(4)重要文化財に指定された建造物からは50mです。
(5)使用電圧35,000V超の特別高圧架空電線からの水平距離は5mです。
保安距離には、3と5の数字がよく使われますので整理して覚えておきましょう。

問題10 **解答** (4) → P234〜P236

〔解説〕第4類危険物を貯蔵する場合は「火気厳禁」です。「火気注意」を掲げるのは、引火性固体を除く第2類危険物を貯蔵または取り扱う場合に限られます。なお、(5)「禁水」を掲げる危険物には、第3類危険物の禁水性物品等のほか、第1類危険物であるアルカリ金属の過酸化物が含まれます。

問題11 **解答** (5) → P106

〔解説〕(1)○○消火設備は、第3種の消火設備です。
(2)大型の消火設備は、第4種の消火設備です。
(3)小型の消火設備は、第5種の消火設備です。
(4)スプリンクラーは、第2種の消火設備です。
消火設備に関する問題はよく出題されます。難しい内容ではないので、この機会に確実に覚えてしまいましょう。

問題12 **解答** (2) → P239〜P242

〔解説〕CとEが正しい記述です。
A 計量口は危険物があふれないよう、計量時以外は閉鎖しておきます。
B 水抜口は滞油または滞水したときに排出するとき以外は閉鎖します。
D 給油取扱所で自動車等に給油する際は、危険物の引火点にかかわらず、必ずエンジンを停止させなければなりません。

問題13　解答　(5)　　　　　　　　　　　　　　　　　➥P245, P247
〔解説〕危険物の運搬は、指定数量に関係なく危険物取扱者以外の者でも行うことができます。そのため法令上は、危険物取扱者の車両への乗車も必要とされていません。これに対し、危険物を移送する移動タンク貯蔵所には、その危険物の取扱いができる危険物取扱者の乗車が必要とされています。

問題14　解答　(3)　　　　　　　　　➥P220, P221, P240, P241, P247
〔解説〕(3)移動貯蔵タンクの容量は、50,000 L ではなく、30,000 L 以下にしなければなりません。移動貯蔵タンクの容量もよく出題されます。この機会に確実に覚えておきましょう。

問題15　解答　(2)　　　　　　　　　　　　　　　　　➥P251～P253
〔解説〕危険物保安監督者の未選任は、製造所等の使用停止命令の対象にはなりますが、設置許可取消し命令の対象事項ではありません。なお、(1)の命令は危険物施設の「基準適合命令」ともいい、(5)は「緊急使用停止命令」ともいいます。

■基礎的な物理学および基礎的な化学■

問題16　解答　(4)　　　　　　　　　　　　　　　　　➥P16～P17, P68
〔解説〕不揮発性物質が溶けている溶液と純溶媒の蒸気圧の差は、溶けている不揮発性物質（溶質）の量が多いほど大きくなります。なぜなら、溶質の粒子の量が多くなるほど液面に並ぶ溶媒分子の割合が減り、このため蒸発する溶媒分子の量が減るので蒸気圧が低くなるからです。

問題17　解答　(5)　　　　　　　　　　　　　　　　　➥P42～P43
〔解説〕ある物質が性質の異なるまったく別の物質に変わる変化を化学変化といいます。化学変化には、化合と分解がありますが、2種類以上の物質が結びついて別の物質ができることを化合といいます。鉄が錆びるのは、鉄が酸素と化合するためで、これを酸化といいます。

問題18　解答　(5)　　　　　　　　　　　　　　　　　➥P48, P50, P61, P62
〔解説〕炭素 1 mol は 12 g であり、これにより生じる二酸化炭素（CO_2）1 mol は $12+16\times2$ $=44$ g です。(3)炭素の完全燃焼を表す②式を見ると、1 mol の炭素 C が 1 mol の酸素 O_2 と反応し、1 mol の二酸化炭素 CO_2 と 394 kJ の反応熱が発生していることがわかります。(4)①も②も発熱反応なので、反応熱に＋符号がついています。

問題19　解答　(4)　　　　　　　　　　　　　　　　　➥P37, P39
〔解説〕静電気は、粒子と液体とが攪拌されて、互いに接触、衝突、摩擦することによって生じます。この接触、衝突、摩擦は、粒子と液体とが攪拌されている箇所すべてで起こります。攪拌槽の壁面のみで起こるわけではありません。

問題20　解答　(4)　　　　　　　　　　　　　　　　　　　　　　　🔁P43, P44

〔解説〕　赤りんと黄りんは、同素体の例です。どちらもりん（P）という１種類の元素からできた単体ですが、原子の結合状態が異なるために性質が異なります。異性体の例としては、ノルマルブタンとイソブタン（どちらも分子式はC_4H_{10}）等の化合物があります。

問題21　解答　(3)　　　　　　　　　　　　　　　　　　　　　　　🔁P74, P75

〔解説〕　(3)酸化と還元が逆です。還元は電子を受け取る反応で、酸化は電子を失う反応です。

問題22　解答　(1)　　　　　　　　　　　　　　　　　　　　　　　　　🔁P63

〔解説〕　(1)化学反応が起こるためには、反応する粒子が互いに衝突することが必要であり、この衝突頻度が高くなるほど反応速度は速くなります。

(2)濃度が高いほど、粒子の衝突頻度が高くなるため、反応速度は速くなります。

(3)温度が高いほど、粒子の熱運動が激しくなり、衝突頻度が高くなるため、反応速度は速くなります。

(4)10℃上昇するごとに２倍になるのだから、10℃から40℃へ30℃上昇した場合、反応速度は、２×２×２＝８倍になります。

(5)正触媒は、活性化エネルギーを下げる働きをすることによって反応速度を速くしています。

問題23　解答　(3)　　　　　　　　　　　　　　　　　　　　　　　🔁P87, P88

〔解説〕　ＣとＥが正しい記述です。

Ａ　液体なので蒸発燃焼です。液面から蒸発した可燃性の蒸気が空気と混合して燃焼します。また、蒸発燃焼は液体だけでなく、Ｅのように加熱された固体が熱分解せずに蒸発して、その可燃性の蒸気が燃焼する場合もあります。

Ｂ　表面燃焼です。固体の表面だけが燃焼し、蒸発も熱分解もしません。

Ｄ　自己燃焼（内部燃焼）です。分解燃焼のうち、その可燃物自体に含まれている酸素によって燃える燃焼です。

問題24　解答　(1)　　　　　　　　　　　　　　　　　　　　　　　🔁P90～P92

〔解説〕　(1)は引火点ではなく発火点の説明です。発火点に達すれば物質自体が燃え出すので、点火源（熱源）は必要ありません。これに対し引火点の場合は、たとえ引火点に達しても点火源（熱源）がなければ燃えません。

問題25　解答　(5)　　　　　　　　　　　　　　　　　　　　　　　🔁P99, P100

〔解説〕　(1)可燃物であるロウの蒸気に息を吹きかけて除去しているので、除去効果です。

(2)二酸化炭素の放出により燃焼物周辺の酸素濃度を低下させているので、窒息効果です。

(3)粉末系消火剤は抑制効果および窒息効果による消火です。

(4)乾燥砂で覆うことによって空気との接触を断っているので、窒息効果です。

■危険物の性質ならびにその火災予防および消火の方法■

問題26　解答　(2)　　　　　　　　　　　　　　　　　　⮫P112〜P114

〔解説〕　(1)第1類危険物は酸化性の固体です。

(3)第3類危険物は空気にさらされて自然発火したり、水と接触して発火もしくは可燃性ガスを発生したりする固体または液体です。引火性の固体ではありません。

(4)第5類危険物は分子内に含んだ酸素で自分自身が燃える自己反応性物質です。酸化性はありません。

(5)第6類危険物は酸化性の液体であり、第1類危険物同様、自分自身は燃えません。

問題27　解答　(4)　　　　　　　　　　　　　⮫P116, P118, P120

〔解説〕　燃焼範囲の幅が広いほど引火の危険は大きいので、下限値が等しい場合は上限値が高いものほど危険性が大きくなります。なお、(5)非水溶性のものには電気の不良導体が多いため、発生した静電気が蓄積されやすくなります。

問題28　解答　(3)　　　　　　　　　　　　　　　　⮫P120, P121

〔解説〕　第4類危険物から発生する可燃性蒸気は、蒸気比重が1より大きく空気より重いので、低所に滞留します。そのため、高所の換気より低所の換気や通風を十分に行う必要があります。可燃性蒸気の排出は高所から行います。

問題29　解答　(4)　　　　　　　　　　　　⮫P119, P120, P130

〔解説〕　エタノール等のアルコール類やアセトンのような水溶性の危険物は、一般の泡の水膜を溶かすので、泡が消滅して窒息効果が得られません。そのため、特殊な水溶性液体用泡消火剤（耐アルコール泡）を使用します。

問題30　解答　(1)　　　　　　　　　　　　　　　　　　　⮫P144

〔解説〕　(1)アクリル酸は、無色透明の液体で、酢酸に似た刺激臭があります。

問題31　解答　(1)　　　　　　　　　　　　　　　　⮫P130, P131

〔解説〕　A、C、Dが正しい記述です。

B　第4類危険物の第1石油類の自動車ガソリンはオレンジ色に着色されています。灯油（無色またはやや黄色〔淡紫黄色〕）や軽油（淡黄色または淡褐色）と識別するためです。

E　ガソリンの燃焼範囲は1.4〜7.6vol％なので、上限値は10vol％を超えません。およそ「1〜8vol％」と覚えておきましょう。また、ガソリンの燃焼範囲は意外と狭いということも覚えておいてください。

問題32　解答　(5)　　　　　　　　　　　　　　　　　　　⮫P141

〔解説〕　第4類危険物の第2石油類の軽油の引火点は45℃以上です。常温では一般に引火しませんが、霧状にしたり布にしみ込ませたりすると引火の危険性が高くなるため注意が必要です。

問題33 **解答** (2) P147

〔解説〕第4類危険物の第3石油類の重油は比重が0.9〜1.0であり、一般に水よりやや軽い液体です。また水に溶けないため、重油は水に浮きます。なお、クレオソート油やグリセリン等の重油以外の第3石油類は水より重い液体です。

問題34 **解答** (4) P150, P151

〔解説〕第4類危険物の第4石油類は、1気圧において引火点が200℃以上250℃未満の危険物です。引火点が高いので加熱しない限り引火の危険性はありませんが、火災になると消火が困難となります。ギヤー油やシリンダー油等の潤滑油の他、可塑剤等が含まれます。

問題35 **解答** (5) P256

〔解説〕(5)アスファルトは、ガソリンや軽油に溶けるので、漏れた油が地中に浸み込んでいくおそれがあります。コンクリートで固めるなどの対策が必要です。

第2回

使える！ 巻末資料集

■主な第4類危険物の性状等比較表

品名	物品名	比　重	引火点(℃)	発火点(℃)	燃焼範囲(vol%)	蒸気比重	水溶性	備　考
特殊引火物	ジエチルエーテル	0.7	−45	160	1.9〜36	2.6	△	麻酔性　引火点最低
	二硫化炭素	1.3	−30以下	90	1.3〜50	2.6	×	毒性　発火点最低
	アセトアルデヒド	0.8	−39	175	4.0〜60	1.5	○	毒性　沸点最低
	酸化プロピレン	0.8	−37	449	2.3〜36	2.0	○	毒性
第1石油類	ガソリン	0.65〜0.75	−40以下	約300	1.4〜7.6	3〜4	×	発火点は高い
	アセトン	0.8	−20	465	2.5〜12.8	2.0	○	
	酢酸エチル	0.9	−4	426	2.0〜11.5	3.0	×	水に少し溶けるが、区分上は非水溶性
	ベンゼン	0.9	−11.1	498	1.2〜7.8	2.8	×	強い毒性
	トルエン	0.9	4	480	1.1〜7.1	3.1	×	弱い毒性
	ピリジン	0.98	20	482	1.8〜12.4	2.7	○	毒性
	エチルメチルケトン	0.8	−9	404	1.4〜11.4	2.5	×	水に少し溶けるが、区分上は非水溶性
アルコール類	メタノール	0.8	11	464	6.0〜36	1.1	○	毒性
	エタノール	0.8	13	363	3.3〜19	1.6	○	麻酔性
	2-プロパノール	0.79	12	399	2.0〜12.7	2.1	○	
第2石油類	灯油	0.8程度	40以上	220	1.1〜6.0	4.5	×	発火点はやや低い
	軽油	0.85程度	45以上	220	1.0〜6.0	4.5	×	発火点はやや低い
	酢酸	1.05	39	463	4.0〜19.9	2.1	○	水より重い
	（オルト)キシレン	0.88	33	463	1.0〜6.0	3.66	×	
	クロロベンゼン	1.1	28	593	1.3〜9.6	3.9	×	若干の麻酔性
第3石油類	重油	0.9〜1.0	60〜150	250〜380			×	水より少し軽い
	クレオソート油	1.0以上	73.9	336.1			×	
	ニトロベンゼン	1.2	88	482	1.8〜40	4.3	×	毒性
	エチレングリコール	1.1	111	398		2.1	○	
	グリセリン	1.3	199	370		3.1	○	
第4石油類	ギヤー油	0.9	220程度				×	
	シリンダー油	0.95	250程度				×	
	モーター油	0.82	230程度				×	
	タービン油	0.88	230程度				×	
動植物油類	アマニ油	0.93	222	343			×	
	ヤシ油	0.91	234				×	

※水溶性○、非水溶性×、わずかに溶ける△

■第４類危険物の共通の特性

性　質	引火性液体
貯蔵方法	密栓をして冷暗所に貯蔵。低所の通風をよくする。
引火点	引火点20℃以下のものは常温（20℃）で引火の可能性
蒸気比重	1より大きい（空気より重い）→高所から排気する
液比重	1より小さい（水より軽い）ものが多い
水溶性	非水溶性（水に溶けない）のものが多い
静電気	非水溶性のもの＝電気の不良導体が多い →静電気が発生、蓄積されやすい→火災の危険
燃焼の仕方	蒸発燃焼
消火方法	● 水より軽く水に浮くものは、水での消火ができない 　（炎が水に乗って広がるため） ● 主に窒息消火（霧状の強化液、泡、二酸化炭素、ハロゲン化物、粉末等の消火剤を使用） ● 水溶性の危険物→水溶性液体用泡消火剤（耐アルコール泡）を使用

■第４類危険物の指定数量

品　名	性　質	主な物品	指定数量	危険性
特殊引火物	―	ジエチルエーテル、二硫化炭素、アセトアルデヒド、酸化プロピレン	50L	高
第１石油類	非水溶性	ガソリン、酢酸エチル、ベンゼン、トルエン	200L	
	水溶性	アセトン、ピリジン	400L	
アルコール類	―	メタノール、エタノール	400L	
第２石油類	非水溶性	灯油、軽油、キシレン、クロロベンゼン	1,000L	
	水溶性	酢酸、プロピオン酸、アクリル酸	2,000L	
第３石油類	非水溶性	重油、クレオソート油、ニトロベンゼン	2,000L	
	水溶性	グリセリン、エチレングリコール	4,000L	
第４石油類	―	ギヤー油、シリンダー油、モーター油、タービン油	6,000L	
動植物油類	―	アマニ油、ヤシ油	10,000L	低

■手続きの種類と申請先

申　請	項　目	内　容	申請先
許　可	設　置	製造所等を設置する場合	市町村長等
	変　更	製造所等の位置、構造または設備を変更する場合	
承　認	仮使用	変更工事に係る部分以外の部分の全部または一部を仮に使用する場合	
	仮貯蔵・仮取扱い	指定数量以上の危険物を、10日以内の期間、仮に貯蔵または取り扱う場合	消防長または消防署長
検　査	完成検査	設置または変更の許可を受けた製造所等が完成した場合	市町村長等
	完成検査前検査	液体危険物タンク本体についての水圧・水張検査、1,000kL以上の屋外タンク貯蔵所の基礎・地盤、溶接部の検査を受けようとする場合	
	保安検査	10,000kL以上の屋外タンク貯蔵所、特定移送取扱所にあって保安検査を受けようとする場合	
認　可	予防規程	法令に指定された製造所等において、予防規程を作成または変更する場合	

■危険物保安監督者・危険物施設保安員・危険物保安統括管理者の資格

	危険物保安監督者	危険物施設保安員	危険物保安統括管理者
資　格	甲種または乙種の危険物取扱者のうち、製造所等において6カ月以上危険物取扱いの実務経験を有する者	特になし	特になし
選任・解任を行う者	製造所等の所有者、管理者または占有者	製造所等の所有者、管理者または占有者	同一事業所において製造所等を所有、管理、または占有する者
市町村長等への届出	必要	不要	必要

■製造所等の災害防止の取組み

製造所等の区分	保安距離	保有空地	危険物保安監督者	危険物施設保安員	危険物保安統括管理者	定期点検	予防規程
製造所	◎	◎	◎	○		○(注3)	
屋内貯蔵所	◎	◎	○			○	○
屋外タンク貯蔵所	◎	◎	◎				
屋内タンク貯蔵所	×	×				×	
地下タンク貯蔵所	×	×	○	×		◎	×
簡易タンク貯蔵所	×	○(注1)				×	
移動タンク貯蔵所	×	×	×			◎	
屋外貯蔵所	◎	◎	○			○	○
給油取扱所	×	×	◎			○(注3)	◎(注4)
販売取扱所	×	×	○			×	×
移送取扱所	×	○(注2)	◎	◎	○	◎	◎
一般取扱所	◎	◎	○	○		○(注3)	○

◎すべて義務、○条件により義務
(注1）屋外に設ける場合　　　　　（注2）地上に設ける場合
(注3）地下タンクを有する場合は◎　（注4）自家用給油取扱所のうち屋内給油取扱所は除く

■製造所等の保安距離

保安対象物		保安距離
同一敷地外の一般の住居		10m以上
学校、病院、劇場、その他多数の人を収容する施設 　（大学・短期大学等は含まない）		30m以上
重要文化財等に指定された建造物		50m以上
高圧ガス、液化石油ガスの施設		20m以上
特別高圧架空電線	使用電圧7,000V超〜35,000V以下	水平距離で3m以上
	使用電圧35,000V超	水平距離で5m以上

■製造所等の保有空地

●製造所・一般取扱所

指定数量の倍数	保有空地の幅
10以下	3m以上
10を超える	5m以上

●屋外貯蔵所

指定数量の倍数	保有空地の幅
10以下	3m以上
10を超え　20以下	6m以上
20を超え　50以下	10m以上
50を超え　200以下	20m以上
200を超える	30m以上

●屋内貯蔵所

区　分 指定数量の倍数	保有空地の幅	
	壁・柱・床が耐火構造である場合	それ以外の場合
5以下	0m	0.5m以上
5を超え　　10以下	1m以上	1.5m以上
10を超え　20以下	2m以上	3m以上
20を超え　50以下	3m以上	5m以上
50を超え　200以下	5m以上	10m以上
200を超える	10m以上	15m以上

●屋外タンク貯蔵所

指定数量の倍数	保有空地の幅
500以下	3m以上
500を超え　　1,000以下	5m以上
1,000を超え　2,000以下	9m以上
2,000を超え　3,000以下	12m以上
3,000を超え　4,000以下	15m以上
4,000を超える	タンクの直径または高さのうち、値の大きい方に等しい距離以上。15m未満にはできない

●簡易タンク貯蔵所

屋外に設ける場合、簡易貯蔵タンクの周囲に1m以上の幅の保有空地が必要。

■元素の周期表

典型元素　遷移元素　典型元素

族/周期	1	2	3	4	5	6	7	8	9	10	11	12	13	14	15	16	17	18
1	1H 水素																	2He ヘリウム
2	3Li リチウム	4Be ベリリウム											5B ホウ素	6C 炭素	7N 窒素	8O 酸素	9F フッ素	10Ne ネオン
3	11Na ナトリウム	12Mg マグネシウム											13Al アルミニウム	14Si ケイ素	15P リン	16S 硫黄	17Cl 塩素	18Ar アルゴン
4	19K カリウム	20Ca カルシウム	21Sc スカンジウム	22Ti チタン	23V バナジウム	24Cr クロム	25Mn マンガン	26Fe 鉄	27Co コバルト	28Ni ニッケル	29Cu 銅	30Zn 亜鉛	31Ga ガリウム	32Ge ゲルマニウム	33As ヒ素	34Se セレン	35Br 臭素	36Kr クリプトン
5	37Rb ルビジウム	38Sr ストロンチウム	39Y イットリウム	40Zr ジルコニウム	41Nb ニオブ	42Mo モリブデン	43Tc テクネチウム	44Ru ルテニウム	45Rh ロジウム	46Pd パラジウム	47Ag 銀	48Cd カドミウム	49In インジウム	50Sn スズ	51Sb アンチモン	52Te テルル	53I ヨウ素	54Xe キセノン
6	55Cs セシウム	56Ba バリウム	57~71 ランタノイド	72Hf ハフニウム	73Ta タンタル	74W タングステン	75Re レニウム	76Os オスミウム	77Ir イリジウム	78Pt 白金	79Au 金	80Hg 水銀	81Tl タリウム	82Pb 鉛	83Bi ビスマス	84Po ポロニウム	85At アスタチン	86Rn ラドン
7	87Fr フランシウム	88Ra ラジウム	89~103 アクチノイド															

凡例：
- 元素記号
- 原子番号
- 元素名
- 1H 水素
- 単体が20℃・1気圧で　●=気体　○=液体　記号なし=固体
- ■：非金属の典型元素
- □：金属の典型元素
- □：金属の遷移元素

アルカリ金属　アルカリ土類金属　ランタノイド　アクチノイド

ハロゲン　希ガス

金属性　強←→弱

さくいん

●**法改正・正誤等の情報につきましては、下記「ユーキャンの本」ウェブサイト内「追補（法改正・正誤）」をご覧ください。**
https://www.u-can.co.jp/book/information

●**本書の内容についてお気づきの点は**
・「ユーキャンの本」ウェブサイト内「よくあるご質問」をご参照ください。
https://www.u-can.co.jp/book/faq
・郵送・FAXでのお問い合わせをご希望の方は、書名・発行年月日・お客様のお名前・ご住所・FAX番号をお書き添えの上、下記までご連絡ください。
【郵送】〒169-8682 東京都新宿北郵便局 郵便私書箱第2005号
ユーキャン学び出版 危険物取扱者資格書籍編集部
【FAX】03-3350-7883
◎より詳しい解説や解答方法についてのお問い合わせ、他社の書籍の記載内容等に関しては回答いたしかねます。

●**お電話でのお問い合わせ・質問指導は行っておりません。**

ユーキャンの乙種第4類危険物取扱者 速習レッスン 第5版

2009年12月20日　初　版　第1刷発行	編　者	ユーキャン危険物取扱者
2010年 7 月16日　第 2 版　第1刷発行		試験研究会
2014年10月17日　第 3 版　第1刷発行	発行者	品川泰一
2018年 7 月27日　第 4 版　第1刷発行	発行所	株式会社 ユーキャン 学び出版
2023年10月 6 日　第 5 版　第1刷発行		〒151-0053

東京都渋谷区代々木1-11-1
Tel 03-3378-1400

編　集　　株式会社 東京コア

発売元　　株式会社 自由国民社
〒171-0033
東京都豊島区高田3-10-11
Tel 03-6233-0781（営業部）

印刷・製本　望月印刷株式会社

ユーキャンの
乙種第4類 危険物取扱者
速習レッスン

第5版

 スキマ時間に、試験日に

コレだけ!!

50 プラス +

取り外せます

各Lesson末の
「コレだけ!!」全50の内容＋αを
コンパクトにまとめました。
試験当日まで大活躍する1冊です。

1 基礎的な物理学および基礎的な化学

コレだけ!! 50+

コレだけ!! 1 物質の状態変化

固体		液体		気体

融解（融解熱）→　加熱する（熱の吸収）　冷却する（熱の放出）
蒸発（蒸発熱）→　加熱する（熱の吸収）　冷却する（熱の放出）
凝固（凝固熱）　凝縮（凝縮熱）

昇華 { 固体 → 気体（ナフタリン、ドライアイス等）
気体 → 固体（ダイヤモンドダスト等）

ゴロゴロ合わせ

昇華
こしょう
（固体）（昇華）
起床
（気体）（昇華）

オハヨー！ zzz

コレだけ!! 2 沸騰と沸点

①沸騰が起きるのは、

液体の飽和蒸気圧　≧　液体にかかる外圧（大気圧）　のとき

②沸点とは、

液体の飽和蒸気圧　＝　液体にかかる外圧（大気圧）　のときの液温

外圧が大きくなると　→　沸点は高くなる

外圧が小さくなると　→　沸点は低くなる

コレだけ!! 3 比重

比重とは

①液体・固体の場合………水（1気圧、4℃）の質量との比

比重＜1　→　水に浮く

比重＞1　→　水に沈む

②気体（蒸気）の場合……空気（1気圧、0℃）の質量との比

蒸気比重＜1　→　上昇する

蒸気比重＞1　→　低所に溜まる

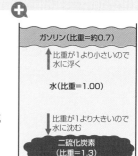

ガソリン（比重＝約0.7）
比重が1より小さいので水に浮く
水（比重＝1.00）
比重が1より大きいので水に沈む
二硫化炭素（比重＝1.3）

4 圧力

①圧力とは、単位面積当たりに働く力のこと

$$圧力 = \frac{力の大きさ（N）}{面の面積（m^2）} \quad N/m^2 または Pa$$

②大気圧とは、空気の重さによる圧力のこと
　　1気圧（atm）＝約1,013ヘクトパスカル（hPa）

 ゴロ合わせ

圧力の求め方
あっちゃんは
（圧力＝）
カまかせにツラで割り
（力の大きさ÷面の面積）

---

 5 比熱と熱容量

比　熱 物質1gの温度を1℃上昇させるのに必要な熱量

熱容量 物質全体の温度を1℃上昇させるのに必要な熱量

　比熱や熱容量が小さい物質　→　温まりやすく冷めやすい
　比熱や熱容量が大きい物質　→　温まりにくく冷めにくい

ゴロ合わせ

比熱と熱容量
比べれば一度に1g
（比熱）（1℃）
容れるなら一度に全体
（熱容量）（1℃）

---

 6 熱の移動と熱膨張

熱の移動 …… 伝導、放射、対流

熱伝導率 …… 数値が大きいほど熱が伝わりやすい
　　　　　　熱伝導率の大きさの順：**固体＞液体＞気体**

熱膨張による増加体積＝元の体積×体膨張率×温度差
　　　　　　体膨張率の大きさの順：**気体＞液体＞固体**

ゴロ合わせ

熱の移動
熱い日は
（熱移動）
包帯巻いて店頭へ
（放射）（対流）（伝導）

---

 7 静電気

静電気の蓄積 → 放電火花 → 火災

静電気が発生しやすい条件		**発生・蓄積の防止方法**
①導電性の低い物質	→	導電性の高い材料を使う
②湿度が低い（乾燥している）	→	湿度を高くする
③液体の流速が速い	→	流速を遅くする

ゴロ合わせ

主な帯電現象
タイでうーんとマッサージ
（帯電現象）　　（摩擦）
触れて流して汗が噴き出す
（接触）（流動）（噴出）

コレだけ!! 8 物質の変化と種類

物理変化（融解、凝固、昇華など）…物質は変わらない
化学変化（化合、分解、酸化など）…別の物質になる

単体	1種類の元素からなる純物質
化合物	2種類以上の元素からなる純物質
混合物	2種類以上の純物質が混合した物質

コレだけ!! 9 原子量・分子量・物質量

原子量	質量数12の炭素原子を基準として各原子の質量を示した値
分子量	その分子に含まれている元素の原子量の合計
物質量	モルを単位として表した物質の量

物質1mol（6.02×10^{23}個）の質量は、
原子量・分子量にgをつけた値に等しい

1mol　2mol

コレだけ!! 10 化学と気体の基本法則

ボイルの法則
温度が一定のとき、一定量の気体の体積は圧力に反比例する。

シャルルの法則
圧力が一定のとき、一定量の気体の体積は絶対温度に比例する。

ボイル・シャルルの法則
一定量の気体の体積は、圧力に反比例し、絶対温度に比例する。

ゴロゴロ合わせ

ボイル・シャルルの
法則

ボーイの体
（ボイルの法則）
（体積は）

力に反発
（圧力に）（反比例）

ギャルの体
（シャルルの法則）
（体積は）

熱さに素直
（絶対温度に）（比例）

コレだけ!! 11 化学反応式からわかること

	$2H_2$ （水素）	$+$	O_2 （酸素）	$\rightarrow$	$2H_2O$ （水蒸気）
① 分子の数	2分子		1分子		2分子
② 物質量	2mol		1mol		2mol
③ 質量	4g （2g×2）		32g （32g×1）		36g （18g×2）
④ 体積	44.8L		22.4L		44.8L

ボーイ&ギャル

コレだけ‼

12 熱化学方程式の意味すること

$$H_2 + \frac{1}{2}O_2 = H_2O（液）+ 286kJ$$

水素1molが完全燃焼すると、286kJ発熱する（発熱反応）

↓

∴水素nmolが完全燃焼すると、286×nkJ発熱する

反応熱は必ず右辺に書き、発熱反応は＋、吸熱反応は−の符号をつけます。

 コレだけ‼

13 溶液の濃度の表し方

質量%濃度（%またはwt%）

$$= \frac{溶質の質量\ g}{溶液の質量\ g} \times 100$$

モル濃度（mol/L）

$$= \frac{溶質の物質量\ mol}{溶液の体積\ L}$$

質量モル濃度（mol/kg）

$$= \frac{溶質の物質量\ mol}{溶媒の質量\ kg}$$

 ゴロ ゴロ合わせ

モル濃度の求め方
雨漏るのう
（モル濃度＝）
洋室の漏り　悪く　数リットル
（溶質の物質量mol÷溶液の体積L）

コレだけ‼

14 酸と塩基の比較

	酸	塩基
生じるイオン	水素イオンH⁺	水酸化物イオンOH⁻
リトマスの色	青色 → 赤色	赤色 → 青色
水溶液の性質	酸性	塩基性
pH	7より小さい	7より大きい
酸化と還元	酸化と還元は同時に起こる	

 ゴロ ゴロ合わせ

リトマス試験紙の色
Sun（酸）は
青年を赤くする

15　イオン化傾向

イオン化傾向

大 ← 　　　　　　　　　　　　　　　　　　　　⇒ 小

K	Ca	Na	Mg	Al	Zn	Fe	Ni	Sn	Pb	(H)	Cu	Hg	Ag	Pt	Au
借りょ	か	な	ま	あ	あ	て	に	す	な	ひ	ど	す	ぎる	借	金
カリウム	カルシウム	ナトリウム	マグネシウム	アルミニウム	亜鉛	鉄	ニッケル	スズ	鉛	水素	銅	水銀	銀	白金	金

←陽イオンになりやすい　　　　　　　　　　　　　陽イオンになりにくい⇒
溶けやすい　　　　　　　　　　　　　　　　　　溶けにくい
錆びやすい　　　　　　　　　　　　　　　　　　錆びにくい

 金属が液体中で陽イオンになることを「溶ける」、空気中で陽イオンになることを「錆びる」などといいます。

 16　有機化合物と無機化合物

	有機化合物	無機化合物
成分元素	主にC、H、O、N	すべての元素
種類の数	約2,000万種類	5～6万種類
溶解性	水に溶けにくい	水に溶けやすい
融　点	一般に低い	一般に高い

 有機化合物は、有機溶剤（アルコール、アセトン、ジエチルエーテルなど）にはよく溶けます。また、可燃性物質が多く、完全燃焼すると二酸化炭素と水を発生するものが多くあります。

 17　いろいろな燃焼

分解燃焼	紙、木材、石炭、プラスチック		固体
	自己燃焼	ニトロセルロース、セルロイド	
表面燃焼	木炭、コークス　※炎は出ない		
蒸発燃焼	硫黄、ナフタリン		
	ガソリン、灯油、軽油		液体

 18　燃焼範囲と引火点・発火点

●燃焼範囲の意味

$$可燃性蒸気の濃度（vol\%）＝\frac{蒸気の体積（L）}{蒸気の体積（L）＋空気の体積（L）}×100$$

この値が燃焼範囲内にあるとき　＋　点火源　⇒　燃焼

●引火点（点火源⇒必要）、発火点（点火源⇒不要）

 ゴロゴロ合わせ

燃焼の3要素
金でおっさん
（可燃物）
（酸素供給源）
天下とる
（点火源）

19　自然発火と混合危険

● **自然発火**…点火源は不要。

　　酸化熱、分解熱、吸着熱、微生物による発熱　⇒　発火

● **混合危険**…第1類危険物　または　第6類危険物

　　　　　　　　　　　　＋　　　　　　　　　⇒　発火・爆発
　　　　　　　　　　　　　　　　　　　　　　　　の危険性
　　　　　　　第2類危険物　または　第4類危険物

ゴロ合わせ

混合危険
イカロスと
（第1類または
第6類＋）
似たりよったり
（第2類または
第4類）

20　燃焼と消火の4要素

燃焼の4要素			
可燃物	酸素供給源	点火源	酸化の連鎖反応
↓取り除く	↓断ち切る	↓熱を奪う	↓抑える
除去	窒息	冷却	抑制
消火の4要素			

ゴロ合わせ

消火の4要素
助教授息ぎれ
（除去）（窒息）（冷却）
よっこらせ
（抑制）

21　消火設備

消火設備の区分

第1種	○○消火栓
第2種	スプリンクラー設備
第3種	○○消火設備
第4種	大型消火器
第5種	小型消火器

消火器の標識の地色

普通（A）火災	白
油　（B）火災	黄
電気（C）火災	青

ゴロ合わせ

消火設備の種類
センスよく
（第1種：○○消火栓
第2種：スプリンクラー）
消火設備は
（第3種：○○消火設備）
大と小
（第4種：大型消火器
第5種：小型消火器）

2 危険物の性質ならびにその火災予防および消火の方法

コレだけ!! 22 危険物の分類のポイント

- **1類**（固体）と**6類**（液体）　酸化性 ＝ ほかの物質を酸化 ⇒ 自分は不燃性
- **2類**（固体）と**4類**（液体）　還元性 ＝ 自分は酸化されやすい ⇒ 可燃性
- **3類**（固体または液体）　自然発火性および禁水性 ⇒ 可燃性
- **5類**（固体または液体）　自己反応性 ⇒ 可燃性

> ゴロ合わせで簡単に覚えられます。P10を見て下さい。

コレだけ!! 23 第4類危険物に共通する特性

引火しやすい	➡	火気厳禁、密栓して冷暗所に貯蔵
水に溶けず、水に浮くものが多い	➡	水と棒状強化液は消火に使えない
蒸気が空気より重い	➡	低所を換気し、蒸気は屋外の高所に排出
静電気が生じやすい	➡	接地（アース）して、流速は遅く

🎲 ゴロ合わせ

第4類危険物の第1〜
第4石油類の引火点
- 古い（21）
- 納豆（70）
- 匂う（200）
- ふところ（250）
- 第1　21℃未満
- 第2　21℃〜70℃未満
- 第3　70℃〜200℃未満
- 第4　200℃〜250℃未満

コレだけ!! 24 特殊引火物

	ジエチルエーテル	二硫化炭素	アセトアルデヒド	酸化プロピレン
水溶性	少し溶ける	溶けない	溶ける	溶ける
形　状	無色透明			
蒸気の臭気	刺激臭	不快臭	刺激臭	エーテル臭
蒸気の毒性	麻酔性	有毒	有毒	有毒
液体比重	水より軽い	水より重い	水より軽い	水より軽い
引火点	−45℃	−30℃以下	−39℃	−37℃
発火点	160℃	90℃	175℃	449℃
沸　点	34.6℃	46℃	21℃	35℃

※沸点が低いものは揮発性が高く危険

🎲 ゴロ合わせ

特殊引火物の性質

イカの性質みんな以下
（引火物）　　　　（以下）

100万出してハッカ買い
（100℃以下）（発火）

借りた20でイカ買って
（−20℃以下）（引火）

財布は始終フッテンテン
（40℃以下）（沸点）

コレだけ!! 25 第1石油類

代表的な第1石油類の性状の比較

	水溶性	有機溶剤等	毒性	臭い
ガソリン	×		×	臭気
酢酸エチル	×		×	芳香
ベンゼン	×		強 ○	芳香
ピリジン	○	○	○	悪臭
トルエン	×		弱 ○	芳香
アセトン	○		×	特異臭
エチルメチルケトン	×		×	特異臭

第1石油類は、いずれも、①引火しやすい②水より軽い③蒸気が空気より重いという特徴があります。

自動車ガソリンの性状

液体の色	オレンジ色に着色
引火点	−40℃以下
発火点	約300℃
燃焼範囲	1.4～7.6vol%（約1～8vol%でも可）

ベンゼンとトルエンどちらも
- 芳香族炭化水素
- 蒸気が有毒

 ゴロゴロ合わせ

第1石油類の物品名
だいいち（第1石油類）
ガソリン（ガソリン）
さえ（酢酸エチル）
あせって（アセトン）
とるの忘れて（トルエン）
ぜんぜん（ベンゼン）
ピンチ（ピリジン）

コレだけ!! 26 アルコール類

メタノールとエタノール

メタノール	エタノール
無色透明の液体で芳香臭がする	
引火点が常温（20℃）より低い	
水と有機溶剤によく溶ける	
炎の色が淡く（淡青白色）、見えにくい	
毒性がある	麻酔性がある

 静電気なし！

 ゴロゴロ合わせ

メタノールとエタノールの違い
酔っぱらいが（アルコール類）
メチャ毒舌でヒドイ（メタノール・毒性・燃焼範囲広い）
エチケット無視で熟睡（エタノール・麻酔性）

アルコール類の特性がほかの第4類危険物の一般的な特性と異なる点

①水によく溶ける
普通の泡消火剤では泡が溶かされるため消火剤には水溶性液体用泡（耐アルコール泡）を使う

②静電気が生じない
電気の良導体なので流動等による静電気の発生・蓄積がない

27 第2石油類

代表的な第2石油類の性状のまとめ

①非水溶性のもの （指定数量1,000L）	②水溶性のもの （指定数量2,000L）	③水より重いもの
灯油	酢酸	クロロベンゼン
軽油	プロピオン酸	酢酸
クロロベンゼン	アクリル酸	アクリル酸
キシレン	―	―
n-ブチルアルコール*	―	―

＊若干水に溶ける

灯油の引火点と発火点
始終（40℃）夫婦（220℃）
は灯油で暖か

灯油と軽油の比較

	灯　油	軽油（ディーゼル油）
引火点	40℃以上	45℃以上
液体の色	無色またはやや黄色（淡紫黄色）	淡黄色または淡褐色
溶　解	水にも有機溶剤にも溶けない	
静電気	電気の不良導体で静電気が発生しやすい	

酢酸
● 腐食性
● 水とアルコール類に溶ける
● 水より重い

 ## 28 第3石油類

①非水溶性のもの （指定数量2,000L）	②水溶性のもの （指定数量4,000L）	③無色無臭のもの	④水より軽いもの
重油	グリセリン	グリセリン	重油
クレオソート油	エチレングリコール	エチレングリコール	―
アニリン	―	―	―
ニトロベンゼン	―	―	―

第3石油類は、すべて引火点が高いので、常温では引火しません。

29 第4石油類

1気圧において引火点200℃以上250℃未満の危険物

↓

潤滑油、可塑剤が該当

ただし、

引火点200℃未満のもの ➡ 第3石油類に区分

引火点250℃以上のもの ➡ 消防法の規制対象外（可燃性液体類）

　※ギヤー油とシリンダー油 ➡ すべて第4石油類

第4石油類は、いったん火災になると液温が非常に高くなるため消火が困難になります。

コレだけ!! 30 動植物油類

大 ←	よう素価	→ 小
130以上（高い）	（不飽和度）	100以下（低い）
乾性油		不乾性油
不飽和脂肪酸多い		不飽和脂肪酸少ない
固化しやすい		固化しにくい
自然発火しやすい		自然発火しにくい

> よう素価が大きいほどその油脂（脂肪油）は不飽和度が高くなります。そのため酸化されやすく、酸化熱を溜めやすいので発火の危険性が高いということになります。たとえば、アマニ油のよう素価は190～204、ヤシ油のよう素価は7～10です。

コレだけ!! 31 危険物の分類のおさらい

酸化性物質	還元性物質	
不燃性	可燃性	
第1類 酸化性固体（固体）	第2類 可燃性固体（固体）	第3類 自然発火性物質・禁水性物質（固体と液体）
第6類 酸化性液体（液体）	第4類 引火性液体（液体）	第5類 自己反応性物質（固体と液体）

ゴロゴロ合わせ
ココブエブエ
さかじい事故さ！

1類	2類	3類	4類	5類	6類
さ	か	じ	い	じこ	さ
酸化性	可燃性	禁水性 自然発火性	引火性	自己反応性	酸化性
コ	コ	ブ	エ	ブ	エ
固体	固体	物質	液体	物質	液体

> 第3類と第5類の名称だけが「～物質」となっているのは、固体と液体の両方を含むという意味です。

❖ 第4類危険物のまとめ ❖

特…特殊引火物　ア…アルコール　①…第1石油類
②…第2石油類　③…第3石油類

●水溶性のものと非水溶性のものとの違い

水溶性のもの	非水溶性のもの
● 第4類危険物には少ない ● 普通の泡を溶かす ➡ **水溶性液体用泡消火剤**を使用 例 ● ジエチルエーテル（特） 　● アセトアルデヒド（特） 　● 酸化プロピレン（特） 　● アセトン（①） 　● ピリジン（①） 　● メタノール（ア） 　● エタノール（ア） 　● 2-プロパノール（ア） 　● 酢酸（②） 　● グリセリン（③）	● 第4類危険物に多い ● 電気の不良導体で**静電気**を蓄積しやすい ● 水に溶けにくく、水より**軽い**ものが多いため、**水での消火が困難** ● 危険性が大きいので、指定数量は水溶性の半分

●水より重いもの

- 二硫化炭素（特・1.3）……非水溶性で「水より重く、水に溶けない」ので、**水中保存**する。
- クロロベンゼン（②・1.1）
- 酢酸（②・1.05）
- グリセリン（③・1.3）

重油は水より重くありません。

●引火点・発火点・沸点の低いもの

- 引火点が低い……**ジエチルエーテル**（特・－45℃）、二硫化炭素（特・－30℃以下）、ガソリン（①・－40℃以下）
- 発火点が低い……**二硫化炭素**（特・90℃）
- 沸点が低い………**アセトアルデヒド**（特・21℃）、ジエチルエーテル（特・34.6℃）、酸化プロピレン（特・35℃）、ガソリン（①・40℃～）
- ※沸点が低いものは、**揮発性**が高い

ガソリンの発火点（約300℃）はそれほど低くはないです。

●灯油と軽油

	灯油（②）	軽油（②）
引火点	40℃以上	45℃以上
発火点	220℃	220℃
色	無色またはやや黄色（淡紫黄色）	淡黄色か淡褐色

重油の色は、「褐色または暗褐色」でしたね。

コレだけ!! 50+

3 危険物に関する法令

コレだけ!! **32 危険物取扱者が取り扱う「危険物」**

消防法の別表第一の品名欄に掲げる物品で、
同表に定める区分に応じ
同表の性質欄に掲げる性状を有するもの

● 第1類〜第6類に分類
● 常温（20℃）で気体の危険物はない

第4類危険物の品名の定義
（本書P167の法別表第一
の備考）は必ず覚えましょ
う！

コレだけ!! **33 第4類危険物の指定数量**

特殊引火物·································· 50 L
ガソリンなど（第1石油類の非水溶性）········ 200 L
アルコール類····························· 400 L
灯油・軽油など（第2石油類の非水溶性）··· 1,000 L
重油など（第3石油類の非水溶性）·········· 2,000 L

 ゴロゴロ合わせ

第1〜第3石油類の水溶性物質
焦って沢山（①アセトン、②酢酸）
グリセリン（③グリセリン）

水溶性は
非水溶性の
2倍です

ゴロゴロ合わせ

第4類危険物の指定
数量
五十過ぎ
（50 L　特殊引火物）
ふられて
（200 L　第1石油類）
ヨレレ
（400 L　アルコール類）
ワンさんは
（1,000 L　第2石油類）
通算
（2,000 L　第3石油類）
無産で
（6,000 L　第4石油類）
最後一番
（10,000 L　動植物油類）

コレだけ!! **34 貯蔵所の分類**

容器に収納して貯蔵
　屋内（倉庫）····················①屋内貯蔵所
　屋外（野積み）··················②屋外貯蔵所
タンクに貯蔵
　固定タンク·····················③屋内タンク貯蔵所
　　　　　　　　　　　　　　　　④屋外タンク貯蔵所
　　　　　　　　　　　　　　　　⑤地下タンク貯蔵所
　　　　　　　　　　　　　　　　⑥簡易タンク貯蔵所
　移動タンク·····················⑦移動タンク貯蔵所

35 申請手続きと届出手続き

- 製造所等の設置・変更 ………………… 市町村長等の許可
  （完成検査・完成検査前検査も市町村長等へ申請）
- 変更工事の際の仮使用 ………………… 市町村長等の承認
- 仮貯蔵・仮取扱い ……………………… 消防長または消防署長の承認
- 危険物の品名等の変更 ………………… 10日前までに
  市町村長等へ届出

仮使用、仮貯蔵・仮取扱いだけが承認を申請する手続きです。「仮」がつけば「承認」と覚えましょう。

36 危険物取扱者制度

	資格	選任・解任の届出	必要な事業所
危険物保安監督者	甲種または乙種実務経験6カ月以上	市町村長等	製造所、屋外タンク貯蔵所、給油取扱所、移送取扱所
危険物施設保安員	不要	不要	製造所、一般取扱所、移送取扱所
危険物保安統括管理者	不要	市町村長等	

ゴロ合わせ

定期点検実施義務のない施設
奥さん
（屋内タンク貯蔵所）
カンカン
（簡易タンク貯蔵所）
ケーキの（定期点検）
販売（販売取扱所）
なし（義務なし）
※規模が限定されている屋内タンク貯蔵所には義務がない。

37 定期点検

点検の時期	1年に1回以上
記録の保存期間	3年間（記録の保管は所有者がする）
点検を行う者	危険物取扱者または危険物施設保安員（危険物取扱者の立会いがあればこれ以外の者もできる）
必ず実施する施設	地下タンク貯蔵所、移動タンク貯蔵所、移送取扱所、地下タンクを有する製造所・給油取扱所・一般取扱所

38 保安距離と保有空地

保安距離を必要とする施設	保有空地を必要とする施設
製造所 屋内貯蔵所 屋外貯蔵所 屋外タンク貯蔵所 一般取扱所	保安距離を必要とする施設 ＋ 屋外に設ける 簡易タンク貯蔵所 ＋ 地上に設ける 移送取扱所

ゴロ合わせ

保安距離
保安には、奥方が造って、
（保安距離が必要なのは、屋外タンク貯蔵所、製造所）
内外貯めて一杯に
（屋内貯蔵所、屋外貯蔵所、一般取扱所）

コレだけ!! 39 製造所の基準

- **屋根**‥‥‥‥軽量の不燃材料でふく
- **壁等**‥‥‥‥‥不燃材料でつくる
- **地階**‥‥‥‥‥設けてはならない
- **貯留設備**‥‥‥床に貯留設備(「ためます」等)を設ける
- **排出設備**‥‥‥可燃性蒸気等を屋外の高所に排出
- **配管**‥‥‥‥‥最大常用圧力の1.5倍以上の水圧試験で漏えいしない

> 避雷設備は、製造所、屋内貯蔵所、屋外タンク貯蔵所、一般取扱所で、指定数量が10倍以上の場合に必要です。

コレだけ!! 40 屋内貯蔵所の貯蔵倉庫

- 軒高6m未満の平屋建
- 床面積は1,000m²以下
- 壁、柱、床‥‥‥‥‥耐火構造
- 梁・屋根‥‥‥‥‥‥不燃材料
- 天井‥‥‥‥‥‥‥‥設けない

> 引火点70℃未満の危険物を貯蔵する場合
> ↓
> 滞留した可燃性蒸気を屋根上に排出する設備

ゴロゴロ合わせ

屋外貯蔵所で貯蔵・取扱いできる危険物(第4類)
黄色いインコ
(硫黄、引火性固体)
おトクな外資
(特殊引火物と引火点0℃未満の第1石油類を除いた第4類危険物)
外で貯め
(屋外貯蔵所に貯蔵可能)

コレだけ!! 41 屋外貯蔵所

- 貯蔵または取り扱える危険物が限定されている
- 保安距離と保有空地がどちらも必要
- 湿潤でなく排水のよい場所に設置
- 柵などを設けて明確に区画
- 架台は不燃材料で、高さ6m未満とする

> 屋外貯蔵所に屋根や天井はありません。

コレだけ!! 42 屋外タンク貯蔵所

- 引火点を有する液体危険物の場合　→　敷地内距離が必要
- 液体危険物(二硫化炭素を除く)の場合　→　防油堤が必要
  - このうち引火点を有する液体危険物の場合
    - →　防油堤の容量
      - =(最大の)タンク容量の110%以上

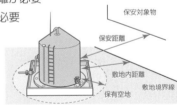

43　屋内タンク貯蔵所・地下タンク貯蔵所

屋内タンク貯蔵所	地下タンク貯蔵所
• 屋内貯蔵タンクの容量は、指定数量の40倍以下 • 第4石油類・動植物油類以外の第4類危険物は20,000L以下 • タンクが2基以上ある場合は、総計が上記制限の範囲内	• 地下貯蔵タンクとタンク室の内側に0.1m以上の間隔を設ける • 地下貯蔵タンクの頂部は0.6m以上地盤面より下 • 通気管はタンクの頂部に設ける • 漏れを検知する設備を設ける

44　移動タンク貯蔵所・簡易タンク貯蔵所

移動タンク貯蔵所	簡易タンク貯蔵所
• 容量は30,000L以下 • 4,000L以下ごとに間仕切 • 2,000L以上のタンク室に防波板 • 底弁の手動閉鎖装置は、手前に引き倒すレバー	• 容量は600L以下 • 設置できるのは3基以内 • 同一品質の危険物は1基しか設置できない • 屋外に設置する場合、保有空地の幅は周囲1m以上

移動タンク貯蔵所は、タンクローリーと呼ばれています。

45　給油取扱所・販売取扱所

給油取扱所
• 給油空地（間口10m以上、奥行6m以上）
• 地下タンク　┬専用タンク（容量制限なし）
　　　　　　　└廃油タンク（10,000L以下）
• 飲食店は○、遊技場は×
• セルフ型スタンド：ハイオク（黄）、レギュラー（赤）、軽油（緑）、灯油（青）

販売取扱所
• 容器に入れたまま販売
• 第1種、第2種とも建築物の1階に設置

➕
🎲 ゴロゴロ合わせ

移動タンク貯蔵所の容量
移動タンクに
サンマがいっぱい
（容量は30,000L以下）
間近に寄ったら
（間仕切は4,000L以下ごと）
ニセモノなみだ
（防波板は2,000L以上のタンク室に）

46　消火の困難性と所要単位・能力単位

• 消火の困難性…製造所等の規模や取り扱う危険物、指定数量の倍数等により、義務付けられている最小限の消火設備は異なる。
• 所要単位…その製造所等にどれくらいの消火能力を持った消火設備が必要かを判断する単位。
• 能力単位…所要単位に対応する消火設備の消火能力を示す単位。

コレだけ!!

47 注意事項の掲示板

種 類	貯蔵・取扱いの危険物	覚え方
禁 水	第1類 アルカリ金属の過酸化物 第3類 禁水性物品	水は青い →**青色の地**
火気注意	第2類（引火性固体以外のもの）	火は赤い →**赤色の地**
火気厳禁	第2類 引火性固体 第3類 自然発火性物品 第4類、第5類	

コレだけ!!

48 貯蔵・取扱い

危険物のくず等の廃棄	1日に1回以上
貯留設備等に溜まった危険物	随時汲み上げ
機械器具等の修理	危険物除去後に行う
類を異にする危険物の同時貯蔵	原則禁止
タンクの計量口 防油堤の水抜口	閉鎖

計量口、弁、水抜口など閉鎖できるものは「使わないときは閉鎖」が原則。

コレだけ!!

49 運搬・移送

運 搬	移 送
● 指定数量未満でも消防法の規制 ● 容器に表示（品名、危険等級、化学名、数量、注意事項） ● 類を異にする危険物の混載禁止（第4類危険物は、第2類・第3類・第5類危険物と混載可能） ● 指定数量以上の場合だけ標識、消火設備の設置	● 危険物の貯蔵・取扱いに該当 ● 危険物取扱者の乗車 ● 危険物取扱者免状の携帯 ● 書類の備付け 　完成検査済証、定期点検記録、譲渡・引渡届出書、品名・数量等の変更届出書

足して7になる組合せは混載可能。
2類・4類・5類もそれぞれ混載可能です。

1類	6類
2類	5類 **4類**
3類	4類
4類	3類 **2類 5類**
5類	2類 **4類**
6類	1類

ラッキーセブンは
（足して7）
ツ　ヨ　イ
（2類）（4類）（5類）

コレだけ!!

50 許可の取消し・使用停止命令

許可の取消し＋使用停止命令	使用停止命令のみ
● 無許可変更 ● 完成検査前使用 ● 基準適合命令違反 ● 保安検査未実施 ● 定期点検未実施等	● 基準遵守命令違反 ● 危険物保安統括管理者未選任等 ● 危険物保安監督者未選任等 ● 解任命令違反

予想模擬試験

■予想模擬試験の活用方法

この試験は、本試験前の学習理解度の確認用に活用してください。本試験での合格基準（各科目60％以上の正解率）を目標に取り組みましょう。

■解答の記入の仕方

①解答の記入には、本試験と同様に<u>HBかBの鉛筆</u>を使用してください。なお、本試験では電卓、定規などは使用できません。

②解答カードは、本試験と同様の実物大のマークシート方式です。解答欄の正解と思う番号のだ円の中をぬりつぶしてください。その際、鉛筆が枠からはみ出さないよう気をつけてください。

③消しゴムはよく消えるものを使用し、本試験で解答が無効にならないよう注意してください。

■試験時間

120分（本試験の試験時間と同じです）

本冊子は取り外せます ➡

予想模擬試験〈第1回〉

■危険物に関する法令■ (15問)

問題1 法別表第一に定める第4類の危険物の品名について、次のうち正しいものはどれか。

(1) 特殊引火物とは、ジエチルエーテルや二硫化炭素など、発火点が100℃以下のもの、または引火点が-20℃以下で沸点が40℃以下のものをいう。

(2) 第1石油類とは、ガソリンや軽油など、引火点が21℃未満のものをいう。

(3) 第2石油類とは、灯油やベンゼンなど、引火点が21℃以上70℃未満のものをいう。

(4) 第3石油類とは、重油やトルエンなど、引火点が70℃以上200℃未満のものをいう。

(5) 第4石油類とは、ギヤー油やクレオソート油など、引火点が200℃以上250℃未満のものをいう。

問題2 法令上、危険物の品名、物品名および指定数量の組合せで、次のうち誤っているものはどれか。

	品名	物品名	指定数量
(1)	特殊引火物	ジエチルエーテル	50 L
(2)	第1石油類	アセトン	400 L
(3)	アルコール類	メタノール	400 L
(4)	第2石油類	酢酸	1,000 L
(5)	第3石油類	グリセリン	4,000 L

問題3　製造所等の仮使用の説明として、次のうち正しいものはどれか。

(1) 製造所等の設置許可を受けてから完成検査を受けるまでの期間中、施設を仮に使用することをいう。

(2) 製造所等の完成検査において不合格になった部分について、仮に使用することをいう。

(3) 製造所等の一部を変更する場合、変更工事に係る部分以外の全部または一部を、市町村長等の承認を受けて仮に使用することをいう。

(4) 製造所等を全面的に変更する場合、工事が完了した部分から順に使用することをいう。

(5) 製造所等の一部変更工事の際、変更工事に係る部分以外の部分について、所轄消防長または消防署長の承認を受けて仮に使用することをいう。

問題4　次の文章の（　）内のAおよびBに当てはまる語句の組合せとして、正しいものはどれか。

「指定数量以上の危険物については、製造所等以外の場所での貯蔵および取扱いが禁止されている。ただし、（　A　）の承認を受けることによって、（　B　）以内に限り、仮に貯蔵しまたは取り扱うことができる」

	A	B
(1)	所轄消防長または消防署長	10日
(2)	市町村長等	10日
(3)	都道府県知事	20日
(4)	所轄消防長または消防署長	20日
(5)	市町村長等	30日

問題5　危険物取扱者に関する記述として、次のうち誤っているものはどれか。

(1) 乙種危険物取扱者は、免状を取得した類の危険物についてのみ、取り扱える。

(2) 甲種危険物取扱者は、第1類から第6類までのすべての危険物を取り扱える。

(3) 丙種危険物取扱者は、第4類のすべての危険物について、取り扱うことができる。

(4) 危険物取扱者でない者も、甲種危険物取扱者の立会いがあれば、すべての類の危険物を取り扱うことができる。

(5) 乙種危険物取扱者が危険物取扱者でない者の取扱作業に立ち会えるのは、免状を取得した類の危険物についてのみである。

問題6 危険物取扱者免状に関する記述として、次のA～Eのうち正しいものはいくつあるか。

A 免状の記載事項に変更を生じたときは、遅滞なく免状の書換えを申請する。

B 免状の書換えは、免状を交付した都道府県知事、または居住地を管轄する都道府県知事のどちらかに申請する。

C 免状の汚損または破損によって免状の再交付を申請する場合は、申請書にその免状を添えて提出する。

D 免状の亡失により再交付を受けた後に免状を発見した場合は、再交付を受けた都道府県知事に、発見した免状を7日以内に提出する。

E 危険物取扱者が消防法令に違反しているとき、市町村長等は、その危険物取扱者に免状の返納を命じることができる。

(1) 1つ (2) 2つ (3) 3つ (4) 4つ (5) 5つ

問題7 危険物保安監督者、危険物施設保安員、危険物保安統括管理者に関する記述として、次のうち誤っているものはどれか。

(1) 危険物保安統括管理者は、危険物取扱者でなくてもよい。

(2) 危険物保安監督者は、甲種または乙種の危険物取扱者のうち、製造所等において6カ月以上危険物取扱いの実務経験を有する者でなければならない。

(3) 危険物保安監督者は、危険物の取扱作業が保安に関する基準に適合するように、作業者に対し必要な指示を与えなければならない。

(4) 危険物施設保安員を置く製造所等では、危険物保安監督者を置かなくてもよい。

(5) 危険物施設保安員は、危険物取扱者でなくてもよい。

問題8 定期点検の実施が義務付けられている施設の組合せとして、正しいものはどれか。

A 移動タンク貯蔵所

B 地下タンクを有する給油取扱所

C 簡易タンク貯蔵所

D 屋内タンク貯蔵所

E 指定数量の倍数が10以上の製造所

(1) A・B・C (2) A・C・D (3) A・B・E
(4) B・C・E (5) B・D・E

問題9 製造所の構造および設備の技術上の基準について、次のうち誤っているものはどれか。

(1) 危険物を取り扱う建築物の屋根は原則として耐火構造とし、金属板等の重厚な材料でふくこと。

(2) 危険物を取り扱う建築物には、危険物の取扱いに必要な採光、照明および換気の設備を設けること。

(3) 危険物を取り扱う建築物の壁、柱、床、梁および階段は、不燃材料でつくること。

(4) 危険物を加熱もしくは冷却する設備、または危険物の取扱いに伴って温度の変化が起こる設備には、温度測定装置を設けること。

(5) 危険物を取り扱う建築物は、地階を有してはならない。

問題10 ガソリン100kL、軽油300kL、重油600kLをそれぞれ貯蔵する屋外貯蔵タンクが同一の防油堤内にある場合、この防油堤に最低限必要とされる容量は、次のうちどれか。

(1) 110kL　　(2) 600kL　　(3) 660kL　　(4) 1,110kL　　(5) 2,000kL

問題11 製造所等の消火設備に関する記述として、次のうち誤っているものはどれか。

(1) 消火設備は、第1種から第5種までに区分されている。

(2) 消火設備の所要単位を求める場合、危険物については指定数量の100倍を1所要単位とする。

(3) 外壁が耐火構造である製造所または取扱所の建築物は、延べ面積100m²を1所要単位とする。

(4) 地下タンク貯蔵所には、第5種の消火設備を2個以上設ける。

(5) 電気設備に対する消火設備は、その電気設備のある場所の面積100m²ごとに1個以上設ける。

問題12 法令上、危険物の貯蔵の技術上の基準について、次のうち誤っているものはどれか。

(1) 屋内貯蔵タンクの元弁は、危険物を入れ、または出すとき以外は閉鎖しておかなければならない。

(2) 地下貯蔵タンクの計量口は、計量するとき以外は閉鎖しておかなければならない。

(3) 簡易貯蔵タンクの通気管は、危険物を入れ、または出すとき以外は閉鎖しておかなければならない。

(4) 移動貯蔵タンクの底弁は、使用時以外は閉鎖しておかなければならない。

(5) 屋外貯蔵タンクに設けられている防油堤の水抜口は、通常は閉鎖しておかなければならない。

問題13 法令上、危険物を車両で運搬する場合の技術上の基準について、次のうち正しいものはどれか。

(1) 危険物の運搬容器の外部には、収納する危険物に応じた消火方法を表示しなければならない。

(2) 運搬容器を積み重ねる高さの制限は、1m以下である。

(3) 第3類の危険物と第4類の危険物を混載することはできない。

(4) 危険物の運搬の際には、必ず危険物取扱者が同乗する必要がある。

(5) 指定数量以上の危険物を運搬する場合は、当該車両に「危」と表示した標識を掲げなければならない。

問題14 移動タンク貯蔵所によって危険物を移送する場合の基準について、次のうち誤っているものはどれか。

(1) 移動タンク貯蔵所に乗車する危険物取扱者は、危険物取扱者免状を携帯していなければならない。

(2) 運転が長時間となる場合には、2人以上の運転要員の確保が必要である。

(3) 甲種危険物取扱者が乗車すれば、危険物の種類に関係なく、移動タンク貯蔵所で危険物を移送することができる。

(4) 移動タンク貯蔵所の常置場所は、屋外の防火上安全な場所、または壁、床、梁および屋根を耐火構造または不燃材料でつくった建築物の1階としなければならない。

(5) 休憩や故障等のため、走行中の移動タンク貯蔵所を一時停止する場合は、所轄消防長の承認を受けた場所に停止しなければならない。

問題15 製造所等が市町村長等から使用停止命令を命ぜられる事由に該当しないものは、次のうちどれか。

(1) 危険物保安監督者の解任命令に従わなかった。

(2) 危険物の貯蔵および取扱いの基準遵守命令に違反していた。

(3) 製造所等の位置、構造または設備を無許可で変更した。

(4) 製造所等で危険物の取扱作業に従事している危険物取扱者が、危険物保安講習を受講しなかった。

(5) 完成検査または仮使用の承認を受けずに製造所等を使用した。

■基礎的な物理学および基礎的な化学■ (10問)

問題16 次のうち、誤っているものはどれか。

(1) 化合物とは、2種類以上の元素からなる純物質をいう。

(2) 潮解とは、結晶水を含む物質が、空気中に放置されて自然に結晶水の一部または全部を失って粉末状になる現象をいう。

(3) 沸点とは、液体の飽和蒸気圧と外圧とが等しくなるときの液温をいう。

(4) 昇華とは、固体が直接気体に変化したり、気体が直接固体に変化したりする現象をいう。

(5) 混合物とは、2種類以上の純物質が混合してできたものをいう。

問題17 静電気に関する次のA〜Eの記述うち、誤っているものの組合せはどれか。

A 異なる2つの物質をこすり合わせると、一方の物質から他方へ一部の電子が移動し、電子を失ったほうが負に、電子が過剰となったほうが正に帯電する。

B 条件によっては、静電気は、電気の導体か不導体かにかかわりなく帯電する。

C 導体に帯電体を近づけると、導体と帯電体は反発する。

D 夏場、人体に静電気が蓄積しにくいのは、汗や湿気により静電気が漏れているからである。

E 作業場所の床や靴の電気抵抗が大きいと、人体の静電気の蓄積量は大きくなる。

(1) A B

(2) A C

(3) B D

(4) C E

(5) D E

問題18 次の物質の変化をそれぞれ物理変化と化学変化に分類した場合、正しいものはどれか。

(1) 紙や木炭が燃えて灰になる………………………………… 物理変化
(2) ドライアイスを放置すると、二酸化炭素になる………… 化学変化
(3) ガソリンが燃焼して二酸化炭素と水蒸気が発生する…… 化学変化
(4) 食塩を水に溶かして食塩水をつくる……………………… 化学変化
(5) 空気中に放置した鉄が錆びてぼろぼろになる………… 物理変化

問題19 自然発火に関する次の文の（ ）内のA〜Cに当てはまる語句の組合せとして、正しいものはどれか。

「自然発火とは、他から火源を与えなくても、物質が空気中で常温（20℃）において（ A ）し、長時間、熱が蓄積して、ついには（ B ）に達し、燃焼を始める現象をいう。自然発火しやすい危険物には、（ C ）がある。」

	A	B	C
(1)	発熱	引火点	動植物油
(2)	酸化	発火点	第4石油類
(3)	発熱	引火点	第4石油類
(4)	酸化	引火点	セルロース
(5)	発熱	発火点	動植物油

問題20 一酸化炭素11.2gが完全燃焼するときの酸素量は、標準状態（0℃、1気圧）で何Lか。ただし、標準状態1molの気体の体積は22.4L、原子量はC＝12、O＝16とする。

(1) 1.12 L
(2) 2.24 L
(3) 4.48 L
(4) 8.96 L
(5) 11.2 L

問題21　燃焼に関する記述として、次のうち誤っているものはどれか。

(1)　燃焼とは、物質が酸素と結びつく酸化反応のうち、熱と光を発生するものをいう。

(2)　物質が燃焼するには、可燃物、酸素供給源、点火源（熱源）の3つが同時に存在する必要がある。

(3)　一酸化炭素、二酸化炭素は、どちらも可燃物ではない。

(4)　燃焼を支える酸素供給源は、空気中の酸素だけに限らない。

(5)　静電気による放電火花は点火源になるが、融解熱や蒸発熱は点火源にならない。

問題22　粉じん爆発について、次のうち誤っているものはどれか。

(1)　可燃性固体の微粉が、閉鎖的な空間に浮遊しているときに、何らかの火源によって爆発することを、粉じん爆発という。

(2)　可燃性粉体は空気中に漂い、酸素分子と均一に混合され燃焼するので、完全燃焼しやすい。

(3)　気体と比べて、粉体はその種類や環境条件などによって静電気が発生しやすく、静電気が爆発の発火源になる場合がある。

(4)　粉じんの粒子が小さいほど、爆発の危険性が増す。

(5)　一次の爆発が堆積粉を舞い上げて二次の爆発が起こり、その過程を繰り返して遠方に伝ぱすることがある。

問題23　次の危険物の引火点と燃焼範囲の下限値として考えられる組合せのうち、正しいものはどれか。

「ある引火性液体は、液温40℃のとき濃度8vol%の可燃性蒸気を発生した。この状態でマッチの火を近づけたところ引火した。」

	引火点	燃焼範囲の下限値
(1)	25℃	10vol%
(2)	30℃	6vol%
(3)	35℃	12vol%
(4)	45℃	6vol%
(5)	50℃	18vol%

問題24　消火に関する記述として、次のうち誤っているものはどれか。

(1)　可燃性液体の燃焼は、発生する蒸気の濃度を燃焼範囲の下限値より低くすれば継続しないので、燃焼中の液体の温度を引火点未満に冷却すれば消火することができる。

(2)　燃焼の3要素である可燃物、酸素供給源、点火源（熱源）のうち、1つを取り除けば消火することができる。

(3)　水は比熱および蒸発熱が大きいので、冷却効果が高い。

(4)　除去消火とは、酸素と熱源を同時に取り除く消火方法をいう。

(5)　抑制消火とは、酸化の連鎖反応を遮断することによって燃焼を中止させる消火方法をいう。

問題25　消火剤についての記述として、次のうち誤っているものはどれか。

(1)　水による消火は、冷却効果によるものが大きい。

(2)　粉末消火剤は、粉末の粒径が小さいものほど消火作用が大きい。

(3)　強化液消火剤は、0℃で凝固するため、寒冷地では使用できない。

(4)　二酸化炭素消火剤は、電気絶縁性に優れている。

(5)　ハロゲン化物消火剤は、燃焼の連鎖反応を抑制する効果がある。

■危険物の性質ならびにその火災予防および消火の方法■ （10問）

問題26　第1類から第6類の危険物に関する記述として、次のうち誤っているものはどれか。

(1)　分子内に酸素を含み、外部から酸素供給がなくても燃焼するものがある。

(2)　水と接触すると、発火したり可燃性ガスを発生したりするものがある。

(3)　不燃性の物質だが、酸素を放出して他の物質の燃焼を助けるものがある。

(4)　同一の物質であっても、形状等によっては危険物にならないものもある。

(5)　危険物はすべて、単体または化合物のどちらかである。

問題27　第4類危険物の一般的性状として、次のうち誤っているものはどれか。

(1)　引火性の液体であり、火気等により引火または爆発の危険性がある。

(2)　ほとんどが発火点100℃以下であり、発火の危険性が高い。

(3)　液比重が1より小さく、水に溶けないものが多い。

(4)　蒸気比重が1より大きく、蒸気が低所に滞留するものが多い。

(5)　電気の不良導体が多く、静電気が蓄積されやすい。

問題28 静電気による火災を防止するための処置として、次のうち誤っているものは
　どれか。
(1)　取り扱う室内の湿度を高くした。
(2)　作業衣は化学繊維製のものではなく木綿製のものを用いた。
(3)　容器等へ注入するホースは、接地導線のあるものを用いた。
(4)　移動貯蔵タンクへ注入するときは、移動貯蔵タンクを絶縁状態にした。
(5)　タンク上部から注入するときは、ノズルの先端をタンクの底に着けるようにした。

問題29 第４類の危険物の火災における消火剤の効果について、次のうち誤っている
　ものはどれか。
(1)　泡消火剤は有効である。
(2)　ハロゲン化物消火剤は有効である。
(3)　二酸化炭素消火剤は効果がない。
(4)　リン酸塩類等の粉末消火剤は有効である。
(5)　棒状の強化液の放射は不適切である。

問題30 特殊引火物の性状として、次のうち誤っているものはどれか。
(1)　すべて無色透明の液体である。
(2)　沸点が40℃以下のものもある。
(3)　発火点が100℃以下のものはない。
(4)　比重が１より大きいものがある。
(5)　貯蔵する場合、不活性ガスを封入するものがある。

問題31 ガソリンの性状等について、次のうち正しいものはどれか。
(1)　引火点が０℃以上である。
(2)　電気の良導体であり、静電気が蓄積されにくい。
(3)　発火点は二硫化炭素より低い。
(4)　燃焼範囲はジエチルエーテルより広い。
(5)　沸点が低く揮発性が高い。

問題32 メタノールとエタノールに共通する性状として、次のうち誤っているものはどれか。

(1) 無色透明の液体で、特有の芳香臭がある。

(2) 引火点が常温（20℃）よりも高い。

(3) 沸点が100℃以下である。

(4) 水によく溶ける。

(5) 淡青白色の炎なので、燃えていても認識しにくい。

問題33 灯油および軽油の性状として、次のうち正しいものはいくつあるか。

A　水や有機溶剤に溶けない。

B　引火点が常温（20℃）より高い。

C　発火点が100℃より低い。

D　水より重い。

E　電気の不導体なので、静電気が発生しやすい。

(1)　なし　　(2)　1つ　　(3)　2つ　　(4)　3つ　　(5)　4つ

問題34 次の文章の（　　）内のA～Cに当てはまる語句の組合せとして、正しいものはどれか。

「動植物油類のうち（ A ）はよう素価が（ B ）ので空気中の酸素と反応しやすく、この酸化熱が蓄積すると（ C ）が起きる危険性がある。」

	A	B	C
(1)	乾性油	大きい	自然発火
(2)	乾性油	小さい	引火
(3)	半乾性油	大きい	引火
(4)	不乾性油	小さい	爆発
(5)	不乾性油	大きい	自然発火

問題35 引火点が低いものから高いものへと順に並んでいるものはどれか。

(1) 自動車ガソリン → ギヤー油 → エタノール

(2) 二硫化炭素 → 重油 → 軽油

(3) ジエチルエーテル → メタノール → 灯油

(4) 酢酸 → シリンダー油 → トルエン

(5) キシレン → アセトン → アマニ油

予想模擬試験〈第2回〉

■危険物に関する法令■ (15問)

**問題1　消防法別表第1の備考に掲げる危険物の品名の定義について、次のうち誤っ
ているものはどれか。**

(1)　特殊引火物とは、1気圧において発火点が100℃以下のものまたは引火点が−20
℃以下で沸点40℃以下のものをいう。

(2)　第1石油類とは、アセトンやガソリン等、1気圧において引火点が21℃未満のも
のをいう。

(3)　アルコール類とは、1分子を構成する炭素原子の数が1個から3個までの飽和1
価アルコールをいう。

(4)　第2石油類とは、灯油や軽油等、1気圧において引火点21℃以上200℃未満のも
のをいう。

(5)　動植物油類とは、動物の脂肉等または植物の種子や果肉から抽出したもので、1
気圧において引火点250℃未満のものをいう。

**問題2　法令上、製造所等の区分に関する記述として、次のうち誤っているものはど
れか。**

(1)　屋内にあるタンクにおいて危険物を貯蔵または取り扱う貯蔵所を、屋内貯蔵所と
いう。

(2)　店舗において容器入りのまま販売するために指定数量の倍数が15以下の危険物を
取り扱う取扱所を、第1種販売取扱所という。

(3)　移動タンク貯蔵所とは、車両に固定されたタンクにおいて危険物を貯蔵または取
り扱う貯蔵所をいう。

(4)　給油取扱所とは、固定給油設備によって自動車等の燃料タンクに直接給油するた
めに危険物を取り扱う取扱所をいう。

(5)　地盤面下に埋没されているタンクにおいて危険物を貯蔵または取り扱う貯蔵所
を、地下タンク貯蔵所という。

問題3　次のうち、10日以内の制限が設けられているものはどれか。

(1) 危険物取扱者免状の記載事項に変更を生じたときから、書換えを申請するまでの期間。

(2) 製造所等の変更工事の際、市町村長等の承認を受けることにより、工事に係る部分以外の部分についての仮使用が認められる期間。

(3) 所轄消防長または消防署長の承認を受けることにより、指定数量以上の危険物を製造所等以外の場所で仮に貯蔵または取り扱うことのできる期間。

(4) 危険物取扱者免状を亡失したときから、再交付を申請するまでの期間。

(5) 危険物保安監督者を選任した後、市町村長等に届け出るまでの期間。

問題4　法令上、製造所等における危険物の取扱いについて、次のうち正しいものはどれか。

(1) 製造所等の所有者が立ち会えば、危険物取扱者以外の者であっても危険物の取扱いができる。

(2) 危険物取扱者以外の者が危険物を取り扱う場合、丙種危険物取扱者が立ち会えるのは、一定の危険物の取扱いに限られている。

(3) 甲種危険物取扱者が立ち会ったとしても、危険物取扱者以外の者が取り扱える危険物は、一部の類の危険物に限られている。

(4) 指定数量未満であれば、危険物施設保安員は一部の危険物の取扱いができる。

(5) 危険物取扱者以外の者が危険物を取り扱う場合は、指定数量未満であっても、甲種危険物取扱者または当該危険物の取扱いができる乙種危険物取扱者の立会いが必要である。

問題5　法令上、危険物保安監督者の選任を常に必要としない施設は、次のうちどれか。

(1) 製造所

(2) 移送取扱所

(3) 移動タンク貯蔵所

(4) 屋外タンク貯蔵所

(5) 給油取扱所

問題6　法令上、危険物取扱者の免状について、次のうち誤っているものはどれか。

(1)　免状は、それを取得した都道府県の地域だけでなく全国で有効である。

(2)　免状の再交付は、免状を交付した知事または免状を書き換えた知事に申請できる。

(3)　免状の写真を撮ってから10年たったときは、免状を書き換える必要がある。

(4)　免状の返納を命ぜられた者は、その日から起算して2年を経過しなければ、免状の交付を受けることはできない。

(5)　免状の携帯が義務付けられているのは、危険物を移送するため、移動タンク貯蔵所に乗車する場合だけである。

問題7　予防規程に関する記述として、次のうち誤っているものはどれか。

(1)　予防規程とは、火災予防のために製造所等がそれぞれ作成する自主保安に関する規程であり、一定の製造所等に作成が義務付けられている。

(2)　製造所と屋内貯蔵所は、指定数量の大小とは関係なく、予防規程の作成が義務付けられている。

(3)　製造所等の所有者、管理者または占有者は、予防規程を定めたときだけでなく、変更するときも市町村長等の認可を受けなければならない。

(4)　製造所等の所有者、管理者、占有者およびその従業者は、予防規程を遵守しなければならない。

(5)　危険物保安監督者が職務を行うことができない場合の職務代行者に関する事項は、予防規程に定めておかなければならない。

問題8　製造所等の定期点検について、次のうち正しいものはどれか。ただし、規則で定める漏れの点検を除く。

(1)　定期点検は、原則として3年に1回以上行うものとされている。

(2)　丙種危険物取扱者は、定期点検の立会いを行うことができない。

(3)　定期点検の記録は、原則として1年間保存するものとされている。

(4)　危険物施設保安員の立会いがあれば、危険物取扱者以外の者でも定期点検を行うことができる。

(5)　地下タンクを有する製造所は、すべて定期点検の実施対象である。

問題9　製造所等は、学校、病院等の建築物から当該製造所等の外壁またはこれに相当する工作物の外側までの間に一定の距離（保安距離）を保たなければならないが、この距離として、次のうち正しいものはどれか。

(1)　同一敷地外の一般の住居から5m

(2)　収容人員200人の劇場から20m

(3)　保育所から30m

(4)　重要文化財に指定された建造物から40m

(5)　使用電圧36,000Vの特別高圧架空電線から水平距離3m

問題10　製造所等に設ける標識および掲示板について、次のうち誤っているものはどれか。

(1)　移動タンク貯蔵所には、黒色の地の板に黄色の反射塗料等で「危」と表示した標識を車両の前後の見やすい箇所に掲げる必要がある。

(2)　給油取扱所には、黄赤色の地に黒色の文字で「給油中エンジン停止」と表示した掲示板を設ける必要がある。

(3)　「火気厳禁」および「火気注意」の掲示板は、地が赤色で文字が白色である。

(4)　第4類危険物を貯蔵する屋内貯蔵所には、「火気注意」の掲示板を設けなければならない。

(5)　「禁水」の掲示板を掲げる製造所には、第1類危険物であるアルカリ金属の過酸化物が貯蔵されている場合がある。

問題11　法令上、製造所等に設置する消火設備の区分として、次のうち正しいものはどれか。

(1)　水噴霧消火設備……………………第1種の消火設備

(2)　泡を放射する大型の消火器………第2種の消火設備

(3)　粉末を放射する小型の消火器……第3種の消火設備

(4)　スプリンクラー設備………………第4種の消火設備

(5)　乾燥砂…………………………………第5種の消火設備

問題12 製造所等における危険物の貯蔵または取扱いの基準として、次のA〜Eのうち正しいものはいくつあるか。

A 屋外貯蔵タンク、屋内貯蔵タンク、地下貯蔵タンクまたは簡易貯蔵タンクの計量口は、通常開放しておく必要がある。

B 屋外貯蔵タンクの周囲に設ける防油堤は滞水しやすいので、水抜口は通常開放しておく必要がある。

C 類を異にする危険物は、原則として同一の貯蔵所で同時に貯蔵できない。

D 給油取扱所で自動車に給油するとき、エンジンを停止させる必要があるのは、引火点40℃未満の危険物を注入するときに限られる。

E 給油取扱所の専用タンクに危険物を注入する場合は、そのタンクに接続している固定給油設備の使用を中止しなければならない。

(1) 1つ (2) 2つ (3) 3つ (4) 4つ (5) 5つ

問題13 危険物の運搬に関する基準について、次のうち誤っているものはどれか。

(1) 運搬容器の外部に、危険物の品名や数量、危険等級および注意事項等の定められた表示をして積載する。

(2) 第4類危険物では、特殊引火物が危険等級Ⅰ、第1石油類とアルコール類が危険等級Ⅱに区分されている。

(3) 指定数量以上の危険物を運搬する場合は、「危」と表示された標識を車両の前後の見やすい箇所に掲げる。

(4) 指定数量以上の危険物を運搬する場合は、運搬する危険物に適応する消火設備を備える。

(5) 指定数量以上の危険物の運搬は、危険物取扱者が行わなければならない。

問題14 法令上、移動タンク貯蔵所に関する基準として、次のうち誤っているものはどれか。ただし、特例基準が適用されるものを除く。

(1) 危険物を移送する移動タンク貯蔵所には、その危険物の取扱いができる資格を持った危険物取扱者を同乗させなければならない。

(2) 移動貯蔵タンクの底弁は、使用時以外は完全に閉鎖しておく。

(3) 移動貯蔵タンクの容量は、50,000L以下にしなければならない。

(4) 静電気による災害が発生するおそれのある液体の危険物の移動貯蔵タンクには、接地導線を設けなければならない。

(5) 移動タンク貯蔵所は、完成検査済証その他の書類を、車両に備え付けなければならない。

問題15　市町村長等から出される措置命令として、次のうち誤っているものはどれか。

(1)　製造所等の位置、構造および設備が技術上の基準に適合していないとき。

　　　→製造所等の修理、改造または移転命令

(2)　危険物保安監督者を選任すべき製造所等が、危険物保安監督者を選任していないとき。

　　　→製造所等の設置許可取消し命令

(3)　製造所等において危険物の流出その他の事故が発生したときに、所有者等が応急措置を講じていないとき。

　　　→応急措置命令

(4)　危険物保安監督者が消防法令に違反したとき。

　　　→危険物保安監督者の解任命令

(5)　公共の安全維持または災害の発生防止のために緊急の必要があるとき。

　　　→施設の一時使用停止または使用制限命令

■基礎的な物理学および基礎的な化学■　(10問)

問題16　蒸気圧と沸点に関する説明として、次のうち誤っているものはどれか。

(1)　沸点とは、液体の飽和蒸気圧と外圧とが等しくなるときの液温である。

(2)　液体の飽和蒸気圧は、液温の上昇とともに増大する。

(3)　外圧が低くなると、液体の沸点は低くなる。

(4)　不揮発性物質が溶けている溶液と純溶媒の蒸気圧の差は、溶質の質量モル濃度に反比例する。

(5)　純溶媒に不揮発性物質を溶かした溶液の蒸気圧は、純溶媒の蒸気圧よりも低くなる。

問題17 次の文の（ ）内のA〜Cに当てはまる語句の組合せとして、正しいものはどれか。

「ある物質が性質の異なるまったく別の物質に変わる変化を（ A ）といい、2種類以上の物質が結びついて別の物質ができることを（ B ）という。鉄が錆びる（ C ）も（ B ）の一種である。」

	A	B	C
(1)	化学変化	結合	燃焼
(2)	物理変化	化合	酸化
(3)	化学変化	混合	燃焼
(4)	物理変化	混合	酸化
(5)	化学変化	化合	酸化

問題18 次の①と②は、どちらも炭素が燃焼したときの熱化学方程式である。

$$C + \frac{1}{2} O_2 = CO + 111 \text{ kJ} \cdots\cdots\cdots ①$$
$$C + O_2 = CO_2 + 394 \text{ kJ} \cdots\cdots\cdots ②$$

これらの式からいえることで、次のうち誤っているものはどれか。

ただし、炭素の原子量は12、酸素の原子量は16である。

(1) ①の炭素は不完全燃焼である。

(2) 二酸化炭素1molの質量は、44gである。

(3) 炭素1molが完全燃焼するとき、394kJの反応熱が生じる。

(4) ①と②は、どちらも発熱を伴う酸化反応である。

(5) 炭素12gが完全燃焼すると、二酸化炭素が28g生じる。

問題19 静電気について、次のうち誤っているものはどれか。

(1) 静電気は、2つの物体の摩擦、剥離、衝突などの過程で発生する。

(2) 電荷には、正の電荷と負の電荷があり、異種の電荷の間には引力がはたらく。

(3) 物体間で電荷のやり取りがあっても、電気量の総和は変わらない。

(4) 溶解しない粒子と液体を撹拌すると、静電気は、撹拌槽の壁面のみで発生する。

(5) 2つの物体の接触面積や接触圧は、静電気発生の要因のひとつである。

問題20 物質の種類に関する記述として、次のうち誤っているものはどれか。

(1) 単体とは、1種類の元素からできている純物質である。

(2) 同素体とは、同じ元素からできている単体だが、原子の結合状態が異なるために性質の異なる物質どうしをいう。

(3) 異性体とは、同一の分子式を持つ化合物だが、分子内の構造が異なるために性質の異なる物質どうしをいう。

(4) 異性体の例としては、赤りんと黄りん等がある。

(5) 混合物は、混合している物質の割合によって、融点、沸点等が変わる。

問題21 酸化と還元の説明について、次のうち誤っているものはどれか。

(1) 酸化は物質が酸素と化合する反応である。

(2) 酸化は物質が水素を奪われる反応である。

(3) 酸化は電子を受け取る反応で、還元は電子を失う反応である。

(4) 酸化と還元は同時に起こる。

(5) 酸化剤は還元されやすく、還元剤は酸化されやすい。

問題22 一般的な物質の反応速度について、次のうち正しいものはどれか。

(1) 反応する粒子どうしの衝突頻度が高くなるほど、反応速度は速くなる。

(2) 反応物の濃度が低いほど、反応速度は速くなる。

(3) 温度を上げると、一般に反応速度は遅くなる。

(4) ある物質の反応速度が10℃上昇するごとに2倍になるとすると、10℃から40℃になった場合、反応速度は16倍になる。

(5) 正触媒は、反応の活性化エネルギーを大きくする。

問題23 次のA～Eの可燃物とその燃焼の種類について、正しいものの組合せはどれか。

A 灯油、メタノール……………………… 表面燃焼

B 木炭、コークス………………………… 自己燃焼（内部燃焼）

C 木材、プラスチック…………………… 分解燃焼

D ニトロセルロース、セルロイド……… 蒸発燃焼

E ナフタリン、硫黄……………………… 蒸発燃焼

(1) A・C　　(2) B・D　　(3) C・E　　(4) C・D　　(5) A・E

問題24　引火点について、次のうち誤っているものはどれか。

(1)　引火点とは、空気中で可燃物を加熱したとき、点火源（熱源）を与えなくても物質そのものが燃焼しはじめる最低の温度をいう。

(2)　液体の温度が引火点より低い場合、燃焼に必要な濃度の可燃性蒸気は発生しない。

(3)　可燃性液体が、燃焼範囲の下限値の蒸気を発生するときの液温を引火点という。

(4)　液温が引火点より高いときは、点火源（熱源）により引火する危険性がある。

(5)　引火点は、物質によって異なる値を示す。

問題25　消火方法とその消火効果の組合せとして、次のうち正しいものはどれか。

(1)　ロウソクの火に息を吹きかけて消火した。
　　→冷却効果

(2)　少量のガソリンが燃えていたので、二酸化炭素消火器で消火した。
　　→抑制効果

(3)　天ぷら鍋の油が燃え出したので、粉末消火器で消火した。
　　→除去効果

(4)　油のしみ込んだ布が燃え出したので、乾燥砂をかけて消火した。
　　→抑制効果

(5)　容器内に残っていた灯油に火がついたので、ふたをして消火した。
　　→窒息効果

■危険物の性質ならびにその火災予防および消火の方法■ (10問)

問題26　危険物の類ごとの性状として、次のうち正しいものはどれか。

(1)　第1類危険物は、酸化性の液体である。

(2)　第2類危険物は、酸化されやすい可燃性の固体である。

(3)　第3類危険物は、引火性の固体である。

(4)　第5類危険物は、酸化性の固体または液体である。

(5)　第6類危険物は、可燃性の液体である。

問題27　第4類危険物の一般的性状として、次のうち誤っているものはどれか。

(1)　常温（20℃）において液体である。

(2)　引火点が低いものほど、引火の危険性が大きい。

(3)　燃焼範囲の下限値が低いものほど、引火の危険性が大きい。

(4)　燃焼範囲の下限値が等しい場合は、上限値が低いものほど引火の危険性が大きい。

(5)　非水溶性のものは、静電気が蓄積されやすい。

問題28 第４類危険物の一般的な火災予防方法として、次のうち不適切なものはどれか。

(1) 危険物を取り扱う場所では、みだりに火気を使用しない。

(2) 容器や配管には導電性の高い物を使うことで静電気の蓄積を避ける。

(3) 室内で取り扱う場合は、低所よりも高所の換気を十分に行う。

(4) 危険物や可燃性蒸気が容器から漏れないように、容器を密栓する。

(5) 危険物の入った容器は、熱源を避けて貯蔵する。

問題29 泡消火剤の中には、水溶性液体用泡消火剤とその他の一般の泡消火剤がある。次の危険物の火災に泡消火剤を用いる場合、一般の泡消火剤の使用が不適切なものはどれか。

(1) ガソリン

(2) ベンゼン

(3) 二硫化炭素

(4) エタノール

(5) 灯油

問題30 アクリル酸の性状について、次のうち誤っているものはどれか。

(1) 無臭の黄色い液体である。

(2) 水やエーテルに溶ける。

(3) 重合しやすいために、市販されているものには重合防止剤が含まれている。

(4) 液温が低くなると、凝固することがある。

(5) 濃い蒸気を吸入すると粘膜が侵され、皮膚に触れると火傷を起こす。

問題31 ガソリンの一般的な性状として、次のＡ～Ｅのうち正しいものの組合せはどれか。

Ａ 引火点が低く、冬の屋外でも引火の危険性がある。

Ｂ 自動車ガソリンは淡緑色に着色されている。

Ｃ 揮発性が高く、蒸気は空気より重い。

Ｄ 流動等により静電気が発生しやすい。

Ｅ 燃焼範囲は８～20vol%である。

(1) Ａ・Ｃ・Ｄ　　(2) Ａ・Ｂ・Ｅ　　(3) Ｂ・Ｃ・Ｄ

(4) Ｂ・Ｄ・Ｅ　　(5) Ｃ・Ｄ・Ｅ

問題32　軽油の性状等について、次のうち誤っているものはどれか。

(1)　一般にディーゼル油とも呼ばれている。

(2)　淡黄色または淡褐色の液体である。

(3)　特有の石油臭がある。

(4)　蒸気は空気よりかなり重い。

(5)　引火点は30℃～40℃の範囲内である。

問題33　重油の性状等について、次のうち誤っているものはどれか。

(1)　褐色または暗褐色の粘性のある液体である。

(2)　一般に水より重い。

(3)　日本産業規格では、1種（A重油）、2種（B重油）および3種（C重油）に分類している。

(4)　3種（C重油）の引火点は70℃以上である。

(5)　不純物として含まれる硫黄は、燃えると有毒な亜硫酸ガスになる。

問題34　第4石油類の性状として、次のうち誤っているものはどれか。

(1)　水に溶けない粘性のある液体である。

(2)　潤滑油や可塑剤に該当するものが多い。

(3)　常温（20℃）では揮発しにくい。

(4)　引火点は、1気圧において200℃未満である。

(5)　火災になると液温が非常に高くなり、消火が困難である。

問題35　給油取扱所において、固定給油設備からの危険物流出防止対策として、次のうち誤っているものはどれか。

(1)　固定給油設備のポンプ周囲および下部ピット内は、点検を容易にするために常に清掃しておく。

(2)　固定給油設備は定期的に前面カバーを取り外し、ポンプおよび配管に漏れがないか点検する。

(3)　固定給油設備内のポンプおよび配管等の一部に著しく油ごみ等が付着する場合は、その付近に漏れの疑いがあるので、重点的に点検する。

(4)　給油中は吐出し状態を監視し、ノズルから空気（気泡）を吐出していないか注意する。

(5)　固定給油設備の下部ピットは、漏油しても地下に浸透しないように、内部をアスファルトで被覆しておく。

予想模擬試験〈第1回〉

乙種

〈マーク記入例〉

よい例	悪い例	小さい ⊙	レ点 ◐	直線 ◖	薄い ◯
●	◑				

月　日

東京都

山田一郎

乙種第1類
乙種第2類
乙種第3類
乙種第4類
乙種第5類
乙種第6類

E −

① ② ③ ④ ⑤ ⑥ ⑦ ⑧ ⑨ ⓪

法令

1	2	3	4	5	6	7	8	9	10	11	12	13	14	15
①	①	①	①	①	①	①	①	①	①	①	①	①	①	①
②	②	②	②	②	②	②	②	②	②	②	②	②	②	②
③	③	③	③	③	③	③	③	③	③	③	③	③	③	③
④	④	④	④	④	④	④	④	④	④	④	④	④	④	④
⑤	⑤	⑤	⑤	⑤	⑤	⑤	⑤	⑤	⑤	⑤	⑤	⑤	⑤	⑤

物理・化学

16	17	18	19	20	21	22	23	24	25
①	①	①	①	①	①	①	①	①	①
②	②	②	②	②	②	②	②	②	②
③	③	③	③	③	③	③	③	③	③
④	④	④	④	④	④	④	④	④	④
⑤	⑤	⑤	⑤	⑤	⑤	⑤	⑤	⑤	⑤

性質・消火

26	27	28	29	30	31	32	33	34	35
①	①	①	①	①	①	①	①	①	①
②	②	②	②	②	②	②	②	②	②
③	③	③	③	③	③	③	③	③	③
④	④	④	④	④	④	④	④	④	④
⑤	⑤	⑤	⑤	⑤	⑤	⑤	⑤	⑤	⑤

①マーク記入例の「よい例」のようにマークしてください。
②カードには、HBかBの鉛筆を使ってマークしてください。
③訂正するときは、消しゴムできれいに消してください。
④カードを、折り曲げたり、よごしたりしないでください。
⑤カードの、必要のない所にマークしたり、記入したりしないでください。

キリトリセン

予想模擬試験〈第2回〉

〈マーク記入例〉

よい例	悪い例				
●	小さい ⦿	レ点 ⊘	直線 ⦶	薄い ◯	

月　日

東京都

山田一郎

乙種

| | E | － | | | |

乙種第1類　① ② ③ ④ ⑤ ⑥ ⑦ ⑧ ⑨ ⓪
乙種第2類　① ② ③ ④ ⑤ ⑥ ⑦ ⑧ ⑨ ⓪
乙種第3類　① ② ③ ④ ⑤ ⑥ ⑦ ⑧ ⑨ ⓪
乙種第4類　① ② ③ ④ ⑤ ⑥ ⑦ ⑧ ⑨ ⓪
乙種第5類
乙種第6類

法令

1	2	3	4	5	6	7	8	9	10	11	12	13	14	15
①	①	①	①	①	①	①	①	①	①	①	①	①	①	①
②	②	②	②	②	②	②	②	②	②	②	②	②	②	②
③	③	③	③	③	③	③	③	③	③	③	③	③	③	③
④	④	④	④	④	④	④	④	④	④	④	④	④	④	④
⑤	⑤	⑤	⑤	⑤	⑤	⑤	⑤	⑤	⑤	⑤	⑤	⑤	⑤	⑤

物理・化学

16	17	18	19	20	21	22	23	24	25
①	①	①	①	①	①	①	①	①	①
②	②	②	②	②	②	②	②	②	②
③	③	③	③	③	③	③	③	③	③
④	④	④	④	④	④	④	④	④	④
⑤	⑤	⑤	⑤	⑤	⑤	⑤	⑤	⑤	⑤

性質・消火

26	27	28	29	30	31	32	33	34	35
①	①	①	①	①	①	①	①	①	①
②	②	②	②	②	②	②	②	②	②
③	③	③	③	③	③	③	③	③	③
④	④	④	④	④	④	④	④	④	④
⑤	⑤	⑤	⑤	⑤	⑤	⑤	⑤	⑤	⑤

①マーク記入例の「よい例」のようにマークしてください。
②カードには、HBかBの鉛筆を使ってマークしてください。
③訂正するときは、消しゴムできれいに消してください。
④カードを、折り曲げたり、よごしたりしないでください。
⑤カードの、必要のない所にマークしたり、記入したりしないでください。

キリトリセン

予想模擬試験

乙種

〈マーク記入例〉

月　日

東京都

山田一郎

よい例	悪い例	小さい	レ点	直線	薄い
●		●		❙	

乙種第1類
乙種第2類
乙種第3類
乙種第4類
乙種第5類
乙種第6類

法令

1〜15 ① ② ③ ④ ⑤

物理・化学

16〜25 ① ② ③ ④ ⑤

性質・消火

26〜35 ① ② ③ ④ ⑤

①マーク記入例の「よい例」のようにマークしてください。
②カードには、HBかBの鉛筆を使ってマークしてください。
③訂正するときは、消しゴムできれいに消してください。
④カードを、折り曲げたり、よごしたりしないでください。
⑤カードの、必要のない所にマークしたり、記入したりしないでください。

29